図解　教養事典

物理学

INSTANT
PHYSICS
インスタント・フィジックス

ジャイルズ・スパロウ＝著　齊藤英治＝監訳　田村 豪＝訳

NEWTON PRESS

INSTANT PHYSICS by GILS SPARROW

図解 教養事典 物理学

INSTANT PHYSICS
インスタント・フィジックス

第 1 章

物理学の起源

第 2 章

力 学

第 3 章
物性

第 4 章
波

第 5 章
熱力学

第 6 章

電気・磁気

第 7 章

原子と放射能

第 8 章

量子物理学

第 9 章

素粒子物理学

第 10 章

相対性理論と宇宙論

はじめに

科学の物語は人類の歩みそのものです。私たち人類という種はどんな時代にあっても，「世界をもっとよく知り，理解したい」という衝動を抱いてきました。最も初期の私たちの祖先の場合，この衝動は世界各地への探検や開拓，そして技術の発展を通じて表れました。こうした技術は単純なものでしたが，それによって人類は，世界を知りたいという衝動を具現化し，また自らの生活を改善していくことができたのです。けれども，定住生活への移行が始まるのとほぼ時を同じくして，私たちはより深遠な問いを発するようになります。
―― 世界はなぜ，今あるようなかたちで機能しているのでしょうか？

太陽が昇り，沈むのはなぜ？　沈んで見えなくなった太陽は，その間どこに行っているの？　夜空の至るところで回転している，あの無数の光は何？　どうして季節は変化するの？　季節の変化を予測し，私たちの生活の改善に役立てることはできないの？　寒さをしのいだり，神々を崇められたりするよう，よりよい住まいや記念物を建てるにはどうしたらいいの？

最初のうち，こうした問いに答えようとする試みは，超自然的な原因にすがるものでした。けれども紀元前１千年紀の半ば頃，古代ギリシャに新たなアプローチ「自然哲学」が登場します。それは「全宇宙は，神々の恣意的な気まぐれに従うのではない。それは宇宙のさまざまな面を支配する，いくつかの厳格な法則に従っているのだ」という想定に基づいていました。とはいえ，当初，そうした法則の実像についての考え方は，私たちを取り巻く世界の現実だけでなく，もう一つの根拠にも支えられていました。事物のどんな形態や作用が「最も妥当そうか」，「完全そうか」，「自然にとって喜ばしそうか」，「宗教上の教えに合致していそうか」といったことをめぐる，当時最有力とされた臆測がそうした判断根拠になっていたのです。

中世後期になってようやく，ヨーロッパの思想家たちはこれらの古い考え方から脱却し始め，新たなアプローチを発展させていきます。そこでは，理論や仮説は観察に即してより厳密に展開され，実験によって検証されるようになります。世界のさまざまな側面の理解に数学を応用すること（そのために戦ったのがイタリアの博識家，ガリレオ･ガリレイでした）により，ついに「近代科学」に近いものが誕生したのです。

この発見と実験の新時代において，今日「物理学」と呼ばれる領域は，たちまち大きな注目を集めるようになりました。これは一つには，「力」「質量」「運動」といった測定可能な現象に対する関心が，数学的アプローチに適していたためです。とはいえ，物理学の対象範囲が，惑星の軌道や，リンゴの落下や，発射物の運動だけに限定されないことを，私たちが認識するようになったのは，つい最近のことにすぎません。

17世紀以降，相次いだ飛躍的な研究の進展により，物理学が自然界の万物の理解に必要不可欠なものであることがわかってきました。重力の理解にほかの三つの「基本的な力」の理解が加わり，極大から極小まで，非常に幅広いスケールで物質の相互作用を説明できるようになりました。その間，物質の「構造」にかかわるいくつかの重要な事実 —— いろいろな種類（＝元素）の「原子」，さらにはもっと微小な，量子力学の奇妙な法則に支配される「亜原子粒子（素粒子）」に分割されること —— が明らかになりました。とはいえ，宇宙論や化学から生物学，電子工学まで，さまざまな分野における物質の「挙動」の問題は，突きつめれば，物理学の不変の関心事である「力」「運動」「質量」「エネルギー」の問題に，何度でも立ち返ってくることになるのです。

したがって物理学の物語とは，私たちの多くが学校の教科書で学ぶ事柄より，はるかに広範なものです。この物語の最新のいくつかの章で，物理学者たちは，①全宇宙の質量の大部分を占める「暗黒物質」，宇宙の驚くべき膨張速度をもたらす「暗黒エネルギー」という，観測困難な物質・エネルギー形態にその関心を向けるとともに，②量子スケールでの素粒子どうしの奇妙な結合を創出・改変できるようになり，さらには③上述の「四つの力」の間につながりがあること（これは，将来いつの日か「万物の理論」が可能になるかもしれないという，期待をかきたてるような興奮を提供するものです）を見いだしてきました。

科学の，そして特に物理学の本質とは，結局こういうことにほかなりません。 —— 私たちを取り巻く世界や宇宙の営みについて，「自分たちが何を知っているか」を査定すること。知らないことに関しては，適切な問いを立て，可能な答えを考え出すとともに，その答えを検証すること。それは，既成の考え方にとらわれない「水平思考」と，ほかの人々が見過ごしてきた，明白だけれど根本的な問題点に「気づく能力」との組み合わせです。そしてそれこそが，ガリレイの時代から現代にまで至る歴史を貫く，1本の道筋なのです。

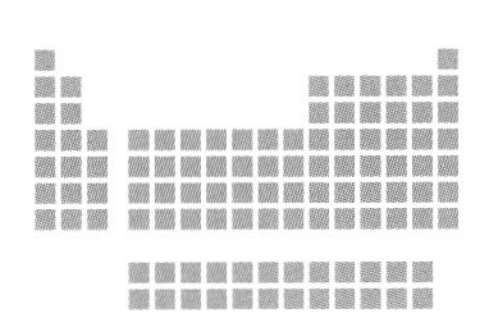

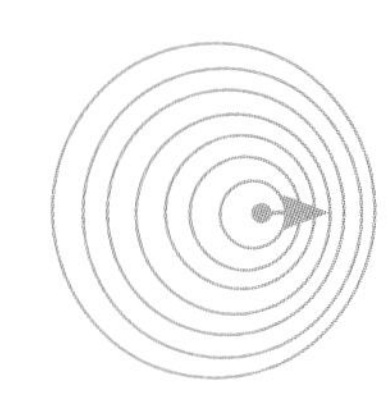

けれども科学（物理学）の世界の外にいる人には，こうしたことすべてが不可解に映るかもしれません。そこで，本書『図解 教養事典 物理学』の出番となるわけです。この本では以下，本文160ページにわたり，皆さんが学校で習ったまま忘れてしまった非常に初歩的な方程式から，最新研究における最先端の理論や発見まで，あらゆる事柄を網羅していきます。

この本は全部で10の章に分かれます。最初の章で古代ギリシャから現代に至る物理学の物語を概観し，その後の各章では物理学の主要な各分野を，歴史的発展の大まかな順序に従って取り上げます。どのページを拾い読みしても，みなさんはたぶん，それまで知らなかった何かを学ぶことができるでしょう。ただし，理解をできるだけ深めたいという場合は，最初の「力学」（ほかのあらゆる物事の基礎となる，力についての根本的な法則です）と「物性」から読み始めてください。本全体を通して，理解に役立つ図表を満載しましたし，数学が得意な方に有用な方程式も数多く掲載しています（数学が不得意な方でも，きちんと内容を理解できるようになっています）。

物理学とは「万物の科学」であり，すべての人々が少なくともその基礎を把握すべきものです。本気で物理学を学び，新たな発見の旅を始めましょう！

最初の物理学者たち

「物理学（physics）」という言葉の語源は，ギリシャ語で「自然」を意味する「ピュシス（physis）」です。物理学とはまさしく自然の探究であり，特に「物質」「運動」「力」「エネルギー」にかかわる非生物的プロセスを対象とするものです。こうした現象を最初に説明しようと試みたのが，古代ギリシャの人々でした。

ミレトスのタレス
（紀元前624頃～紀元前548頃）
最初の科学者（＝自然哲学者）。**超自然的な力が世界を支配する**という見方を**否定**し，世界の属性を**自然界の物質**と**力**によって説明しようと努めました。**静電気**などの現象を研究した先駆者でもあり，また「**宇宙の万物**の**根源**は**水**である」と考えました。

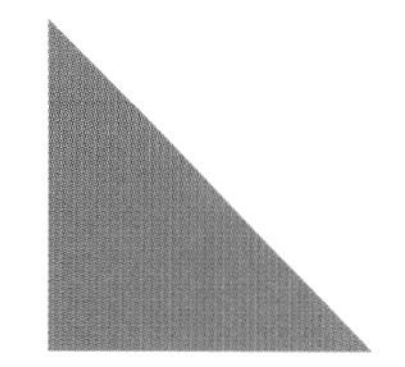

ピタゴラス
（紀元前570頃～紀元前495頃）
直角三角形に関する数学定理（**ピタゴラスの定理**）で有名。その教えに感化された多くの**弟子たち**（**ピタゴラス学派**）は，**自然界における規則的現象**（たとえば音楽の「**倍音**」など）**を数学的に説明**することを目指しました。

アナクシマンドロス
（紀元前610頃～紀元前546頃）
タレスの弟子。**万物の根源**を「ト・アペイロン（**無限定なもの**）」と呼び，そこから**空間**や**時間**，各種の**物質**が生じると主張。**物理法則**の存在や**物質の多様性**は，ト・アペイロンにおける**対立する性質**（**温**／**冷**，**乾**／**湿**など）**の分離**によって説明できるとしました。

ヘラクレイトス
（紀元前535頃～紀元前475頃）
「**同じ川に二度，足を踏み入れることはできない**」という言葉に要約される，**現実**を**果てしない変化のプロセス**と捉える**思想**で有名。「**火**」を**あらゆる事物の根源的な元素**とする一方，**万物の変化**は「**対立するもの**における**調和**」としてのロゴスによって**統一**されていると考えました。

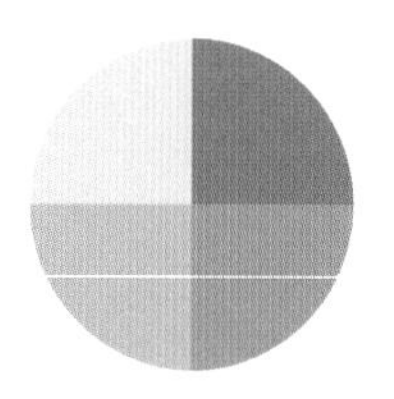

エンペドクレス
（紀元前494頃～紀元前434頃）
先人の哲学者たちの考え方を取り入れつつ，その後大きな影響力をもった「**万物の理論**」を提唱。**地**・**水**・**火**・**風**の**四元素**が，互いに**引きつけあう力**（＝**愛**），**反発しあう力**（＝**憎**）の**相互作用**を通じて**結合**・**分離**することで，**さまざまな物質形態**をつくり出すと考えました。

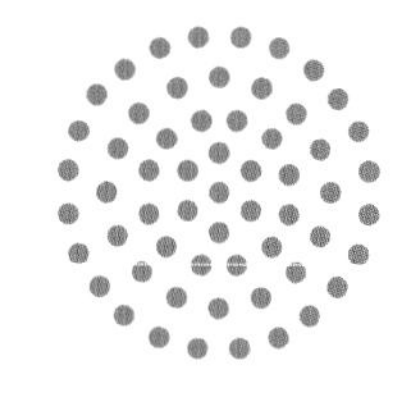

デモクリトス
（紀元前460頃～紀元前370頃）
原子論を唱えた先駆者で，「**あらゆる物質**は，**それ以上分割できない微小単位**（原子）**から構成**されており，**それらの間には空虚な空間**が広がっている」と主張。**さまざまな物質形態**のもつ**属性**は**原子の形状など**から生じるとしたものの，その「**空虚**」の**概念**は人々の**理解を得られませんでした。**

アリストテレスと五大元素

古代最大の哲学者の一人，アリストテレス（紀元前384～322）は，宇宙の営み（いとな）をめぐり最も多くのことを語った人でもあります。その考え方は巨大な影響力をもち，以後2,000年近くにわたって異議を唱える者はほとんどいませんでした。

宇宙論と物理学（自然学）

完璧に思える**天体の運行サイクル**と，**予測しがたい変化**を繰り返す**地球の自然**。アリストテレスは両者を対比して，**全宇宙**が**根本的に**二つに**分けられる**と主張しました。

- **地球**上（**月下界**と呼ばれる）のあらゆる事物：「**土**」「**空気**」「**火**」「**水**」の**四元素**からなる。
- **月**および**それより高く**（**月上界**と呼ばれる）**に位置する天体**：**不変不滅**の**第5の元素**「**エーテル**」からなる。

さらに各元素は，**宇宙**における「**自然な場所（固有の場所）**」をもつとされます。**土**の自然な場所は宇宙の**真ん中**，**水はそれより上**に位置します。これに対し，**空気はその上方**，**火はさらにその上方に向かう傾向**があります（右記参照）。**エーテルは四元素のような変化・腐敗とは無縁**とされました。

また，月下界の四元素には，それをかたちづくる**一対の**「**形相**」（＝熱・冷・乾・湿のどれか**二つ**）があるとされました。下図のように，**土**は乾＋冷，**水**は冷＋湿というように，**隣りあう元素**が**同一の形相を共有**しているというのです。**ある元素**の**一つの形相**を**別の形相に置き換える**と，ちょうど**隣の元素に変化する**というわけです。

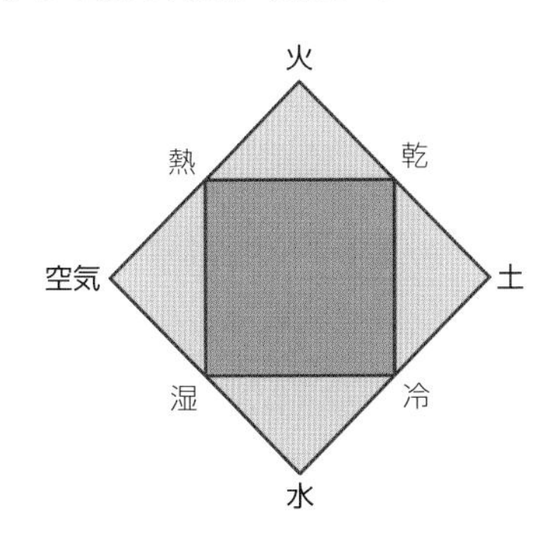

アリストテレスの運動論

アリストテレスは「**運動**」には**2種類**あると考えました。

- **自然運動：物体が**その**元素組成**に従って「**固有の場所**」**に向かう**運動。
- **強制運動**（**非自然的運動**）：**物体が**その「**固有の場所**」から**遠ざかる**運動。これに対抗する**自然運動によって，しだいに克服され**ていく。

アリストテレスにとって「**重力**」の想定は**不要**でした。「**物体**には（**地球を中心とする**）**宇宙**のなかで，**できるだけ**その『**自然な場所**』に**近づく傾向**がある」と考えることで，**あらゆる自然運動**を説明できてしまったからです。

彼はこの傾向が「**物体の重さ**」**と直接的に結びついている**と確信していました。**より重い物体**は，**より軽い**（含まれる「**土**」元素が少ないためとされました）**物体に比べて速く落下する**というわけです。

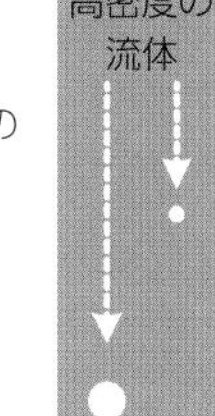

重いボールのほうが速く沈む

v α W

強制運動については，**力を連続的に加える**必要があるとされました。**強制運動では，物体の速さ**は**力の強さに比例**し，物体の**重さに反比例**すると考えられたのです。

アリストテレスの方法論

アリストテレスは「**宇宙の万物について学ぶ最善のやり方**は，**集められた実例に基づき，一般的なモデル**を構築することである」と主張しました。こうした**帰納的手法**は，かなり**近代科学**と似ているように思われます。けれども，アリストテレスは**理論**（仮説）を構築した**のち**，それを**実験で検証しません**でした。彼はまた**多くの面で，既存の哲学的知識の放棄にも消極的**でした。

アルキメデス

ギリシャの哲学者・数学者アルキメデス(紀元前287頃～紀元前212頃)は，古代世界で最も偉大な技術者ともみなされています。彼が初めてその概略を述べた諸原理に基づき，複滑車(ふくかっしゃ)や投石器といった，今日「単一機械」として知られる多くの装置が発明されたのです。

アルキメデスの「単一機械」

シチリア島の**ギリシャ植民市シラクサ**に生き，活動したアルキメデスは，**数学者**・**発明家**として**名声**を得ました(ただし，**彼の発明に関する説明の多くは，後世の著述家による**ものです)。

彼は「**力**」についての深い学識を活かして，**加えた力の何倍も強い力を生み出す**いくつもの**機械を考案**し，**機械を用いた作業をいっそう容易に**しました。たとえば――

・**アルキメデスのらせん**：**円筒**内に**ネジ**をはめ込み，**回転させる**ことで，**低い位置**から**高い位置**へ**水をくみ上げる**揚水(ようすい)装置。

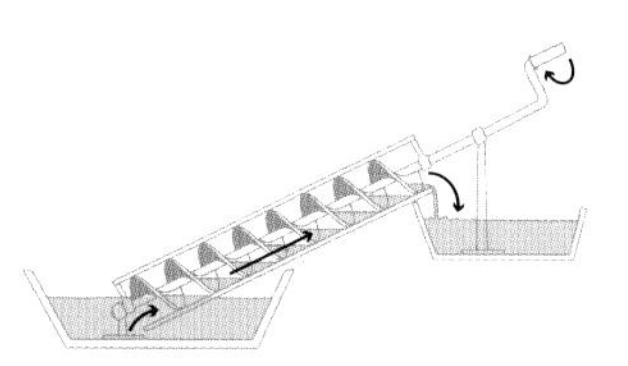

・**アルキメデスのかぎ爪**：①**てこ**となる**アーム**，②**先端から吊るした引っかけ鉤(ばり)**，③**複滑車**などを備えた**クレーン**装置。**少ない人数**で**大きな重量をもち上げる**(具体的には，**襲撃してきた船を転覆させる**)ことが可能。

アルキメデス，戦場へ

紀元前214年，シラクサが**ローマ軍に包囲**されると，アルキメデスは**郷土の防衛**に関心を向けました。彼はこのとき，さまざまな**戦争用機械**や**秘密兵器**を考案したとされています。上記の「アルキメデスのかぎ爪」だけでなく，**日光をローマ船に浴びせて熱線**(赤外線)**で焼き討ち**する**曲面鏡**，**大幅に威力を向上させた投石器**なども，そうした発明の例です。

アルキメデスの原理

いうまでもなく，アルキメデスの最も名高い業績は，「液体中に沈められた物体は，それが押しのけた液体の重さに等しい，上向きの力(浮力)を受ける」という「アルキメデスの原理」の発見です。

アルキメデスが王冠の金の純度を測定するよう求められ，この問題を入浴中の湯船で解いたというのは，おそらく架空の物語でしょう。ただし，のちに若き日のガリレオ・ガリレイが，論文「小天秤(ラ・ビランチェッタ)」のなかで，アルキメデスが実際に用いたであろうやり方を想像で復元しています。

これは，あらかじめ二つの物体(王冠および同重量の純金の塊)をてんびんでつり合わせてから，てんびんごと水中に沈め，それぞれの物体が受けた浮力を比較するというものです。仮に王冠に銀が混ぜられている場合，銀の比重が軽い分，王冠のほうが同重量の純金よりも体積がかさばります。したがって，水中では，王冠側のアームが，より大きな浮力を受けてもち上がるというわけです。

地と天

地球と，日中・夜間の空に浮かぶ天体の関係をめぐり，古代世界ではさまざまな理論が提唱されました。なかでも広く受け入れられたのは，「地球が世界の中心である」という想定でした。

初期の宇宙論

フィロラオス

（紀元前470頃～紀元前385頃）

地球は球体であり，**人間の世界は一方の側**（半球）**に限られている**とし，**地球に拮抗する「対地球（反地球）」**と宇宙の中心である「**中心火**」を想定。**目に見える太陽や月**などの天体と**地球・対地球**の合計９個の天体が**中心火の周りを公転している**と論じました。ただし，**中心火と対地球は常に地球の反対側**に面しているので，私たちには**見ることができません**。

エウドクソス

（紀元前390頃～紀元前337頃）

「地球を中心とする多くの**天球（同心天球）**」という宇宙像を導入。**惑星ごと**に互いに近接した**透明な天球**を４個割り当て，**入れ子構造**をなす各天球が異なる**回転軸・速度**をもつとし，その**異なる回転性質の相互作用**で，**惑星特有の不規則運動**を説明したのです。**恒星**は不規則運動を生じないため，宇宙の最も外側に恒星天球を１個想定すれば十分でした。

アリスタルコス

（紀元前310頃～紀元前230頃）

地球ではなく**太陽**を**宇宙の中心**とする考え方を初めて提唱。**太陽**が**月**に比べて**はるかに大きく**，**より**地球から**離れている**ことをみごとに証明しました。ただし，「**地球が動いている**」という**直接的な証拠がつかめず**，その考え方は**なかなか支持を得られませんでした**。

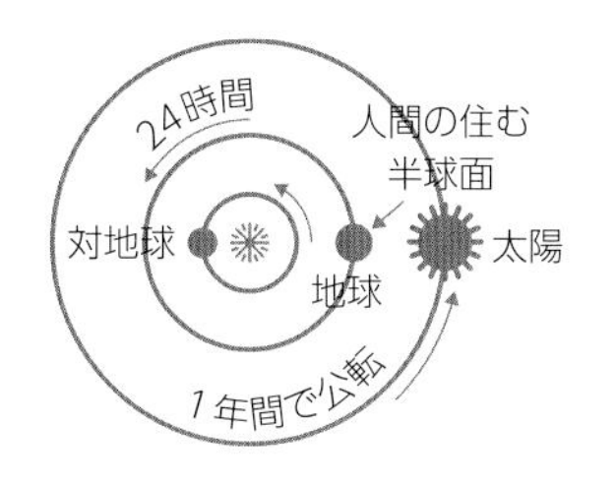

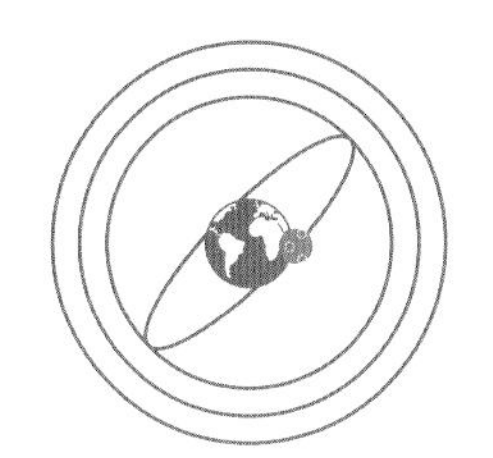

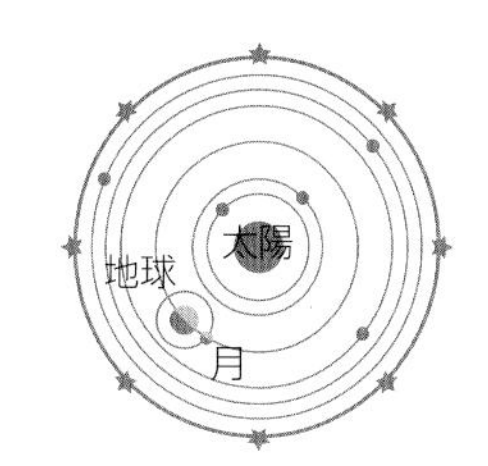

プトレマイオスと『アルマゲスト』

プトレマイオス（100頃～170頃）は，ヘレニズム時代のエジプト・アレクサンドリアで活躍した天文学者です。『アルマゲスト（最大の書）』の呼び名で知られる書物において，次のような，**地球中心説による最もきめ細かい宇宙像**を提示しました。

- 基本的には，「**透明な天球**による**一様な円運動**」という**アリストテレスの考え方を支持**。
- そのうえで，**惑星**の不規則運動を説明するため，各惑星の軌道（**導円**）上に**周転円**と呼ばれる，**小さな円**を考える。「導円の円周上を周転円の中心が動き，周転円の円周上を惑星が動く」とすることで，各惑星が**全体的には一方向**（**天球**の回転方向）**に運動**しつつ，ときどき**逆方向に運動**するという「**逆行**現象」を説明。
- 「**天球は完全にまるい**」という**考え方を維持**する一方，「導円の**中心**が**地球の中心**と**一致するとは限らない**」と主張した。

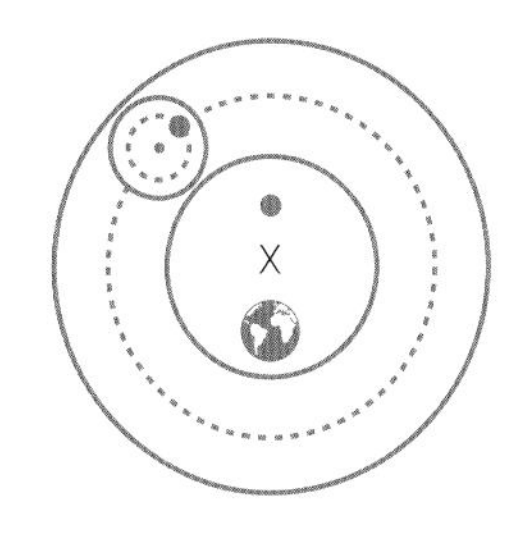

プトレマイオスの理論は当初，**惑星運動に関する理論と観測の不一致を解決**するように見えました。それは大きな影響力を発揮し，1,000年以上，**公認された知識**となりました。しかし時がたつにつれ，このモデルでは**惑星運動を正確には予測できない**ことが明らかになります。**後世の天文学者たち**はこの問題を解決するため，**次々に周転円を付け加え**ていかざるを得ませんでした。

イスラム科学の発展

ローマ帝国の分裂・衰退以降，ヨーロッパでは自然哲学における革新的な発想力が衰え，既存の知識に従う傾向が強まっていきます。これに対し，その後「黄金時代」を迎えたイスラム帝国では，古代ギリシャのような斬新な考え方やアプローチが復活していきました。

ギリシャ哲学の保全と新機軸

8世紀の終盤，**バグダード**に「**知恵の宝庫**」（のちに「**知恵の館**」に改組）と呼ばれる施設が建設されます。以後，ここを舞台に，**古代ギリシャ**の**残存する文献** —— **イスラム帝国**が7世紀以降，**東ローマ帝国の領土**を奪いながら勢力を広げる過程で収集されたものです —— を**アラビア語で読める**ようにするための**翻訳作業**が始まりました。

しかも学者たちは，単に**写本を書き写す**だけでなく，それらに**注釈**や**改善を施す**ことも目指しました。ときには，そこに記された**考え**を**実験**で**直接検証する**こともあったのです。

この「**イスラム黄金時代**」は13世紀頃まで続き，**物理学における**数多くの**新しい考え方**が生まれました。

- **イブン・アル=ハイサム**（965頃～1040頃）は，**プトレマイオスの宇宙論**に**疑念**を表し，「**天体**と**地上の物体**は，**同一の力**に**支配**されている」という説を提唱。
- イブン・バーッジャ（1095頃～1139）は，「**物体がほかの物体に力を及ぼす**とき，**前者の物体**そのものも**反作用の力を受ける**」という，**ニュートン**の「**運動の第3法則**（作用反作用の法則）」の**先駆け**となる説を提唱。
- 1125年頃，**アル=ハーズィニー**は，「**重力はあらゆる物体に作用し，その大きさ**は**宇宙の中心**（＝**地球**）からの**距離**に従って**変化する**」という説を提唱。

光と光学

イスラムの自然哲学者たちが特に大きく進展させたのは，**光の性質**や，**レンズ**その他の**光学器械のしくみ**に関する研究です。

ギリシャの思想家の多く（**プトレマイオス**や医学の権威**ガレノス**も含めて）は，「**視覚の外送理論**」という考え方をとっていました。物が見えるのは，**眼球から放出される粒子の流れ**として**光が発せられ**，それが物体にあたって**反射**することで，**感覚情報が観測者に送られてくる**からだというのです。

今日の光学のような「**視覚の内送理論**」を初めて包括的・体系的なかたちで述べたのは，**イブン・アル=ハイサム**です。彼は**レンズ**と**鏡**による**実験**を行い，**光の直進性**を証明したほか，それによってどういうわけか（彼には詳細は突き止められませんでした）**眼球の内部に像が結ばれる**ことに気づきました。

一方で，**イブン・サフル**（940頃～1000）は，今日「**スネルの法則**」（71ページ参照）の名で広く知られる**光の屈折の法則**を発見するとともに，これを応用して**拡大鏡の理想的な形状を導き出し**ました。

中世科学の革新

中世ヨーロッパの科学は，キリスト教会の教えというフィルターを通して，多くの考え方を古代ギリシャから受け継ぎました。これらの影響に加え，ヨーロッパでいったん失われた昔の文献の翻訳がイスラム世界から入ってきたことに伴い，驚くほど斬新な発想が生み出されました。

それほど「暗黒時代」でもなかった

中世世界について，昔ながらの見方は「**教会**や**アリストテレス**のような**権威者**によって，古くさい，公認された知識が上から押しつけられ，**特に科学の分野で，新たな発想が抑圧された**時代」というものです。けれども，実際はこれとはかなり異なり，いくつかの**非常に洞察に満ちた，飛躍的な発展**があったのです。

- 東ローマ帝国の**ヨハネス・ピロポノス**は，6世紀の時点で「**異なる質量の物体**は**異なる速さで落下**する」というアリストテレスの**説を疑っていた**。**放物運動**についても，「**力**が物体に**連続的に作用し**，『**強制運動**』を**維持する**と考える**必要はない**。物体には最初に『**力積**』**が与えられ**，それが**時間とともに減衰していく**だけだ」と主張した。
- **ジャン・ビュリダン**（1301頃～1362頃）は，ピロポノスの考え方（複数の**アラブの哲学者**による解釈が加えられたもの）をもとに，「**インペトゥスの理論**」を構築。インペトゥスとは「**運動量**」に相当する概念で，物体にこの**属性が与えられる**と，それは**自然に減衰することはなく**，むしろ**重力**や**空気抵抗**といった別の「**力**」ゆえに**減衰する**とした。
- **ザクセンのアルベルト**（1320頃～1390）は，ビュリダンの弟子。**自由落下する物体の速さ**は，「物体の**それまでの落下距離**」**に比例**すると主張した（正しくは，「物体が**放り出されてから経過した時間**」**に比例**する）。
- 14世紀の半ば頃，**オックスフォード大学マートン・カレッジ**の学者グループは，**自然哲学**のさまざまな問題に**数学**と**論理学**を適用した。**等加速度運動**する物体の移動距離に関する，いわゆる「**マートン規則**」の発見は，彼らの重要な業績の一つである。
- **ニコル・オレーム**（1325頃～1382）は，ザクセンのアルベルトと同じく，ビュリダンの弟子。彼が**マートン規則の証明**に用いた「**作図による証明法**」は，各方面に大きな影響を与えた。また「**太陽中心の宇宙論**」にも手を染め，当時重んじられた「**占星術**」**の基盤となる考え方を批判した。**

ニコル・オレームによる「マートン規則」の証明

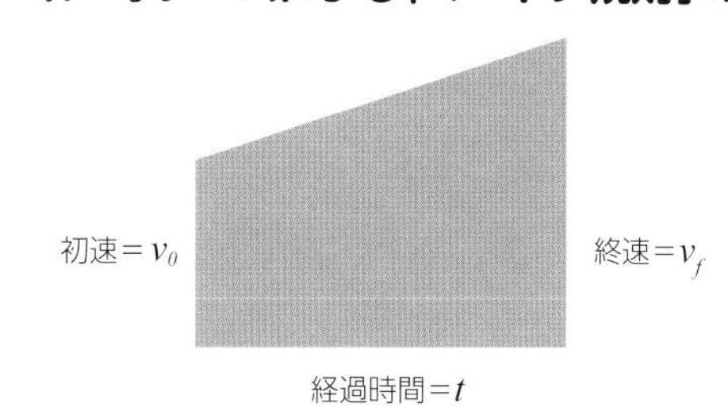

移動距離 s ＝台形部分の面積
＝ $1/2\,(v_0 + v_f)\,t$

視点の変化の進行

アリストテレスの時代から，**力学**の**発展を妨げてきた**のが，**全宇宙**の**あらゆる運動を引き起こす**とされる「**第一動者**」**の探究**でした。一方，中世の後期になると，**運動の諸原因を気にせず**，物体の**運動の記述**に専念する「**運動学**」という**新たな分野**で，飛躍的な進歩がもたらされるようになります。とはいえ，この運動学は依然，**論理学**と**数学**に根ざしたものであり，「**仮説を検証する**ために**実験を行う**」という考え方の**定着には至りません**でした。

コペルニクス革命

1543年，ポーランドの聖職者，ニコラウス・コペルニクスが刊行した一冊の書物は，地球ではなく太陽が宇宙の中心であるという「地動説」を提唱するものでした。このコペルニクスによる「革命」は，近代科学の成立過程における歴史的大事件となりました。

太陽の周りを回転する？

コペルニクスの提唱した「**地球が太陽の周りを回転している**」という考え方（**地動説**）は，**惑星の**見かけ**運動**の**観察**に基づくものでした。

- **水星**と**金星**が**見える**のは，**いつでも明け方**と**夕方**。しかも，見える位置は**太陽に接近して**いる。
- **火星**の見える位置は日々，背景の星空（恒星）に対し**西から東へ**ずれていく（＝「**順行**」）が，時期によっては**大きな輪**を描きながら**東から西へ**ずれていく。これを「**逆行**」といい，**一度に数カ月**にわたって続く。

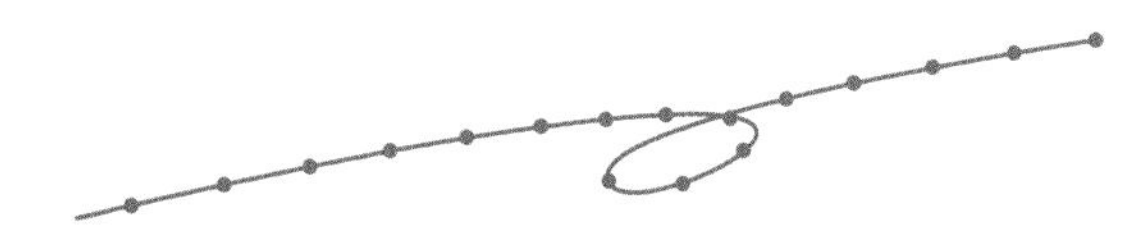

- **木星**と**土星**は，ほかの惑星に比べて順行・逆行の**スピードが遅く**，**逆行の輪も小さい**。

天体**観測の精度が向上**するにつれ，**自然哲学者**は，**地球中心の宇宙**という**理論モデル**（**天動説**）**を現実に合わせる**のに苦労するようになりました。

コペルニクスはその著書『天球の回転について』のなかで，「**太陽中心の理論モデル**でも，**こうした運動**は同じくらいうまく**説明**できる」と論じました。たとえば，**火星の逆行運動**は，公転する地球が火星を「追い抜いた」ため，私たちの「**見る位置**」**が変化**したことによる効果だともいえるわけです。

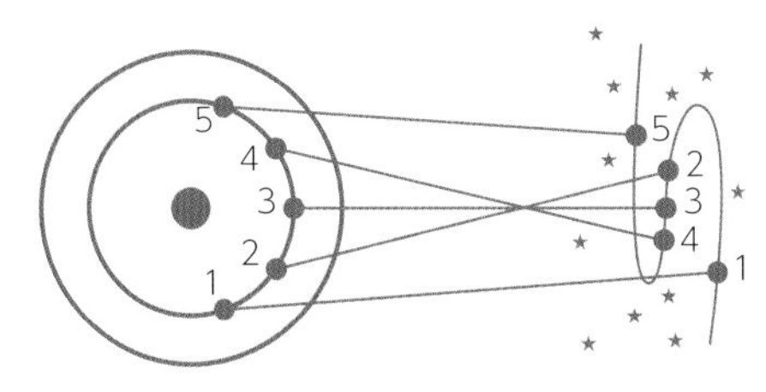

けれどもコペルニクスは，**完全に円形の均一な公転軌道**を想定することで，**自身のモデルの精度を損なって**しまいました。これでは，**惑星の見かけ運動の説明**としては**何も改善されません**。

ガリレオ・ガリレイが**自ら製作した望遠鏡による観察で太陽中心説**の正しさを示す**動かぬ証拠**を提供したのは，数十年後のことでした。その頃，**ヨハネス・ケプラー**が**観測結果と整合的な数学的モデル**の提供に成功したのです。

私たちはどこにいるのか

コペルニクス革命は，その後相次いだ**多く**の発見の**出発点**にすぎませんでした。これらの発見は次々に，**人類**や**地球**が，**宇宙**のなかで**特別な位置**にあるという**考え方を覆していった**のです。

- **1838年**　フリードリヒ・ベッセルが，太陽以外の恒星（はくちょう座61番星）までの距離を測定。星間空間や銀河系（天の川銀河）のもつ規模の理解に道を開く。
- **1858～1859年**　ダーウィン／ウォレスの進化論が，人類の誕生を「神による創造」ではなく「自然淘汰」のプロセスとして説明。
- **1925年**　エドウィン・ハッブルにより，天の川銀河が全宇宙の無数の銀河の一つにすぎないことが判明。
- **1990年代**　太陽系外惑星の発見が始まり，「地球が太陽系ならではの特別な場所」という考え方が覆される。
- **2000年代**　私たちの宇宙以外にも無数の宇宙が存在しうるという「多元宇宙論」でも解釈できるデータが見つかる。

ガリレオの実験法

イタリアの物理学者・数学者，ガリレオ・ガリレイ(1564〜1642)といえば，最も有名なのは，望遠鏡による天体観測や，カトリック教会との真理をめぐる争いでしょう。一方で彼はまた，今日の物理学にほぼ近い学問手法を確立するうえでも，重要な役割を担ったのです。

数学と現象の測定

ピサ大学の**数学講師**，のちには**パドヴァ大学**の**数学教授**を務めたガリレイは，「**実験**」**の実施**と「**数学的モデル**」**の構築を結びつけ**，新たな**自然哲学の手法**を切り開いた先駆者です。彼はこの方法を非常に幅広い**物理現象**に適用しました。たとえば ——

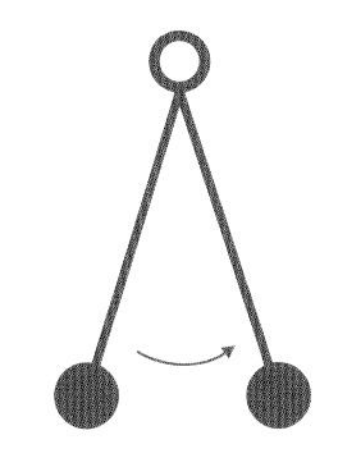

・**振り子の糸の長さ**と，**その微小振動の周期**の間の**数学的関係**を発見。

・**物体が**その**質量にかかわらず，同じ加速度**で**落下する**ことを示し，**アリストテレス**の説を**真っ向から否定**。

・**音の高さ**と，**音波の周波数**の関連性を指摘。

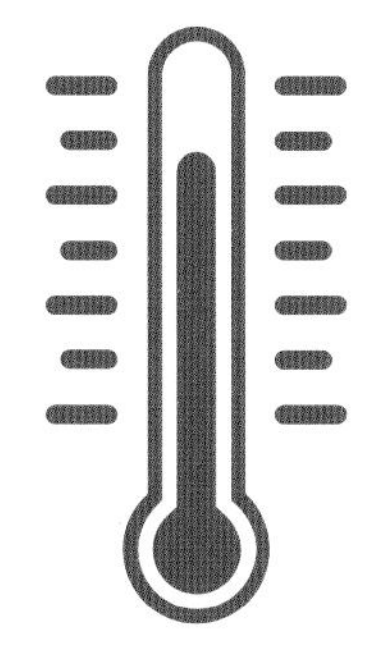

・今日の**温度計**のもとになった「**サーモスコープ**」を開発。

・「互いに**等速直線運動**を行う**あらゆる座標系の間で（座標系どうし**の**相対速度**や**相対運動**にかかわらず）**物理法則**が**同一**である」という「ガリレイの**相対性原理**」を確立。

リンド・パピルス

1609年，**オランダ**から「**望遠鏡**」**発明**の知らせを受けたガリレイは，彼自身の**最初の望遠鏡**を製作します。その後も実験をもとに工夫を重ね，**当初の設計**を急速に**改善**していきました。こうしてできあがった望遠鏡による天体**観測**は，**アリストテレスやプトレマイオスの宇宙観の権威を揺るがす**，重要な発見をもたらしました。たとえば ——

・**木星**には四つの**衛星**がある。
・**金星**には**月のような満ち欠け**（=**相**）がある。
・**月**の表面にはいくつもの**クレーター**や**山**がある。
・**太陽**の**黒点数**は変化する。

こうした発見によりガリレイは，**コペルニクスの太陽中心の宇宙観 —— カトリック教会**の教え**に反する**「**地動説**」—— の**忠実な支持者**となっていきます。**教会内の有力な友人たち**は当初，**妥協的**な対応を提案してきたものの，ガリレイはあくまでコペルニクス体系の正しさにこだわりました。こうして，とうとう教会側の好意を失い，**宗教裁判**で**地動説の放棄**を命じられ，1633年以降，死ぬまで**軟禁状態**に置かれたのです。

ケプラーの法則

ドイツの天文学者・数学者，ヨハネス・ケプラー（1571〜1630）は，
観測と仮説形成の作業を結びつけながら，惑星の公転軌道に関する三つの法則を突き止めました。
これらの法則がやがては，あらゆる「運動」の謎を解き明かすカギを提供することになるのです。

ケプラーとティコ・ブラーエ

ケプラーの一連の発見の基礎になったのは，デンマークの天文学者，**ティコ・ブラーエ**（1546〜1601）による**精密な観測記録**です。活動時期は**望遠鏡の発明前**でしたが，「**壁面四分儀**」と呼ばれていた大型観測器械を用いて，以下の方法で，**惑星**など**の位置**を正確に**測定**しました。

- **四分儀**は室内の，西に面した（＝**南北に延びた**）壁面に設置。さらに，**南**に面した壁に**観測窓**を設け，天体がその日**いちばん高くなる「南中」位置を観測**。
- 四分儀は**中心角90°の扇形**。**アリダード**（両端に**照準器**をつけた棒状の器具）の一方の端を**扇の中心**（＝四分儀の**南端**）**に固定**し，最大**90°回転**できるようにする。
- **天体を見通せる**角度に，**アリダード**の向きを**調節**。この角度（**仰角**）が天体の**南中高度**に相当する。
- **南中**の**正確な時刻**がわかれば，**赤道座標における**天体の**経度**（**赤経**）を算出できる。

ブラーエは晩年，デンマークを去り，**プラハ**で神聖ローマ皇帝**ルドルフ2世の宮廷天文学者**となりました。1600年に**ブラーエの助手**となった**ケプラー**は，ブラーエの死後，その**後任を務める**とともに，**大量の精密な観測記録**を引き継ぎます。なかでも最も重要なものが，**火星の位置**に関する追跡データでした。

惑星の軌道は楕円形

ケプラーは1609年の著書『新天文学』のなかで，**惑星の公転軌道**の説明にあたって**長年の通説を放棄**します。それは**完全な円ではなく，楕円（長円）**だというのです。これ以後に発表したものも含め，ケプラーは**惑星運動に関して**，次の**三つの法則**を見いだしました。

- ［**第一法則**］**あらゆる惑星の軌道**は**楕円形**であり，その二つの**焦点**の一方に**太陽**が位置する。
- ［**第二法則**］**惑星と太陽を結ぶ線分**が，**一定の時間**に描く（横切る）部分の**面積は**，各惑星について**一定である**（ゆえに，ある**惑星の動く速さ**は，**太陽に近づくときに速くなり**，太陽から**遠ざかる**ときに**遅くなる**）。
- ［**第三法則**］**惑星の公転周期の2乗**は，**軌道の長半径**（＝楕円の長軸の半分の長さ。**近日点距離・遠日点距離の平均**に等しい）**の3乗に比例**する。

ケプラーの法則は，**各惑星の運動を正確に表現**したもので，その**将来の軌跡を予測する手段を提供**しました。とはいえ，**これら個々の法則が成り立つ「理由」**が解明されたのは，ようやく1680年代，**アイザック・ニュートン**によってでした。

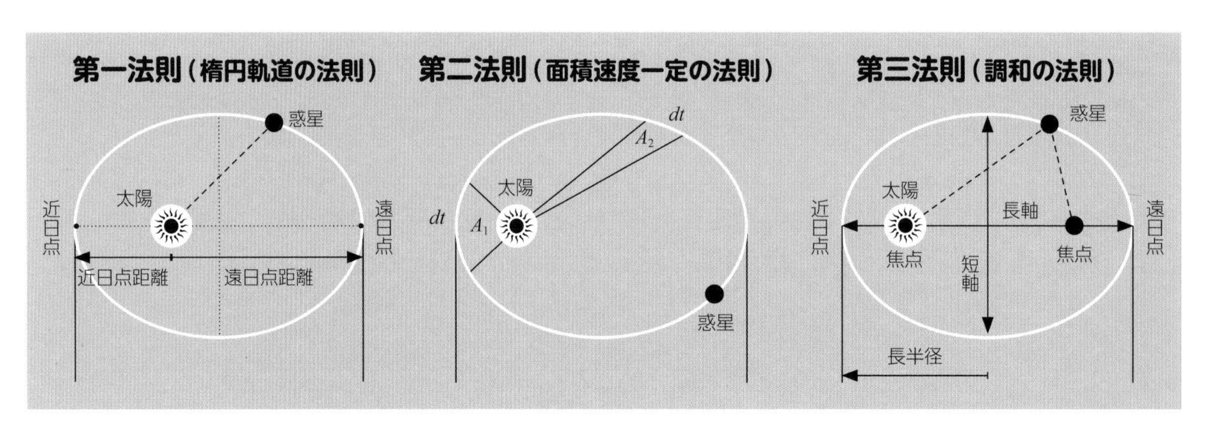

アイザック・ニュートン

アイザック・ニュートン（1642～1727）は，ケプラーの法則および落下する物体の観察に基づき，物体の運動や万有引力に関するきわめて重要な理論を構築しました。数学と光学の分野を大きく変えた科学者でもあります。

天と地における物体の運動

ニュートンの**理論上の決定的な突破口**は，1660年代にさかのぼります。それは，木から**落ちるリンゴを地面（地球）に引っ張る力**が，**惑星をその公転軌道にとどめる力と同一**だと理解したことでした。

- 物体と物体の間には，それぞれの物体の重心（質量中心）どうしの「引力」が働く。
- 引力の大きさは，それぞれの物体の「質量」に比例する。

1670年前後には，**数学の微積分**の考え方を発見，発展させていきます。それは，対象となる**プロセスを理解する**ため，条件の**ごくわずかな変化**に**プロセスがどう反応するか**を見ていく手法でした。

1680年代には，ハレー彗星の研究で有名な**エドモンド・ハレー**に励まされながら，**惑星運動**に関する**ケプラーの法則**に自身の方法論を適用していきます。こうして，そこで表現された**楕円運動のパターン**を引き起こしうるのが，**太陽に向かう「引力」**であること，また引力の大きさは，**惑星と太陽の「距離」の2乗に反比例する**ことを明らかにしたのです。

1687年刊行の著書『**プリンキピア（自然哲学の数学的原理）**』において，ニュートンは，**日常の事柄**から**宇宙の問題**までつらぬく**力学の全体系**を概説しました。なかでも「**運動の3法則**」（中世後期に確立された部分を含みます）と「**万有引力の式**」は，二つの**物体の「質量」**および**物体間の「距離」**を引力の大きさと関連づけつつ，**あらゆる落下物の重力加速度が同一**である理由を証明するものでした。

ニュートンと光学

ニュートンのもう一つ重要な研究領域が，1704年の著作『光学』にまとめられた，**光の探究**です。

- **太陽**からの色合いのない「**白色光**」が，実は多数の**単色光が合わさった光**であり，**プリズムを用いて分散**させたり**再合成**できることを証明。
- **今日の巨大天文台の先駆け**である，**最初**の**反射望遠鏡**（レンズではなく**反射鏡**を用いた望遠鏡）を設計。
- 光が，**物質**の粒子よりはるかに「**捉えがたい**」**微粒子でできている**という「**光の粒子説**」を展開。ただし19世紀初めにいったん**覆され**，「**光の波動説**」が優勢に。

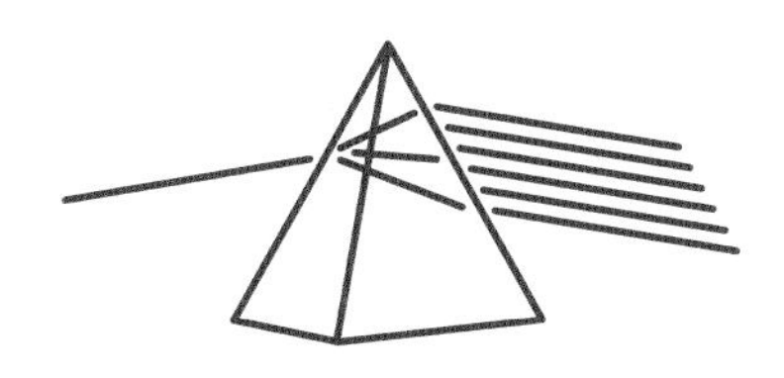

ニュートンが後世に遺したもの

アイザック・ニュートンが力学・光学分野で達成した偉大な業績は，後世への貴重な遺産となりました。その影響は長く続き，18世紀の大半を通じて，ニュートンの基本法則を現実にどう適用するかが，物理学者たちの関心の中心を占めたのです。

ニュートン物理学の活用

ニュートンの諸法則は，**質点**と**物体**が**空間のなかを自由に運動する**状況を記述するものでした。**単純な惑星運動**などの問題を扱うには理想的ですが，これを**日常目にする各種の運動に当てはめる**ことはそれほど**容易ではありません。ニュートン力学の現実への適用**を**大きく前進**させたのは，以下のような研究です。

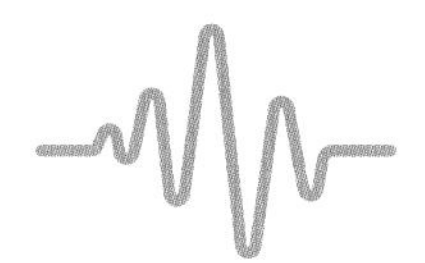

1732年　ダニエル・ベルヌーイが，振動する弦の各部分にニュートンの諸法則を適用し，「単振動」と呼ばれる周期運動の形態を見いだす。

1736年　レオンハルト・オイラーが，船その他の「剛体」の一見不規則な運動を，「回転運動」と「並進運動」の成分に分解して理解。

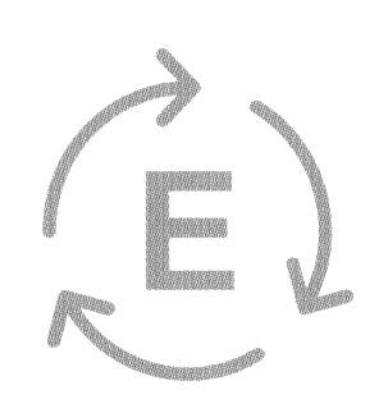

1740年代　エミリー・デュ・シャトレが，「活力」（今日の「運動エネルギー」に近い概念）を記述する方程式を見いだすとともに，たとえエネルギーの形態が変換されても，ある系のエネルギー全体は常に保存されると主張。

1788年　ジョゼフ=ルイ・ラグランジュが「解析力学」―― 一つまたは複数次元の制約条件をもつ系の振る舞いをモデル化する，数学的ツールの体系 ―― を提唱。

それでもなお，**さまざまな難問が残っていました**。なかでも無視できないものとして，**三つ以上の物体**が相互作用する**系**の**長期的な予測不可能性**（**多体問題**）や，**水星の公転軌道**に生じるニュートン力学からの**不可解なズレ**（のちに**一般相対性理論**によって解明されます）の問題がありました。

ハミルトンの原理

アイルランドの数学者，**ウィリアム・ローワン・ハミルトン**は1827年以降，**力学的相互作用の根底にある基本原理**を突き止めていきます。それは，**物体の運動が「作用量」**（エネルギー×時間の次元をもつ物理量）**を最小とする経路に定まる**という「**最小作用の原理**」を，**より一般化**したものでした。こうして，**多種多様な力学上の問題**が，単に**運動を表現する関数**の**極値**（＝**グラフ**の「**山**」や「**谷**」）に注目するだけで，**解ける**ようになったのです。

1833年までにハミルトンは，**力学への斬新なアプローチ**を定式化します。その一連の**方程式**は，ある**系の時間発展**を，①**一般化座標**，②**系の全エネルギー**（今日の用語で「**ハミルトン関数**」，記号は$\mathscr{H}$），③**運動エネルギーとポテンシャル（位置）エネルギーのバランス**によって表現するものでした。

電磁気学の時代

19世紀は，電気や磁性についての理解が大きく前進した時代でもありました。こうしてついには，「電気力」と「磁気力」という二つの力（＝電磁気力）と「光」が，同じただ一つの現象の相異なる側面であるという認識がもたらされるのです。

「電気」研究の飛躍的発展

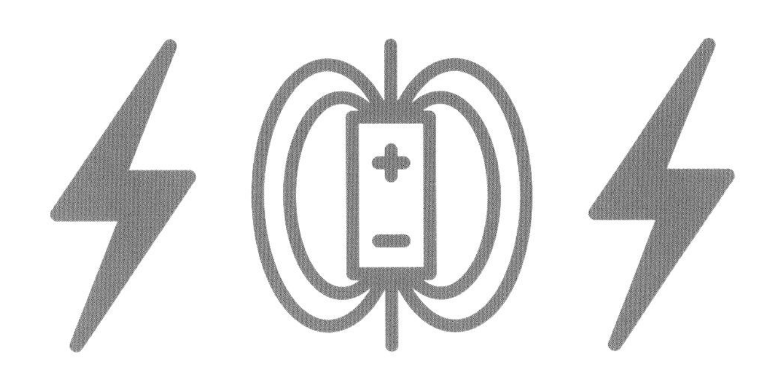

電気という現象は**古代から知られていた**ものの，その真の性質をめぐる研究ができるようになったのは，**ようやく**1800年頃，**アレッサンドロ・ボルタ**が「**ボルタ電堆**」（**直流電気を生み出せる最初の一次電池**）を**発明**してからでした。

- **1820年**　ハンス・クリスティアン・エルステッドが，電流の変化によって方位磁針が振れる現象に気づく。統一的な「電磁気力」が存在することの，最初の証拠。
- **1820年**　アンドレ=マリ・アンペールが，平行な2本の導線間で電流による力が生じることを発見。
- **1821年**　マイケル・ファラデーが，電気モーターを発明。電流と磁石の間の相互作用を利用し，力学的運動の動力を供給した。
- **1827年**　ゲオルク・オームが，「起電力（電圧）」「電流」「回路の電気抵抗」の関係を定める「オームの法則」を発見。
- **1831年**　ファラデーが，磁場の変化によって電流が生じる「電磁誘導」現象を発見。これに基づき，翌年，彼自ら最初期の発電機を製作した。
- **1845年**　ファラデーが，直線偏光が磁場内の物質を通過する際，その偏光面が回転するという「ファラデー効果」を発見。

「電磁波」の探究

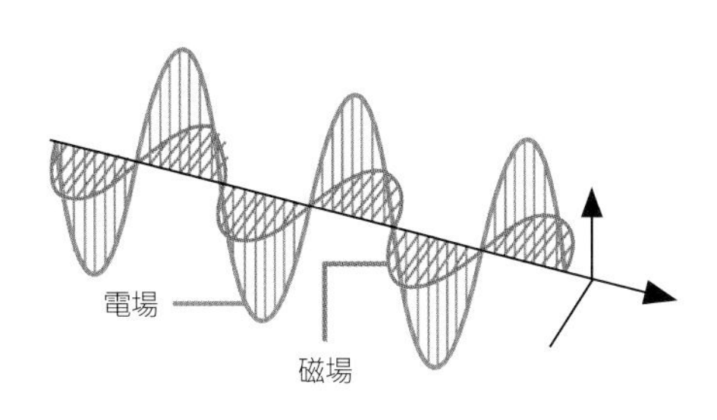

1861年から翌62年にかけて，イギリス・スコットランドの物理学者・数学者，**ジェームズ・クラーク・マクスウェル**は，**電磁場の**さまざまな**効果**を説明する**強力な理論的基盤**の確立を試みます。その**理論モデル**は，「**渦の回転**」と「**粒子の局所的運動**」という考えに基づくものでした。さらに彼は，**電磁場の変化**の**伝わる速さ**が**約311,000km/秒**であり，**光の速度**の**概算値に**奇妙にも**近い**ことを発見しました。

当時すでに**ファラデー**が，**光**が**電磁場の影響を受ける**証拠を見いだしていました。マクスウェルは，この「**ファラデー効果**」が生じる理由を説明できたのです。1864年，彼は論文「電磁場の動力学的理論」を発表し，光そのものを「互いに**垂直**な**電気的**・**磁気的擾乱**を有する**波動の伝播**」として記述しました。

最終的には，1886年以後の**ハインリヒ・ヘルツ**による実験で，**可視光線よりはるかに長い波長**をもつ「**電磁波**」**の存在が確認**されました。こうしてマクスウェルの理論の正しさが，疑問の余地なく証明されたのです。

アルバート・アインシュタイン

アルバート・アインシュタインの業績は，今日最も有名な「相対性理論」の発見にとどまりません。その幅広い分野における発見や理論的予測は，20世紀以降の物理学の基礎づくりに貢献したのです。

アインシュタインの「驚異の年」

1905年，当時まだ無名のアインシュタインは，**四つの画期的論文**を発表します。それらは，19世紀後期の物理学が依然，抱えていた一連の**大問題**に取り組むものでした。

- ［**原子・分子の実在性の直接的証明**］**ブラウン運動**（**流体中を漂う微粒子**の**一見不規則なジグザグ運動**）が，**熱運動**をする**流体分子**と微粒子との**衝突**の効果として説明できることを示す。
- ［**光量子仮説**］**金属などの表面に**（**短い波長の**）**光を照射**すると**電流が発生**する「光電効果」の説明として，光は**局所的な**「**波束**」または**微小な**「**光量子**（**光子**）」のかたちで**放出**されると主張した。光に**波動と粒子の二重性**があるという考え方は，のちに**量子物理学**の核心となる。
- ［**光速度不変の原理**］過去のどの実験においても**光源と観測者の相対運動**による**光速度の変化**が**起こらなかった**ことから，**光速度の不変性**を仮定し，「**特殊相対性理論**」を構築。互いに**等速直線運動**を行う任意の**座標系**（**慣性系**）で，物理法則が同じ形式をとることを示した。**ニュートン力学のモデル**は**引き続き大半の状況に妥当する**ものの，**慣性系どうし**の**相対速度**が**非常に速い**場合，**奇妙な効果が生じる**ことになる。
- ［**質量とエネルギーの等価性**］特殊相対性理論をもとに，**光速度に近い速度をもつ物体**の**エネルギー**がどうなるかを考察した結果，「**質量**と**エネルギー**の二つは**等価**である」という結論に到達。両者の関係は，彼の有名な公式「$E = mc^2$」に要約されている。

一般相対性理論，そしてその先へ

アインシュタインが1915年頃に完成させた「**一般相対性理論**」は，「**加速度**」と「**重力**」を**根本的に関連づける**ものでした。そこには，①**強い重力場**は**特殊相対性理論の効果**に**類似した効果**をもたらすこと，②**こうした効果はすべて**「**時間・空間**そのものの**ひずみ**」とみなせること，などが示されていました。

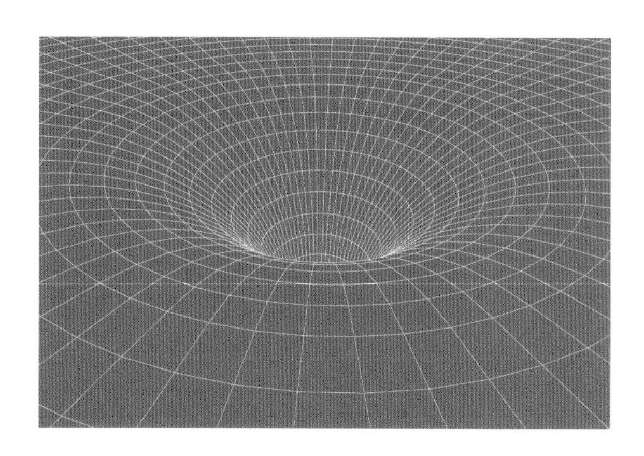

以後のアインシュタインの研究生活は，**特殊・一般相対性理論**が**含意**する事柄の探究に――そして**相対性理論**を，これと**性格が大きく異なる**「**量子物理学**」**の数式と統一**しようという試みに――捧げられたのです。

20世紀物理学の発展

20世紀の物理学は，ミクロとマクロの両極でめざましい発展を遂げました。前者を代表するのが「原子の構造」や「原子より小さい領域における不確実性」の発見，そして後者を代表するのが「宇宙」の実像をめぐる理解の深化です。

原子の内部構造

物理学者たちは1897年を皮切りに，**原子より小さい「亜原子粒子（素粒子**を含みます）」を**次々に**発見していきます。それらは，**物質の深層構造**や，**元素（原子）のあきれるほどの多様性**，そして**「放射能」として知られる奇妙な現象**についての**説明**を提供するものでした。

1920年代の**素粒子**研究が示したのは，**最もミクロのスケール**において，こうした粒子の**特性**は**絶対的な正確さで知ることができず**，むしろ**「波動方程式」**によって**表現するのが適切**だということです。この認識が，科学の**まったく新しい分野「量子力学」**を切り開きました。

「原子核」の発見以後，**「重力」「電磁気力」**とは違う，**別の基本的な力**の存在がしだいに明らかになりました。それも，一つではなく**二つ――「強い相互作用（強い力）」**と**「弱い相互作用（弱い力）」**です。

1950年代からは，**粒子加速器**の性能が向上したことで，**いくつもの新たな素粒子**が見つかり，**素粒子と力の相互作用**に関する**「標準理論」**が肉づけされていきました。ただ一方では，未解明の問題もまだ多く残されているのです。

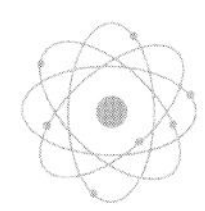

宇宙論の革命

アインシュタインの一般相対性理論（1915年頃）は**私たちの時間・空間認識を大きく変えました**。とはいえ，**宇宙の全体像**についての私たちの理解が深まったのは，それ以降の**天体観測**の成果によるものです。

- **1925年**　エドウィン・ハッブルが，この銀河系（天の川銀河）の彼方にも銀河が存在するという決定的証拠を見いだし，宇宙像のスケールを200万光年以上に拡張する（現在では数百億光年単位に）。
- **1929年**　ハッブルが，銀河が距離に比例する猛烈な速度で私たちから遠ざかっており，宇宙全体が膨張していることの証拠を見いだす。
- **1931年**　ジョルジュ・ルメートルが，宇宙がはるかな昔，高温・高密度の状態から誕生したもので，宇宙の膨張はその時点までさかのぼれるという説を提唱。
- **1964年**　天文学者たちが，上記の初期状態（ビッグバン）のかすかな残光が今日の宇宙に充満していることを発見。
- **1980年**　ヴェラ・ルービンが「宇宙の全質量の85%は，光学的に直接観測できない『暗黒物質』の形態をとっている」という（渦巻銀河の回転による）証拠を発表。
- **1999年**　天文学者たちが，宇宙の膨張ペースが加速している証拠を見いだす。その原因とされるのが「暗黒エネルギー」と呼ばれる謎のエネルギーである。
- **2001年**　宇宙の膨張に関するハッブル宇宙望遠鏡の観測結果から，ビッグバンの年代が137億年前と特定される

速さ，速度，運動

物理学では，「速さ」と「速度」という一見似通った概念が，はっきり異なる意味をもちます。この二つがどう違うか，またその値がどのように変化するかを理解することは，運動する物体の振る舞いを正しく記述するうえで非常に重要です。

速さ？　速度？

・「**速さ**」とは，**運動する物体の**「**移動距離**」について，その**時間変化率**（「**毎時○○km**」「**毎秒○○m**」といった，単位時間当たりの移動距離）**を測ったもの。運動の方向**は**無関係。**

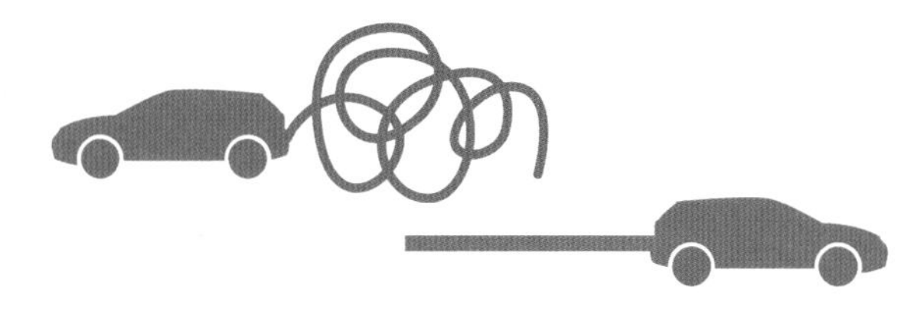

・「**速度**」とは，どの**方向についてか，も含めて**（ただし，この方向は**状況**と**計算の便宜**に応じて**任意に設定**可能）**運動**における，**位置変化**（**変位**）の**時間変化率**のこと。

速さ（や移動距離）は「**スカラー量**」であり，**大きさ**（**絶対値**）をもつものの，**方向はもちません**。これに対し，**速度**（や変位）は「**ベクトル量**」であり，**大きさ**と**方向**をともに有します。

ほとんどの**力学計算**では，**速度**のほうが**ずっと有用**な概念です。**物体の運動**に影響を及ぼす各種の「**力**」は，**具体的な作用方向**をもつからです。

加速度

少々ややこしいことに，「**加速度**」という言葉は（そこで**どういう状況や力学系が記述されているのか**に応じて）「**速さの変化率**」と「**速度の変化率**」のどちらの意味にも使われます。

加速度とは，ある**与えられた単位時間**内に，**速さ**や**速度**が**どれだけ変化するか**を表す概念です。たとえば「**m/秒/秒**（**メートル毎秒毎秒**）」といった単位で表示されます。

「**減速**」とは，**物体の速さ**や**速度**を（**上昇**ではなく）**低下させる**「**マイナスの加速**」にすぎません。**物理学者が**「**加速度**」**という言葉を使う**ときには**両方**の意味が含まれています。

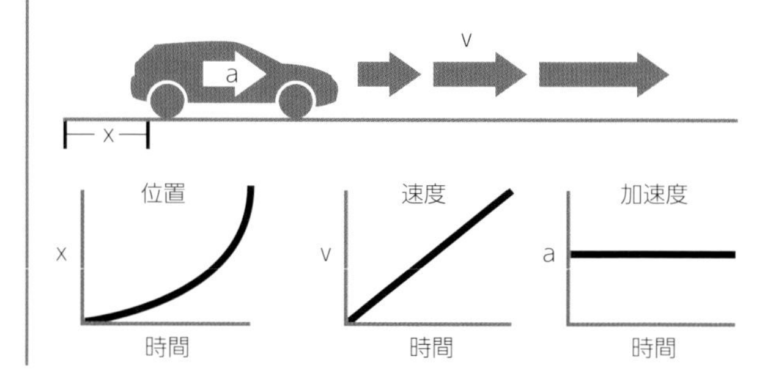

測定単位

物理量の**単位**を，単なる**短縮表記**ではなく**数学的に表記**するのが，科学者にとっては一般的です。右の表に具体例をまとめました。

上付きになっている**数字**は，**累乗**（**ある単位をそれ自身と掛け合わせたもの**）を意味します。また，上付き数字の**マイナス符号**は，その単位が**除数として扱われ**ていること（**短縮表記**では**分母にくる**こと）を示すものです。

属性	単位	［短縮表記］	［科学での表記法］
速さ（速度）	キロメートル毎秒	km/秒（km/s）	kms^{-1}
加速度	メートル毎秒毎秒	m/秒/秒（m/s/s）	ms^{-2}

質量と重力

日常言語ではしばしば同じ意味の言葉として使われているものの，物理学における「質量」と「重力」は，まるで異なる定義をもった概念です。「質量」が物体そのものに内在する性質であるのに対し，「重力」とは，物体を取り巻く環境から生じるものです。

違いはどこに？

物理学を勉強していない人たちにとって，**質量**と**重力**の**区別**は**わかりづらく，細かすぎる**話に思えるでしょう。けれども，私たちが習慣的に**重さを表す**つもりで使っている**キログラム**や**ポンド**といった単位は，実際には**質量を表す単位**であり，**重力**については「**ニュートン**」という**まったく別の単位**があるのです。

質量（慣性質量）とは，**ある物体のなかに存在する物質の量**を**直接示すもの**です。それは**物体そのものの動かしづらさ**（「**慣性**」とも呼ばれます）の尺度であるとともに，物体のもつ**万有引力**や物体が受ける**重力**を**規定する要因**でもあります。

重力とは，**ある特定の質量**（重力質量ともいいます）をもつ物体が，**その環境下での重力によって周囲に及ぼす**（あるいは**自らこうむる**）「**力**」**の尺度を表したもの**です。

地球上において，**物体の重力**とは，**物体を地球の中心部に向けて“落下”する力**です。この落下運動は，地表などの**障害物**や，**反作用**としての**上向き／外向きの力**によって**阻まれたり，抑制されたりする**かもしれません。それでも，あの**下向きの力**――「**重力**」**そのもの**です――は，なお**そこにある**のです。

「慣性」の重要性

重力場の**外**（あるいは，**重力**が**ほかの力**により**相殺**されている状況。例：20ページの「**公転軌道**」上）では，**物体は重力を受けません**。ただし，物体の**質量は**変わらず，**同一のまま**です。

たとえば，**無重力状態**では，**ボウリングの球**も，**風船**と同じように**宙を漂います**。ただ，**ボウリングの球**のほうが**質量**（**慣性**）**が大きい**分，**動かす**のは風船より**ずっと大変**です。

力と運動量

「力」の概念は，物理学における最も重要な考え方であり，
マクロからミクロに至るありとあらゆるスケールや，さまざまな場面で登場します。

力とは ―― 入門編

力とは，簡単にいえば，**物体の運動**に**変化をもたらす影響**です。**力が大きく**なればなるほど，**運動の変化**も**大きく**なります（両者の関係は，**ニュートンの「運動の第二法則」**に従います。30ページ参照）。

力が**伝わる**過程は，**物体どうしの直接的な相互作用**（たとえば**衝突**など）によることもあれば，一定の**空間領域において**（その力に**影響される性質**をもつ）**あらゆる物体に作用**する「**力の場**」による場合もあります。**力の場**として**最もなじみ深い**のは「**重力場**」で，その作用は**質量を有するすべての物体に及び**ます。

科学者たちは**力**や**運動**について「**系**」の視点から分析します。系は，**ひとかたまりの空間**および**その空間に含まれるあらゆる物体**，また**その空間で働くあらゆる外力の場**からなります。

力の**単位**は「**ニュートン**（N）」です。

1N＝質量1kgの物体に加速度1ms^{-2}を生じる力

運動量とは何か？

運動量は，**力の影響**を受ける，**物体の物理的属性**です。大ざっぱにいえば，**軌道上を運動する物体**を**静止させる**ことの**難しさ**を意味します。**通常，記号「p」で表し**，その値は「**物体の質量**」と「**速度**」の**かけ算**となります。

$$p = mv$$

運動量の単位は，**キログラムメートル毎秒**（kg ms^{-1}）です。**右辺のv**が「**速さ**」**ではなく**「**速度**」**である**ことに注意してください。**ある系の物体どうし**が**互いに反対方向に動く**場合，**それぞれの運動量**は**正負の符号が逆**になります。

これがなぜ**重要**かというと，**系における全体的な運動量**は**常に「保存」される**からです。つまり，**外力の作用がそこになければ，個々の物体**の運動量の合計は，**物体どうしの相互作用**（衝突など）**の前と後で一定に保たれる**のです（運動量保存の法則）。

運動量保存の法則の働きを示す**単純な例**として，**ビリヤード**の場面を想像してみましょう。**キューで弾いたボール**は，**たくさんの運動量を与えられ，勢いよく**台の上を転がっていきますが，ほかの**ボールの一団**に**衝突したとたん**，たいてい**急に速度を失い**ます。一方で，衝突された側の**1個1個**には，**少しずつ運動量が伝えられる**のです。

摩擦力

日常目にする物体の振る舞いは，物理学の単純な基本法則と常に一致するとは限りません。
そうなる最も一般的な要因が，「摩擦」作用の介在です。
宇宙のほぼすべての局面で，摩擦による力が物体の運動量をすり減らしているのです。

摩擦とは何か？

摩擦力は，**物体**と**環境**の**相互作用により生じる力**です。**物体の運動を減速させる**とともに，**静止している物体をいっそう動かしづらくする**性質があり，主に以下の三つの形態で生じます。

- **流体摩擦**：**流体**（**気体**や**液体**）中の**分子との衝突**により生じる。流体のなかを**動く物体**は**運動に対する抵抗を受ける**一方，**流体**および**物体**中の**個々の分子**・**原子**は**摩擦熱を帯び**，**熱エネルギーを獲得**する。
- **内部摩擦**：**固体**などの物質を外部から**変形**させようとする場合，それ**に対する抵抗**として，物質内の**分子**どうしの間で生じる。
- **乾燥摩擦**：物体（**固体**）の**表面**どうしの**弱い化学結合**に，表面の**不規則凹凸**の**かみ合い**という**物理的要素**が加わることで生じる。**互いに運動**する物体間の「**動摩擦**」と，**静止**している物体間の「**静止摩擦**」とで，**異なる振る舞い**を示す。

摩擦係数

乾燥摩擦については，「**接触面を垂直に押す力**」に対する「**摩擦力**」の**比**として「**摩擦係数**（μ）」を定義することができます。**一般的に，静止摩擦係数**μsは**動摩擦係数**μkよりも**高く**なります。**物体を動かす**場合には，**物体の運動を維持し続ける**場合以上に，**克服すべき**，**より大きな摩擦力**が生じるからです。

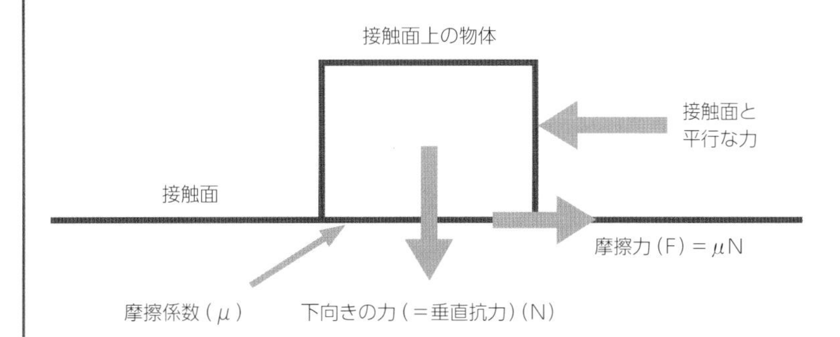

摩擦の法則

乾燥摩擦の作用を記述する「摩擦の3法則」は，**ギヨーム・アモントン**が発見，シャルル＝オーギュスタン・ド・クーロンによって確認されました。

1. **摩擦力**は，二つの物体の**接触面の境界**に垂直に**かかる力**（＝一方の**接触面を下向きに押す**，もう一方の**物体の重さ**）に**比例**する。
2. **摩擦力**は，物体表面の凹凸を度外視した単なる「**接触面積**」とは**無関係**である。
3. **動摩擦力**は，**接触面の「すべり速度」**（＝物体どうしの相対速度）とも**無関係**である。

ニュートンの運動法則

アイザック・ニュートンが発見した有名な「運動の３法則」は，
理想化された状況における物体の振る舞いを描き出し，
「力」「運動」「運動量」のつながりに関する理解のカギを提供してくれるものでした。

力学の基本法則

［第一法則］静止している物体，あるいは等速直線運動をしている物体は，外力がそこに働かない限り，元の運動状態を維持する（慣性の法則）。

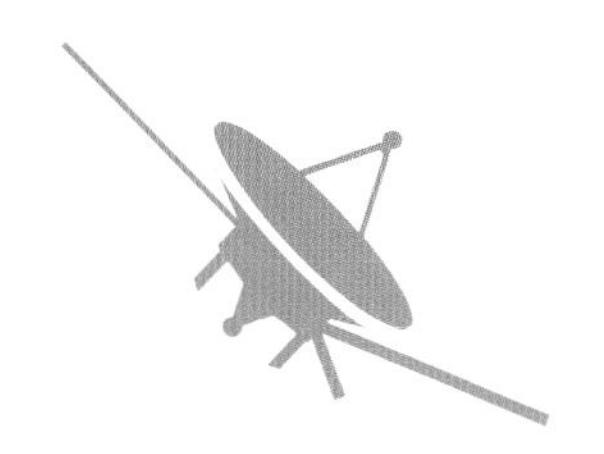

［第二法則］物体に力が加えられると，力の大きさに比例した運動量の変化（＝加速度；右記参照）が，力の向きと同じ方向に生じる。

［第三法則］物体間のあらゆる力の作用は，それと大きさが等しく向きが反対の反作用を伴う。すなわち，物体Aが物体Bに及ぼす力は，物体Bが物体Aに及ぼす力と正確につりあっている（作用反作用の法則）。

力，質量，加速度

力の諸作用に関する理論モデルの構築に向けて，ニュートンは微積分と呼ばれる数学手法を開発しました。なかでも微分法は，変化する系の特定の瞬間における，さまざまな属性の値や変化率を分析できるようにするものでした。

今日一般的な微積分の記法（ニュートンのライバルだった哲学者ゴットフリート・ライプニッツが，独自に開発したものです）を用いれば，運動の第二法則は次の式で表すことができます。

$$F = \mathrm{d}p/\mathrm{d}t$$

すなわち，力の大きさ（F）は，運動量（p）の時間（t）に対する変化率（時間変化率）に等しいわけです。

さて，「運動量＝質量×速度」なので，上の式はこう書き直せます。

$$F = \mathrm{d}mv/\mathrm{d}t$$

この場合，物体の質量が変わるわけではなく，mは定数なので，これは次の式と同値です。

$$F = m\,\mathrm{d}v/\mathrm{d}t$$

右辺に含まれるdv/dtとは加速度そのものであり，ここから以下の単純な公式が導かれます。

$$F = ma\text{（ニュートンの運動方程式）}$$

すなわち，「力＝質量×加速度」，逆にいえば「加速度＝力／質量」ということになります。

SUVAT方程式

S，u，v，a，tの五つの変数を用いた一連の公式があります。
学校の物理の授業で必ず教わる単純な内容ですが，私たちはこれによって，
力学的運動のさまざまな局面をその細部にわたって割り出すことができるのです。

s = 物体の移動距離
u = 初期速度
v = 最終速度
a = 加速度
t = 時間
として，以下の式が成り立ちます。

$$v = u + at$$

最終速度 = 初期速度 +（加速度 × 時間）

$$s = ut + \tfrac{1}{2}at^2$$

物体の変位 =（初期速度 × 時間）+（1/2 × 加速度 × 時間の２乗）

$$s = \tfrac{1}{2}(u + v)t$$

物体の変位 = 平均速度 × 時間

$$v^2 = u^2 + 2as$$

最終速度の２乗 = 初期速度の２乗 +（２ × 加速度 × 物体の変位）

$$s = vt - \tfrac{1}{2}at^2$$

物体の変位 =（最終速度 × 時間）−（1/2 × 加速度 × 時間の２乗）

グラフで早わかり

物体の**運動**を**グラフで表す**ことは，**さまざまな値の計算**に**有益な方法**です。

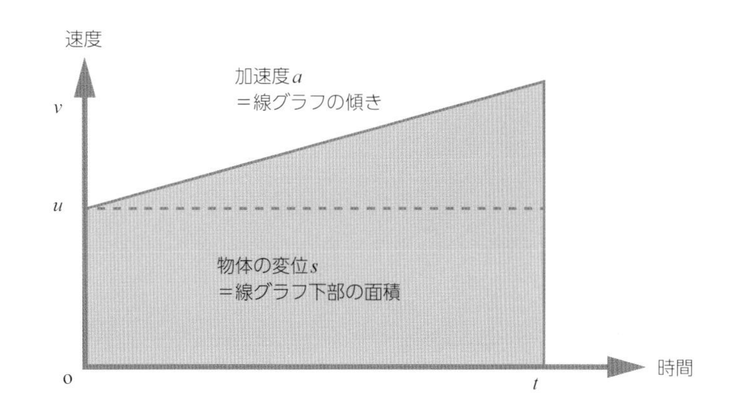

運動の成分

運動する物体の**メカニズム**を**評価**するうえで，しばしば有益なのが，ある**特定の方向**をもつ**運動**や**力**をいくつかの**成分に分解**してみることです。基本的な**三角関数を使って**これらを**計算**することができます。
物体の速度ベクトルをvとし，vが**任意の座標系**の**x軸**に対してなす**角度**をθとしましょう。このとき，**vの水平（x軸）成分**は**$v\cos\theta$**，**垂直（y軸）成分**は**$v\sin\theta$**で求められるのです。
力や**加速度**など，**何らかの方向**をもつ**その他すべてのベクトル量**について，**同じ原理**を用いてその**成分**を**計算**できます。

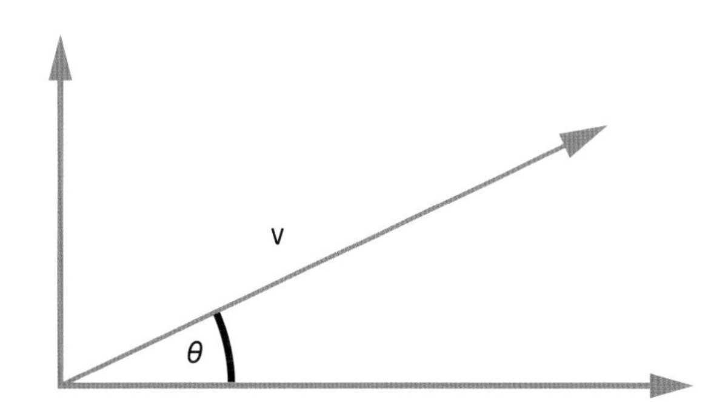

仕事，エネルギー，仕事率

互いに関連する三つの概念――「仕事」「エネルギー」「仕事率」は，いずれも力学の基礎の部分に由来しますが，今日ではそれ以外のさまざまな状況でも用いられています。

仕事＝力を働かせること

物理学者たちは，**力がどのように“使われた”か**を「**仕事**」に換算して評価します。具体的には，ある**力**により**質量** m の物体を（**力の向きに**）**距離** d **だけ動かした**場合，その**力は**

仕事（W）＝力（f）× 物体の移動距離（d）

に相当する**仕事をした**ことになります（質量 m は直接的には関係しません）。

仕事の単位は「**ニュートンメートル**（Nm）」，より一般的には「**ジュール**（J）」の名で知られています。後者は**ヴィクトリア朝の科学者，ジェームズ・ジュール**にちなんで命名されたものです。

たとえば，**ある物体**を**3m動かす**のに**5ニュートンの力を使った**とすると，そこでは**15ジュールの仕事**が**なされた**ことになります。

エネルギー＝仕事をする能力

「エネルギー」には多様な形態がありますが，力学上の単純な概念としては，**ある系が仕事をする能力**を意味します。したがって，その**単位**は仕事と同じく**ジュール**です。

閉じた系における**エネルギーの総量**は，常に**保存**されます。つまり，エネルギーの**形態を変換**することはできますが，エネルギーそのものを新たに**つくり出したり，廃棄することはできません**。

たとえば，ある系が**使用可能なエネルギー**を15ジュールもっていた場合，その系に15ジュール分の**仕事**をさせる方法は見つけ出せるはずです。とはいえ，**系のすべてのエネルギーが使用可能なわけではありません**。**エネルギーの機能や変換**についての研究には，「**熱力学**」という物理学の一分野がまるまる充てられています。

仕事率＝仕事のペース

「仕事率」とは，**仕事**が行われる（＝**エネルギーが使用**される）**ペース**，つまり**単位時間**当たりの**仕事量**として定義されます。単位は**ワット**で，次の関係が成り立ちます。

1ワット＝1ジュール毎秒

上記の簡単な例に合わせて説明すれば，**15ワットの仕事率**を有する系は，**5ニュートン**の力で**物体を3m動かす**仕事を，**1秒**でこなすことができます。一方，**仕事率**が**5ワット**しかない系は，**同じ仕事をするにも3秒**かかるわけです。

機械的倍率

物理学の世界では，「ただ」で何かを手に入れることはできません。とはいえ，仕事率そのものに制約がある場合，「単一機械」と呼ばれる各種の装置が，機械でのさまざまな作業をもっとやりやすくする方法を提供してくれるのです。

「倍率」の定義

単一機械と呼ばれる装置の大半は，**何らかの物体**や**負荷**を**動かす**のに**必要な力**を**軽減**してくれるものです。前のページで見た通り

仕事（W）＝ 力（f）× 物体の移動距離（d）

なので，たとえば物体を3m動かすのに5ニュートンの力を使った場合，15ジュールの仕事がなされたことになります。

けれども，同じ**15ジュールの仕事をする**のであれば，何らかの単一機械の**力点**に**2.5ニュートンの力を加え**，**6m**動かすやり方**も可能**です。この場合，**力点側**では**距離**が**2倍**必要になるものの，加えるべき力は**半分**で済みます。

一般に，物体や負荷を動かした**出力**（F_{out}）と機械への**入力**（F_{in}）の**比**を，「**機械的倍率**（MA）」といいます。

$$MA = \frac{F_{out}}{F_{in}}$$

上記の例では，F_{out} = 5［N］，Fin = 2.5［N］なので，MA = 2となります。

六つの単一機械

単一機械の歴史は，少なくとも**古代ギリシャ**までさかのぼります。当時の**技術者たち**の発想の軸になっていたのが，機械的倍率（MA）を高めてくれる6種類の単一機械でした。

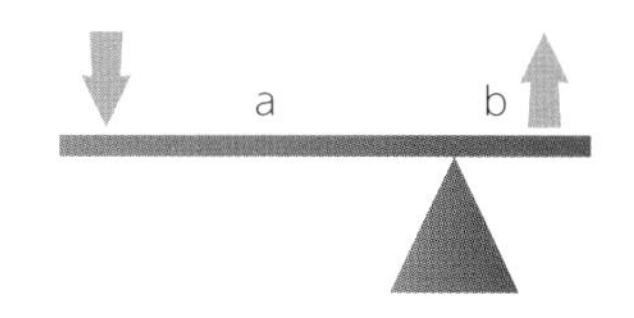

てこ
MA = a/b

斜面（傾斜台など）
MA = 斜面の長さ / 斜面の高さ

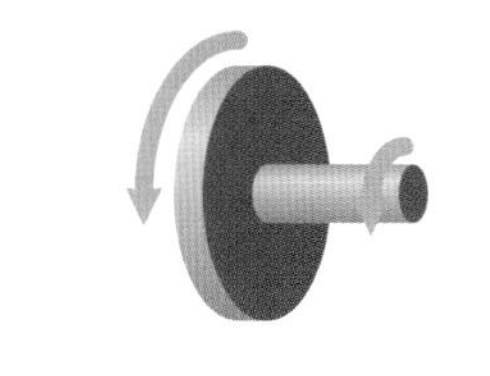

輪軸（車輪と車軸）
MA = 車輪の半径 / 車軸の半径

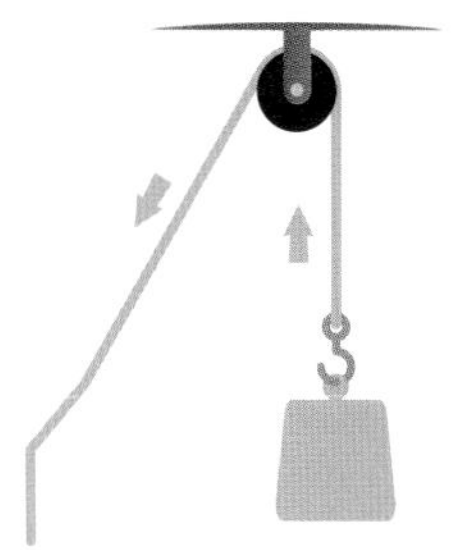

滑車
MA = n（荷重を支えるロープの数）

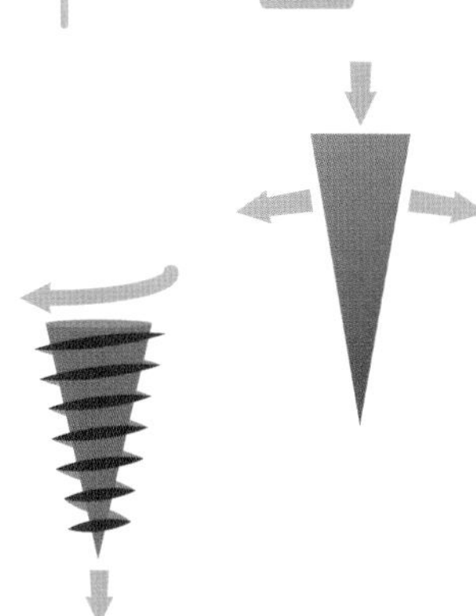

くさび
MA = くさびの（斜面の）長さ / くさびの厚さ

ネジ
r = ネジ頭部の半径；l = リード（ネジが1回転する間に進む軸方向距離）として
MA = $2\pi r/l$

位置エネルギーと運動エネルギー

単純な機械系における最も重要なエネルギー形態が，位置エネルギーと運動エネルギーです。両者の間でのエネルギー変換は，日常生活でおなじみの多くの機械の支えとなっています。

位置エネルギー

物体の位置（ポテンシャル）エネルギーとは，物体が何らかの「**力の場**」における「**位置**」ゆえに有する**エネルギー**です。そのままの形態では**あまり役に立たない**ものの，**ほかのエネルギー形態に変換**される**ポテンシャル**（潜在力）をもつのです。

力学で取り上げられるのは，ほとんどが**重力による位置エネルギー** —— 物体が**地球の重力場において占める位置**から生じるエネルギーです。ここでいう「位置」とは，具体的には，**任意の基準面**（**地面，机，ジェットコースターの軌道の最低地点などから見た高さ**です。つまり，「**物体が落下する余地**」**が大きくなれば**なるほど，物体のもつ**位置エネルギーは大きく**なります。

$$P.E. = mgh$$

物体の**質量**をm，**重力加速度**をg，**基準面からの高さ**をhとすると，この物体の位置エネルギー（$P.E.$）は，上のように表せます。

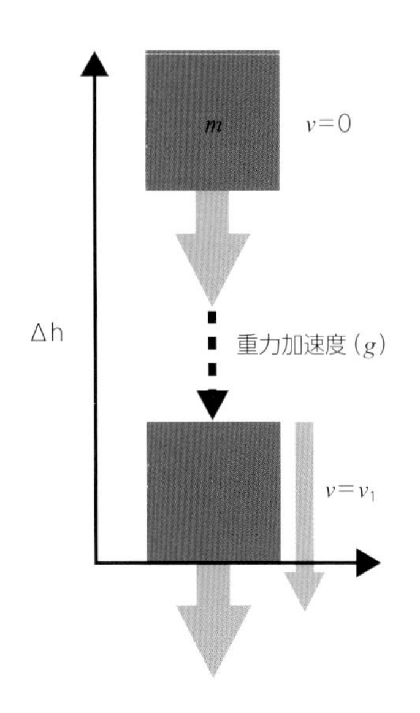

運動エネルギー

運動エネルギーとは，物体の**運動による**エネルギーです。「**運動量**」**にも関係**してくる概念ですが，その式はより複雑です。物体の運動する**速度**をvとすると，その運動エネルギー（K.E.）は次のように表せます。

$$K.E. = \frac{1}{2} mv^2$$

ジェットコースターの物理学

運動エネルギーと位置エネルギーの関係を示す，古典的な例が**ジェットコースター**です。

軌道の**最高地点**で車両の位置エネルギーは**最大**になるものの，そのとき車両は**非常にゆっくり**動いています。**斜面を下り**始めると，位置エネルギーが**運動エネルギー**に急激に変換され，**速さが増し**ます。軌道の**最低地点**で運動エネルギーは最大になり，車両を**再び高い地点に**向かわせます。こうして次の斜面を駆け上がり，徐々に**位置エネルギーを取り戻す**間，車両はだんだん**減速**していきます。

2種類の衝突

相互作用や衝突をする各物体の運動量の合計は常に保存されますが，
運動エネルギーは常にそうとは限りません。
このことから物体どうしの相互作用について，二つの異なるタイプを定義することができます。

弾性衝突

系全体の運動エネルギーが保存されるような衝突や相互作用は，「**(完全)弾性的**」と呼ばれます。これはつまり，**その系のあらゆる質点**がもつ**運動エネルギー**の**合計**が，**相互作用の前と後で同じ**値になるということです。

質量m_1, m_2を有する二つの物体の弾性衝突(＝完全弾性衝突；以下同じ)について考えましょう。それぞれの衝突前の速度がu_1とu_2，衝突後の速度がv^1とv^2であったとすると，以下の関係式が成り立ちます。

$$\tfrac{1}{2} m_1 u_1^2 + \tfrac{1}{2} m_2 u_2^2 = \tfrac{1}{2} m_1 v_1^2 + \tfrac{1}{2} m_2 v_2^2$$

この式を解くと，次のようになります。

$$v_1 = \frac{m_1 - m_2 \ u_1}{m_1 + m_2} + \frac{2m_2 \ u_2}{m_1 + m_2}$$

$$v_2 = \frac{m_2 - m_1 \ u_1}{m_1 + m_2} + \frac{2m_1 \ u_1}{m_1 + m_2}$$

日常世界において，弾性衝突は**非常にまれ**です。非常に小さい，気体分子のような物体の衝突においてさえ，**物体内部**の**粒子レベルの振動**によるエネルギー**形態の変換**が，**常に**生じるからです。**完全に弾性的**といえるのは，**原子**どうしの衝突くらいしかありません。

とはいえ，**ほぼ弾性的とみなせる**ような系も数多くあります。これは，個々の運動エネルギーの**喪失**・**獲得**が**統計的につりあってい**る(例：**気体分子運動論**の理論モデル)，あるいは**その系のスケールでは**そうした問題が**無視できる**(例：**ビリヤードの球どうしの衝突**)ことによるものです。

非弾性衝突

非弾性衝突は，弾性衝突よりも**はるかによく見られます**。**運動エネルギーの喪失**は**通常**，エネルギー変換によるもので，なかでも**熱エネルギー**や**位置エネルギー**への変換が典型的です。

非弾性衝突の後の各質点の**速度**は，次のように表されます。

$$v_1 = C_R \frac{m_2(u_2 - u_1) + m_1 u_1 + m_2 u_2}{m_1 + m_2}$$

$$v_2 = C_R \frac{m_1(u_1 - u_2) + m_1 u_1 + m_2 u_2}{m_1 + m_2}$$

なお，ここでC_Rとは，系における**反発係数**です。衝突時の弾性の度合いを示すもので，その値は0(完全非弾性衝突)から1(完全弾性衝突)までの範囲に分布します。

完全非弾性衝突とは，**運動エネルギー**が**可能な限りすべて失われる**衝突で，**物体どうしが衝突後**，**合体**してしまう状況が典型的です。

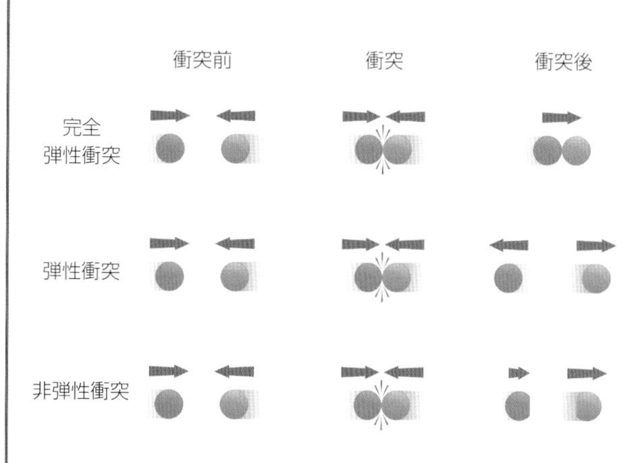

万有引力と惑星軌道

万有引力は，森羅万象のなかで私たちに最も なじみ深い力でありながら，最も見過ごされることの多い力でもあります。質量をもつすべての物体が，この力により，ほかの物体を自らに引き寄せているのです。

万有引力

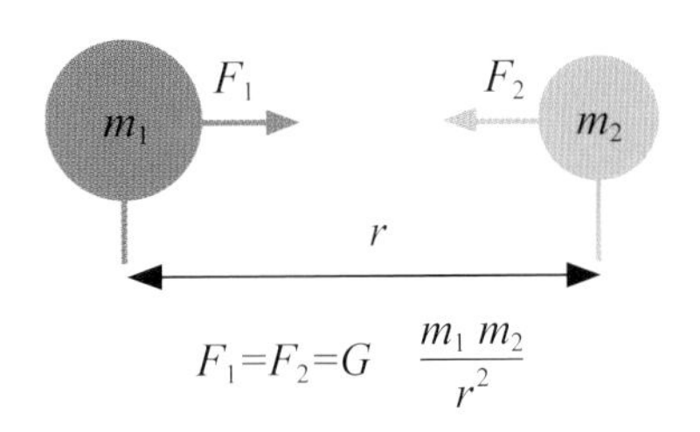

ニュートンは，**二つの物体**の間に働く**万有引力**の大きさは，**それぞれの物体の質量**に**比例**し，かつ**物体間の距離の2乗**に**反比例**することを割り出しました。

つまり，**どちらか一方の質量**を**2倍**にすれば，**物体間の引力**は**2倍**になり，他方で**距離**を**2倍**にすれば，引力は**元の値の1/4**に**減少**します。

ここで，両方の物体が，**大きさの等しい逆向きの引力**の作用を受けていること —— **ニュートン**の**運動の第三法則**（＝**作用反作用の法則**；30ページ参照）が成り立っていること —— に注意してください。

惑星軌道の解明

ニュートンは，**ケプラーの法則**（20ページ参照）を説明する過程で，万有引力を発見しました。惑星の**公転軌道**（＝**楕円**）上の各点で，**惑星が直線運動を続けようとする**慣性の**働き**と，**太陽による引力**が**つりあうことで，引力の強さ**が**距離の2乗に反比例**し，ケプラーの第三法則における**距離**（＝軌道の長半径）**と公転周期の関係**を説明したのです。

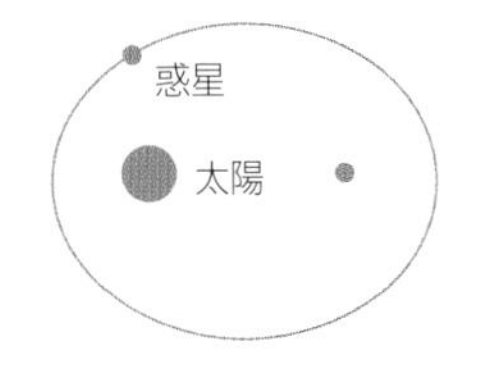

地球上の重力

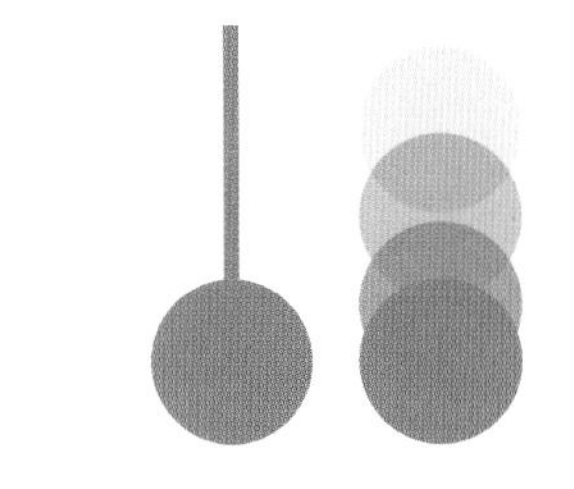

重さ / 質量＝g［N/kg］　　重力加速度＝g［ms^{-2}］

地球の表面における，地球からの万有引力は単に「**重力**」と呼ばれます。重力は，**地球の重力場にあるすべての物体に**，地球表面に向かって**下向きの力**を及ぼします。今，地球の質量をm_1，物体の質量をm_2とすると，物体が受けるキログラム当たりの力は

$$F/m_2 = G\,m_1/r^2$$

で与えられます（Gは万有引力定数 ＝ 6.67 × 10^{-11}［N m^2 kg^{-2}］）。これを計算すると，9.81 N/kgとなります。

ところで，地球の表面またはその近くにある物体には，**重力による下向きの加速度**（＝**重力加速度**；「g」で表します）がかかり，その値は**常に一定**であることがわかっています（**質量**m_2はm_1に比べて**無視できる大きさ**なので，地球にかかる上向きの加速度については考えなくてよいでしょう）。**ニュートン**の**運動の第二法則**を使ってこれを計算すると，「力＝質量×加速度」なので

$$F = m_2\,a = \frac{G\,m_1\,m_2}{r^2} \quad \text{ゆえに} \quad a = G\,m_1/r^2$$

このgが9.81 ms^{-2}となることは，驚くに値しないでしょう。

ラグランジュ力学

ニュートンの運動法則は，「孤立した質点」が構成する理想化された系の振る舞いを整然と記述するものでしたが，物理学的な系のほとんどが現実とはかなり異なります。ラグランジュ力学は，こうした現実世界の状況に適用できる，さまざまな分析手法を提供するものでした。

ニュートン力学への制約

ニュートンの運動法則は，**惑星の軌道**や，**大砲の砲弾の弾道**や，**ビリヤード台上の球の動きを計算**するにはうってつけでした。けれども，物体の**運動に「拘束条件」**がある状況（たとえば，**ジェットコースター**が固定されている線路が，**瞬間ごとに異なる向きの力**を発生させる場合など）ではどうなるのでしょう？

1788年，フランスの数学者**ジョゼフ=ルイ・ラグランジュ**が，二つの新しい数学的アプローチを提示します。それは**ニュートンの運動法則**を，**より広範な状況で適用**できるようにするものでした。

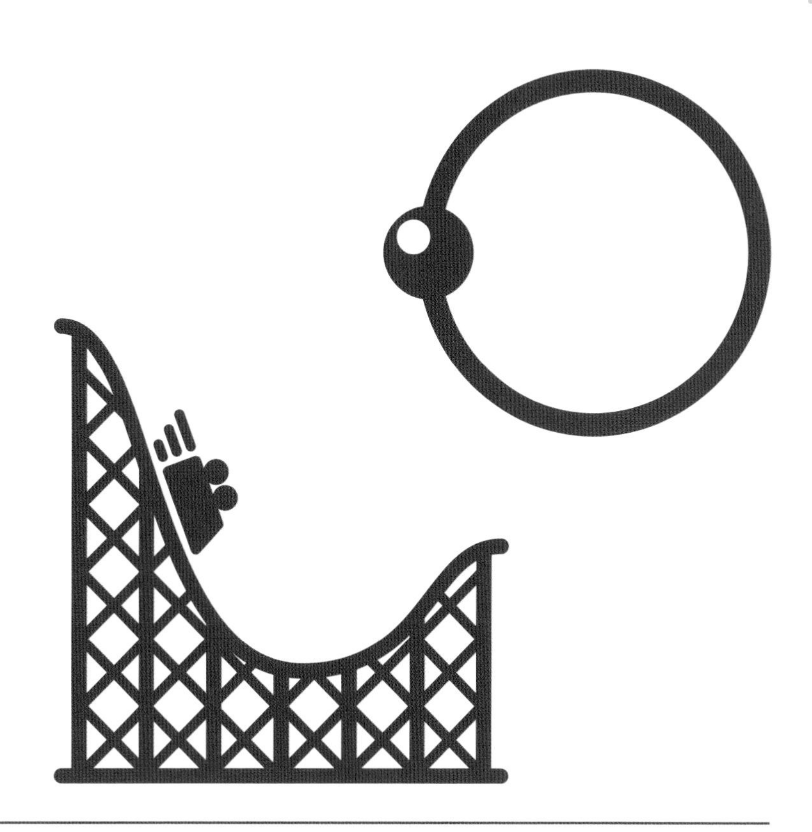

第二種運動方程式

ラグランジュの**第二種**運動方程式は，**数学的により複雑**で，高度なアプローチです。それは，**運動**を記述する**座標系**（**配置空間**）を，何であれ最適なかたちに変え，私たちが系の**拘束条件**を**一つひとつ考察する必要を取り除いて**くれます。

デカルト以来の伝統的な**3次元**（x, y, z）**直交座標系**から離れることで，運動方程式の可能性は広がりました。いまや「**一般化座標**」を用いて，**拘束条件のある系**において物体が**さまざまな点**でもつ**性質**を，**拘束条件そのものは無視**しながら考察できるようになったのです。

第一種運動方程式

ラグランジュの運動方程式は，**ラグランジュ関数**Lの時間変化を記述するものです。T＝系全体の運動エネルギー（系のすべての質点がもつ運動エネルギーの合計），V＝系全体の位置エネルギーとすると，ほとんどの系について，以下の式が成り立ちます。

$$L = T - V$$

第一種運動方程式は，系の個々の**拘束条件**を数式（**関数**）で表現するとともに，系についての全体的記述（＝**時間や位置ごとの**Lの**変化**）にこれを適用する方法を示すものです。

単振動

周期的・調和的なパターンをもつ運動は，自然界でも機械の領域でも幅広く存在します。そして，この現象の理想化された形態は，現実世界において驚くほどの共通性をもちます。これを「単振動」といいます。

単振動の発生条件

1732年，スイスの物理学者・数学者**ダニエル・ベルヌーイ**は，**振動する弦**の各点にニュートンの運動法則を適用し，**単振動**を発見しました。
単振動が発生するのは，以下のような状況です。

- **物体に作用する力**が，**中心線**からの**変位**につれて，**大きく**なる。
- この**力**が**常に**，**変位**とは**反対方向**に**作用**する（＝**弦を中心線に復元する**力として働く）。

このとき，**運動エネルギー**と**位置エネルギー**の**相互変換が繰り返される**ことで，単振動が起こります。すなわち，弦の各点はその**変位**が**最大**（＝**位置エネルギー**が**最大**）になるところで**静止**します。そして，**中心線に達する**ところで各点の**運動エネルギー**（そして**速度**）は**最大**に達し，こうして弦は中心線を**通り越し**てその反対側に向かうのです。

単振動のモデル化

単振動という現象の最も秩序だった側面の一つは，それを「**波動**」のかたちで**モデル化**できることです。**変位**の度合い，**変位した物体**の**速度**，弦の**復元力**の**強さ**という三つの属性が，互いに相殺しあうような**数学的に完全な正弦曲線**を描くのです（グラフ参照）。

なお，ここでTを振動の周期，fを振動数（＝周波数；単位はヘルツ［＝サイクル毎秒］）とすると，$f = 1/T$という関係があります。さらに，角振動数（＝角周波数；単位はラジアン毎秒）をωとすると，$\omega = 2\pi f = 2\pi / T$となります。

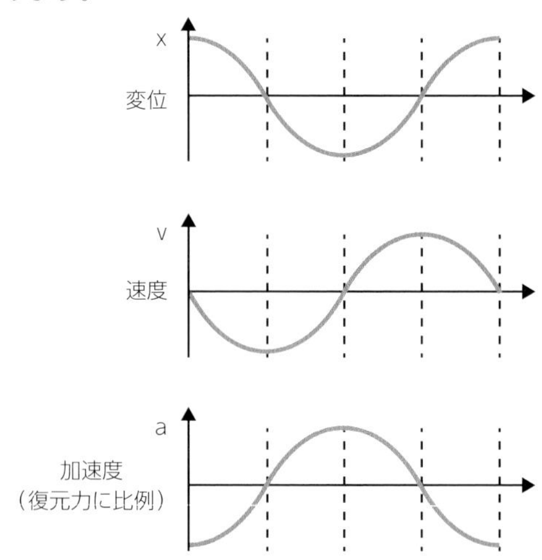

単振動の例

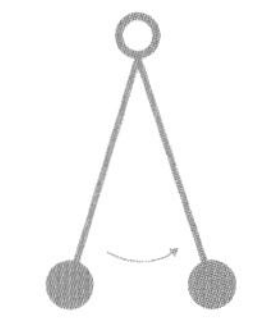

振り子などの，左右に揺れる重り

ばね先端に取りつけた重りの振動

楽器や，それが生み出す音波

水平に吊るした物体が繰り返すねじれ回転

このほか，意外なことに，「交流電流」（101ページ参照）なども単振動の一種なのです。

角運動と剛体

**単振動はいくつかの意外な領域でも出現します。
特に「円運動」と「一様な回転運動」の理論モデルにおいて重要であり，
このことが，ひいてはより複雑な運動形態の分析に道を開くことになるのです。**

物体の回転

あらゆる**回転する系**（**自転する剛体**であれ，**軸を中心に公転する物体**であれ）での，**回転する質点**の振る舞いは，**2次元の単振動**とみなすことができます。**上**から見ると，**互いに連動する，正弦曲線**で表される**二つのサイクル**になっており，質点は各サイクル上を**上下**／**左右**に**往復運動**しているのです。

さて，**ニュートン**の**運動の第二法則**が**直線運動**に関して述べていることは

$$F = m\,dv/dt$$

と表現できますが，この式に対応するものとして，**回転運動**に関する**オイラーの方程式**があります。

$$\tau = I\,d\omega/dt$$

ここで，τ（ギリシャ文字の「タウ」）は，物体に作用する**回転力**の効果――いわゆる「**トルク**（＝**ねじりモーメント**）」，Iは物体の**慣性モーメント**（＝**回転運動に対する抵抗**の大きさ），$d\omega/dt$は**角速度ωの時間変化率**（＝**角加速度**）を意味します。ほかの単振動の形態と同じく，ωの単位はラジアン毎秒です。

オイラーの発見

スイスの数学者**レオンハルト・オイラー**が**回転運動の方程式**を発見したのは，**船舶の物理的性質**と**波の相互作用**について研究しているときでした。彼は1736年頃，船舶の一見**無秩序**に思われる**運動**・**横揺れ**・**縦揺れ**の**サイクル**が，①物体がそのまま**空間のなかを進む**「**並進運動**」（これを記述したのが**ニュートン**の**運動の第二法則**），②**軸の周りの**「**回転運動**」（これを記述したのが**オイラーの方程式**）の二つの要素に分解できることに気づいたのです。
この原理の**適用範囲**は**船舶の挙動をはるかに超え**，**あらゆる剛体の運動**に当てはめられます。

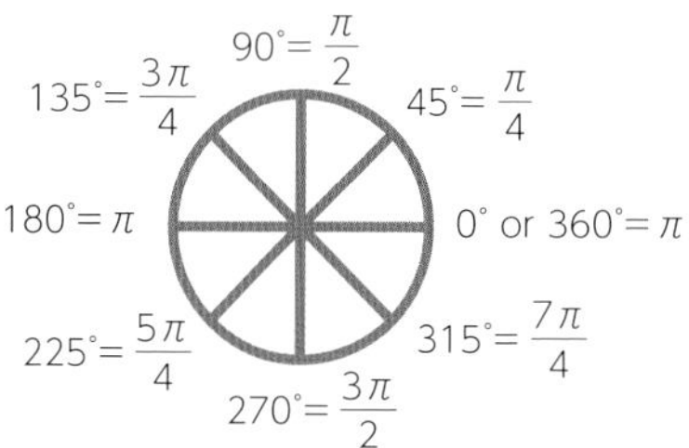

ラジアンとは何か？

ラジアンとは，おなじみの「度（°）」とは別の**角度の単位**です。いうまでもなく**円の一周**は360°ですが，この単位表現では2π（≒6.2831853）ラジアンとなります（**単振動**の**1サイクル**も同じく2πラジアンです）。1ラジアンは180/π°（≒57.296°）に相当します。

ラジアンを使うのはわかりにくいように見えますが，実はある種の計算をずっと簡単にしてくれます。**円周の長さ**が2πr（r＝円の**半径**）であることに注目してください。このrに等しい長さの円弧**に対する**中心角が，まさに1ラジアンなのです。

2次元の運動全般＝並進運動＊＋回転運動

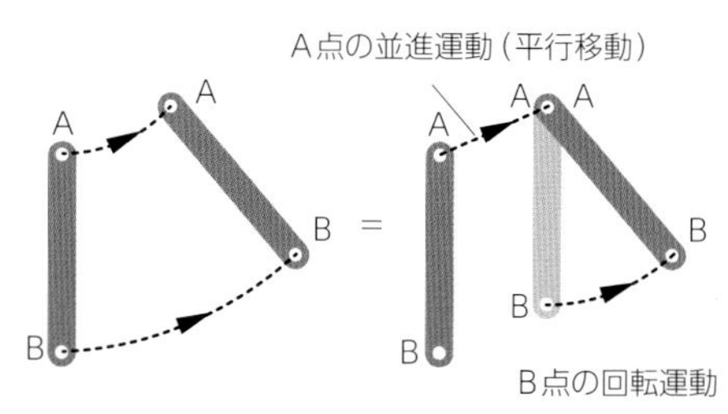

＊ 物体を構成する各点が平行移動する運動

角運動量

空間のなかを進む物体が，その速さと質量によって「運動量」をもつのと同じく，回転する物体にも，それに相当する性質 ――「角運動量」があります。

角運動量を計算する

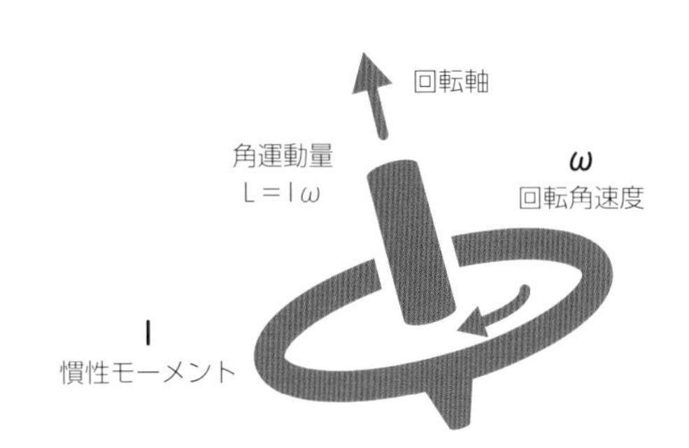

回転する物体の運動量は，**大きさ（強さ）**と**瞬間的な方向**（方向が**絶えず変化**します）をもちます。角運動量は次の単純な公式で計算できます。

$$L = I\omega$$

ここで，Lとは**回転軸に対する角運動量**，Iとは**物体の慣性モーメント**（＝**回転への抵抗**の大きさ），ωは**角速度**（＝回転の速度；単位はラジアン毎秒）です。

この式は，**おなじみ**の（**線形**）**運動量** p に関する方程式

$$p = mv$$

と非常によく似ています。ここで，mは物体の**質量**（**慣性の尺度**でもあります），vは物体の**線速度**を意味します。

角運動量保存の法則

通常の運動量の場合と同様，**物体**や**閉じた系**における角運動量は**保存**されます――つまり，**外力の作用を受けない**限り，**一定の値**を保ちます。このことは重要な意味をもっています。というのは，**外部からの影響がなければ，物体の**「**質量**」は**普通一定にとどまり**ますが，「**慣性モーメント**」は**より複雑な属性**であり，**質量の大きさだけでなく，回転軸に対する質量の分布**にも**左右される**からです。言い換えれば，**質量が同じ**であっても，

- 質量分布が**回転軸から遠く**まで**広がって**いる場合，慣性モーメントは**より大きく**なる。
- 質量分布が回転軸の**近くに集中して**いる場合，慣性モーメントは**より小さく**なる。

したがって，角運動量の保存とは，以下のことを意味します。

- 系における質量の分布がより**遠くへ広がって**いればいるほど，**角速度**は**遅くなる。**
- 系の質量分布が軸近くに**集中して**いればいるほど，**角速度**は**速くなる。**

具体例

- **フィギュアスケーター**がスピンをする際は，腕を伸ばしたり折りたたんだりして，慣性モーメントと角速度をコントロールする。
- 巨大な星が崩壊し，直径数十km程度の球体となった超高密度の「**パルサー**」は，非常に高速で自転する天体である。
- **新しく誕生した星**は，周囲の星間ガス雲から物質を引き込んで成長する過程で，ますます高速で自転するようになる。

見かけの力

「見かけの力」が物体に作用しているように見えるのは，単に私たちの基準座標系との関係にすぎません。それらは本当は，さまざまな「実在の力」の相互作用がもたらす「正味の効果」であり，それ以外のかたちでは存在しないのです。

遠心力

ロープの端に**ボール**を固定して，ぐるぐる振りまわすとき，ボールは**外向きに引っ張られているように見え**ます。この効果を「**遠心力**」（＝**中心から遠くへ**逃れる**力**）といいます。

遠心力は，**ニュートン**の**運動の第一法則**から生じます。弧を描く軌道上のあらゆる点で，そこに**もしほかの力が働かなければ**，ボールはどこかへ（**直線軌道**を描きつつ）**飛んでいく**でしょう。

「ほかの力」―― つまり，このとき**ロープ**を手のほうに**引っ張る力**こそ，この状況でボールに働いている「**実在の力**」です。これを「**向心力**」（＝**中心に向かう**力）といいます。**軌道上の各点**で，この力は**ボール**が**離れて飛び去ろう**とするのを**阻止**しています。こうした相互作用の結果が，軌道の**弧の曲線**なのです。

惑星や**人工衛星**の**軌道**にも，これと**非常によく似た効果**が**関係**しています。ただしこの場合，**向心力**を提供するのは，ロープの張力ではなく**地球の引力**です。

コリオリ力

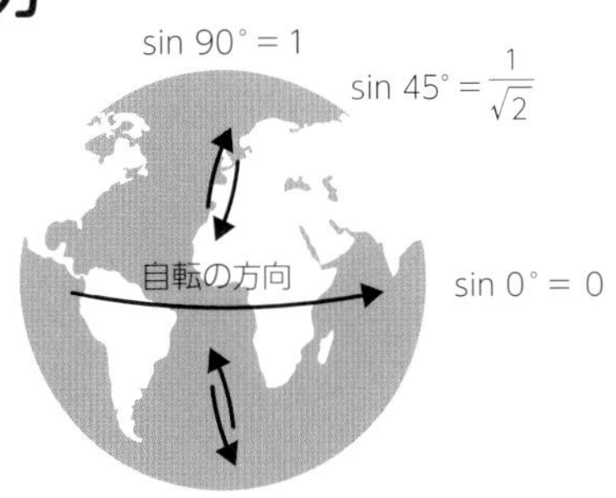

「**コリオリ力**」とは，**回転する剛体**（たとえば**惑星**など）**の表面にいる観察者**が，**自由に飛行する独立した物体**の**動き**を観察する際，生み出される効果のことです。

時計回りをする**基準座標系**のなかを飛行する物体は，見かけ上，**進行方向**に対して**左向きの力**を受けます。一方，基準座標系が**反時計回り**の場合，物体は見かけ上，**右向きの力**を受けます。地球の自転により，基準座標系は**北半球**で**反時計回り**，**南半球**で**時計回り**となるため，両半球の**コリオリ力**は，それぞれ**右向き**，**左向き**に作用します。

どちらの場合においても，物体の**進路**は右（北半球）または左（南半球）に**カーブして見えます**。また，その効果の大きさは，地球上の**緯度のサイン**（緯度をϕとして$\sin\phi$）**に比例**します。したがって，**コリオリ力**は**赤道直下でゼロ**となり，**緯度が高く**なるにつれて**大きく**なります。

大量の空気や**水**が**流入**·**流出**する際に生じる**渦の向き**も，コリオリ力によるものです。

「渦」をめぐる都市伝説

コリオリ力が**渦をつくり出す**効果は，**非常に大きなスケール限定**の話です。「浴槽や流しの水を抜いたとき，**北半球と南半球**で**渦の向きが違う**」などというのは，残念ながら，ただの**都市伝説**です。

カオス（混沌）

物理学者や数学者の使う「カオス」という言葉は，非常に具体的な意味をもちます。それは，一見取るに足りないほどのわずかな変化が，最終的には大きな，予測しがたい結果をもたらしうるような「系」を指すのです。

カオスの定義

日常の語法で「カオス（混沌）」というのは，**規則や法則に従わない**，完全に**予測不能**な事態を意味する言葉です。物理学でいう「**カオス系（混沌系）**」には，**支配しうる法則**があり，**単純**で**完全に理解可能**なものです。

ただしそこには，初期条件のごくわずかな差が最終結果に大きな違いをもたらす「**初期値鋭敏性**」の問題があります。系における物体どうしの**複雑な関係**や，その状態についての私たちの**不完全な情報**ゆえに，**ある段階を越えたとき**，その後の**将来的発展**を**見通すことが不可能**になるのです。

カオスとなる可能性？

現実世界を**シミュレーション**するうえで，**系のすべての構成要素**の**位置**・**運動**について，私たちがあらかじめ**完全**で**網羅的**な**知識**をもてるという見込みは皆無です。とはいえ，以下のように，**カオスとなる可能性**が高い状況を特定することならできるのです。

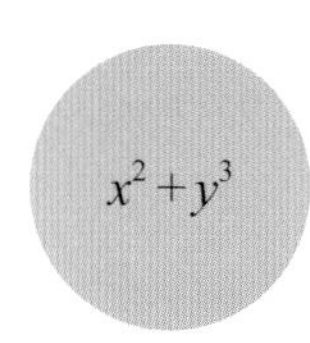

・系が**非線形方程式**に支配され，その式が**指数**（左の例ではxについて2，yについて3）**の大きい変数**を含む場合，**カオスを招きやすい**。**変数が**さらに**累乗**されると，事態はますます悪化する。

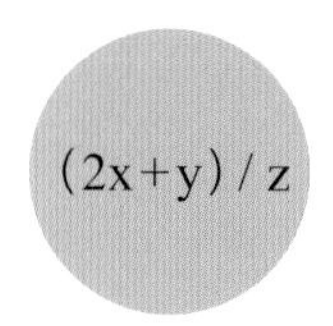

・**線形方程式**（**2次以上の変数を含まない**方程式）に支配される系は，**カオスを招く可能性が小さい**。個々の**変数**における**わずかな変化や誤差**は，**最終結果**に**わずかな違い**しかもたらさない。

三体問題

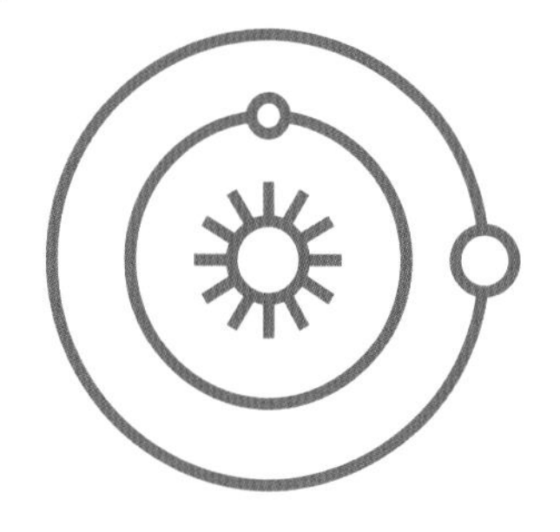

18世紀から知られる難問です。**単一の惑星**の**長期**にわたる**公転軌道**は**容易に予測**できるものの，そこに**第二の惑星**が**介在**した場合，「**三つの天体**の**万有引力**」が**相互作用**する，**はるかに複雑**な状況が生まれます。

バタフライ効果

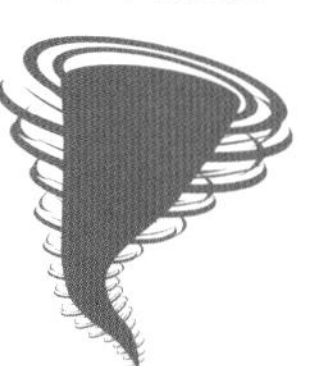

気象学者**エドワード・ローレンツ**が1972年にまとめた考え方です。彼は**コンピュータ**による初期の**気象モデル**で，「**重要な変数**について**端数を切り捨てる**と，**シミュレーション**の**方向性**がまったく**違ってくる**」ということを発見しました。

アマゾンで1匹の蝶が羽ばたくことにより，テキサスに大規模な竜巻が発生する可能性があるのです。

物性の理論

「物質の本性」の理解に向けた哲学者や科学者たちの努力は，少なくとも過去3,000年にさかのぼります。現代の最新の原子論により，私たちは，多様な物質の多様な状況下での振る舞いを予測できるようになりました。

物質とは何か

物質とは，宇宙の万物を構成する「物的なもの」そのものです。**初期の哲学者**の多くは，**物的世界**と**心的（理念的）世界**の間に重要な**区別**を立てました。たとえば**プラトン**は，日常世界のさまざまな事物は，**より高い次元に存在する「イデア」の影**にすぎないと考えていました。

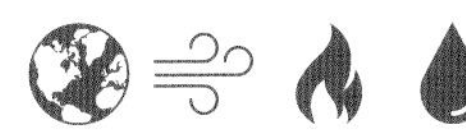

古代の四元素説

古代ギリシャで広く知られたある理論は，あらゆる物質を**地**・**水**・**火**・**風**の**四元素**の混合物とみなしました。こうした元素の正確な配合がわかれば，物質の属性を説明できるとされたのです。

初期の原子論者たち

デモクリトス（紀元前460頃～紀元前370頃）のような古代ギリシャの原子論者は，宇宙を構成するのは**分割できない微小な原子**で，それらは**空虚な空間**（空虚）で隔てられていると考えました。

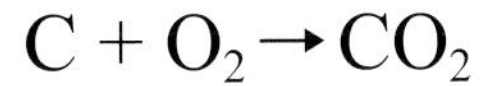

近代の原子論

18世紀の終盤から，**ジョン・ドルトン**などによる**原子論**の復興が始まります。それは，**化学反応**における物質の**結合比**がしばしば**単純な値**となるように思われる，その理由の解明を目指すものでした。

元素の周期律

1869年，**ドミトリ・メンデレーエフ**が，最初の**周期表**を発表します。**既知の**さまざまな**元素**が従う規則性を確立したことで，**未発見の元素**の**予測**に貢献するとともに，こうした**規則性**が生じる根拠についての問題を提起しました。

原子の構造

1897年，**J・J・トムソン**が，**最初の亜原子粒子**（**素粒子**）として**電子**を発見します。これに導かれるかたちで，1911年には**原子核**の存在が突き止められ，さらに1913年，「それぞれの電子は**原子核**をめぐる**いくつもの電子軌道**の一つを動いている」などとする**ボーアの原子模型**が発表されました。

量子物理学

1920年代，原子内部の世界の研究は飛躍的発展を遂げます。**最もミクロなスケール**では粒子が**波動性**をもつとともに，**予測不能な振る舞い**をすることが判明したのです。

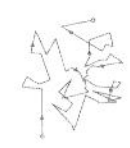

ブラウン運動

原子論の最も直接的な**証拠**となった「**ブラウン運動**」は，花粉などの微粒子が**水中**で示す**不規則なジグザグ運動**です。1827年，植物学者の**ロバート・ブラウン**がこれを報告していました。

原子論の証明

1905年，**アルバート・アインシュタイン**は，このブラウン運動が実は，**目に見えない水分子**と微粒子の**衝突**の効果であることを示したのです。

物質の状態

ほとんどの日常的環境では，物質は「固体」「液体」「気体」のどれか一つの状態（相）をとります（＝物質の三態）。けれども，ある極端な条件のもとで生じうる，「プラズマ」と呼ばれる第四の相もあるのです。

物質の四態

固体

物質内の**原子が互いに強く結合し**，容器に入れなくてもその**形状を保てる**状態。

液体

物質内の**原子・分子がより弱い力で引きつけあう**状態。その結合が**重力に勝てない**ことから，**流動性**を示すほか，容器の**底の部分**にたまる性質がある。

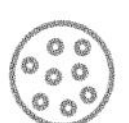

気体

物質内の**原子・分子**どうしが**完全に切り離されて**いる状態。あちこちに**急速に広がり**，**容器**の**全体を満たす**性質がある。

プラズマ

気体に近い流体で，「電離気体」とも呼ばれる。**原子が電子を失う**ことで生じる，**プラス電荷**をもつ**陽イオン**と**マイナス電荷**をもつ**自由電子**の混合物（56ページ参照）。**粒子の運動エネルギー**は一般に，**固体**で**最も低く**，**プラズマ**で**最も高く**なる。

物質の状態変化

私たちにとっておなじみの**状態変化**（**相転移**）は，**固体→液体→気体**（またはその**逆**）というものですが，実際には，これら三つの相**すべての間**で，**直接的な転移**が起こりえます。

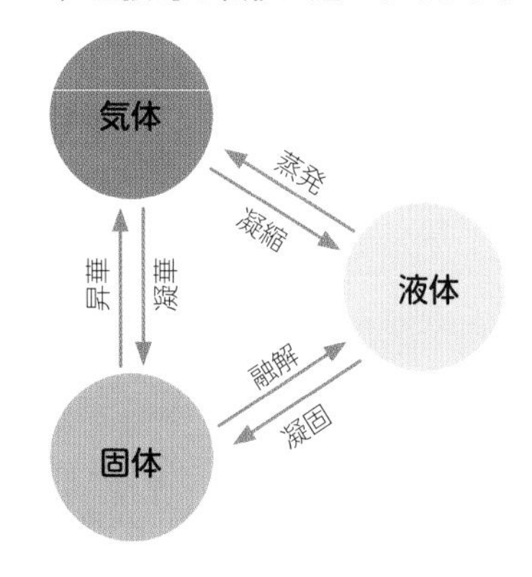

潜熱

物質の**状態変化**（**相転移**）は，必然的に**原子間の結合**の破壊または形成を伴います。少々意外なことに，後者の**結合形成**のプロセスでは，**エネルギーが放出**されるため，**熱が発生**するのです。一方，**結合が破壊**されるプロセスでは，外から加えたエネルギーが，**温度変化ではなく**結合を破壊する**相転移のために**費やされます。このエネルギーを，**固体→液体**の転移の場合は「**融解（潜）熱**」，**液体→気体**の転移の場合は「**蒸発（潜）熱**」といいます。

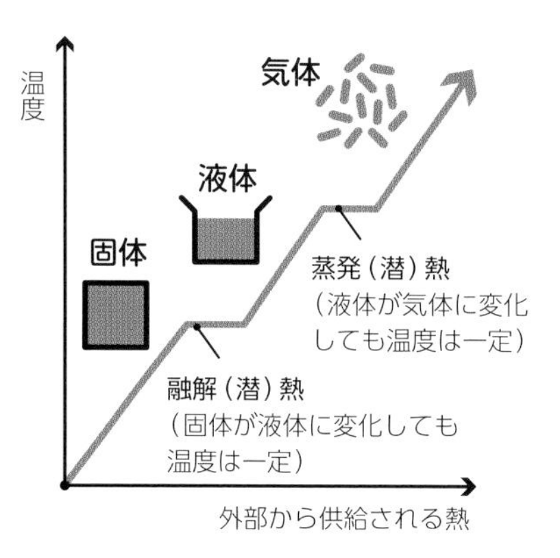

状態図（相図）

個々の物質が**とる状態**（**相**）を**正確に**決定づけるのは，物質そのものの**化学的性質**に加えて，**周囲の状況**――具体的には**温度**と**圧力**です。相・温度・圧力の関係を示したグラフを「**状態図**（**相図**）」といいます。

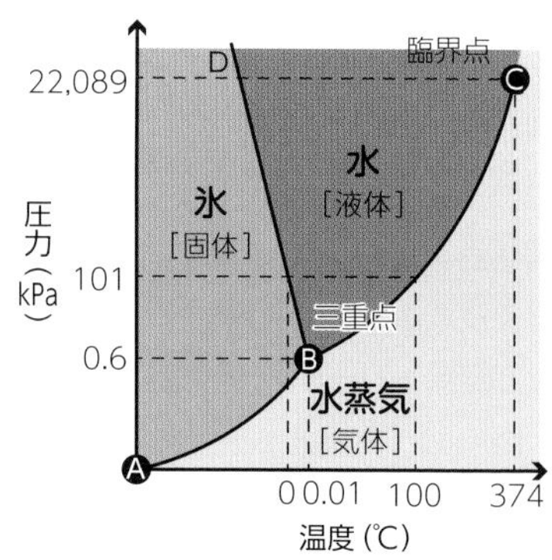

- **三重点**：固体・液体・気体の三つの相が**共存**しうる状態。
- **臨界点**：その先は液体の相と気体の相の境界線が**なくなる**点。

固体とその構造

固体物質の原子や分子は互いに緊密に結合し，
ほかの物質が容易に透過できないだけの，十分な大きさの集団を形成しています。
固体は結晶質と非晶質（無定形物質）の二つに分類することができます。

結晶格子

結晶格子は，**原子や分子の具体的な結合方法**により，さまざまな形態をとります。

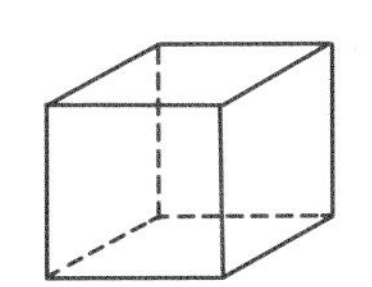

立方晶系（等軸晶系）
3本の結晶軸がすべて互いに直交し，かつその長さが等しい。

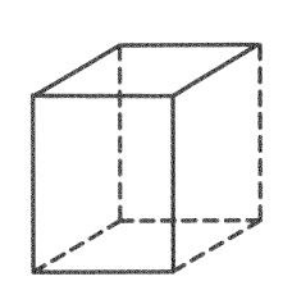

正方晶系
3本の結晶軸がすべて互いに直交し，そのうち2本の長さが等しい。

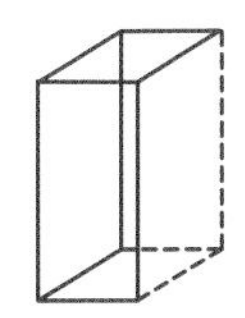

直方晶系（斜方晶系）
3本の結晶軸がすべて互いに直交し，その長さがすべて異なる。

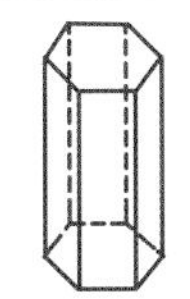

六方晶
同一平面内で，長さの等しい3本の結晶軸が同じ角度で交わり，さらにこの平面と直交する第四の結晶軸をもつ（＝正六角柱）。

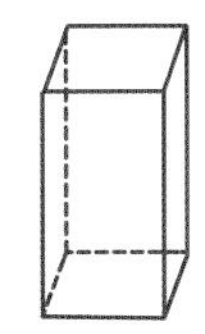

単斜晶系
3本の結晶軸のうち2本だけが直交し，かつ3軸の長さがすべて異なる。

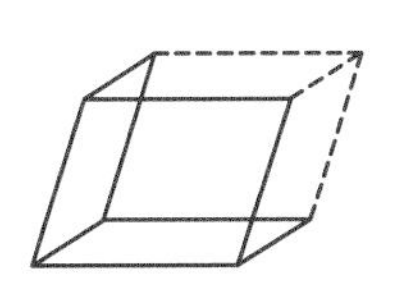

三斜晶系
3本の結晶軸がすべて斜めに交わり，その長さがすべて異なる。

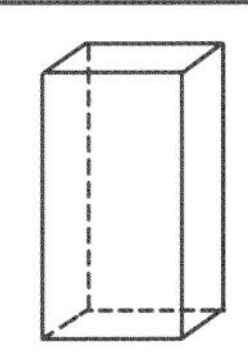

菱面体晶系
3本の結晶軸がすべて斜めに交わるが，その長さがすべて等しい。

同素体

同素体とは，**同じ種類の原子（元素）**が，原子の配列や結合の違いに伴い，**性質の異なる**分子や結晶になったものです。ほとんどの物質が固体・液体・気体の三相をもちますが，この概念は**通常**，**固体**について**用いられ**ます。右はすべて，炭素でできています。

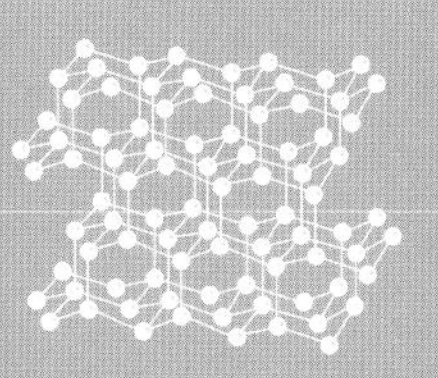

ダイヤモンド
立方晶系（等軸晶系）

石墨（グラファイト）
六方晶系（板状）

バックミンスターフラーレン
六方晶系（球状）

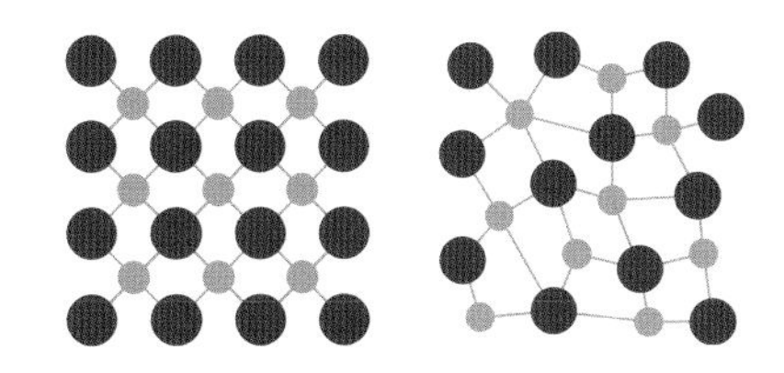

非晶質（無定形物質）

固体の原子がすべて，**規則正しい結晶構造**をもつとは限りません。**原子の配列が乱れ**，**列や平面**の並びがまったく**平行にならない**ものも数多くあります。こうした「無定形」な固体として，**ガラス**や（**プラスチック**その他の）**高分子物質**が挙げられます。

変形と弾性

固体のほとんどは，外力を加えると，少なくともある程度まで（粉々に壊れることなく）形状を変えることができます。分子どうしの結合が引き伸ばされたり，その配列が変更されることで，物質の巨視的性質に影響が及ぶ場合があるのです。

応力とひずみ

外力が加えられた**固体（物体）の内部**には，その反作用として**外力とつりあう「内力」**が生まれます。「**応力**」とは，この**全体的な内力**（固体を構成する各粒子が隣どうし押しあい，引き合う力の総体です）の尺度であり，次の式で定義されます。

応力＝**内力** / 固体の断面積

右辺の単位は分母が平方メートル，分子がニュートンです。つまり，応力の単位は，**圧力**の単位と同じ「**パスカル**（Pa）」です。

$$1\ \mathrm{Pa} = 1\ \mathrm{N/m^2}$$

ひずみとは，**応力**による**物体の変形**の度合いのことで，**ある特定の軸**における**変形量と基本寸法の比**として定義されます。

ひずみ＝
長さの変化分 / 元の長さ＝
$\Delta L/L$

分母・分子ともに単位がメートルであることから，この値は単位をもたない**無次元数**となります。

延性と脆性

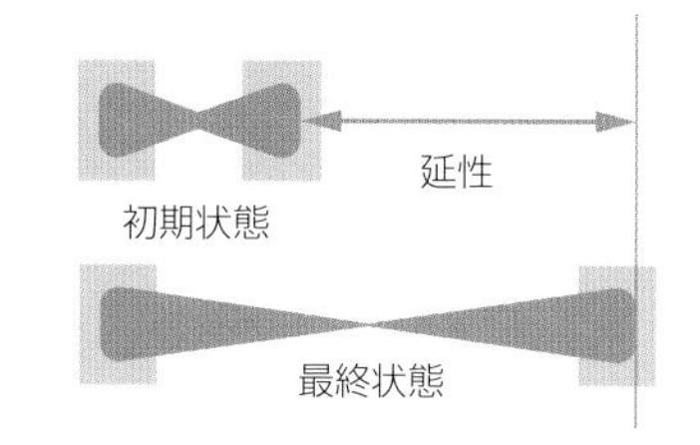

物質が**外力**に対して示す反応はさまざまです。ある種の**金属**（たとえば**銅**など）では，隣りあう**原子どうしの並びが簡単にずれ**，**配列し直される**ため，これを**長く引き伸ばして撚り線をつくる**ことも可能です。こうした物質は「**延性**がある」といわれます。

一方，「**脆性**」を有する物質もあります。ある時点まで，**ごくわずかな変形**しかせず**応力に耐える**ものの，その先は**内部の結合が完全に破壊**され，**割れたり砕け散って**しまうのです。

フックの法則

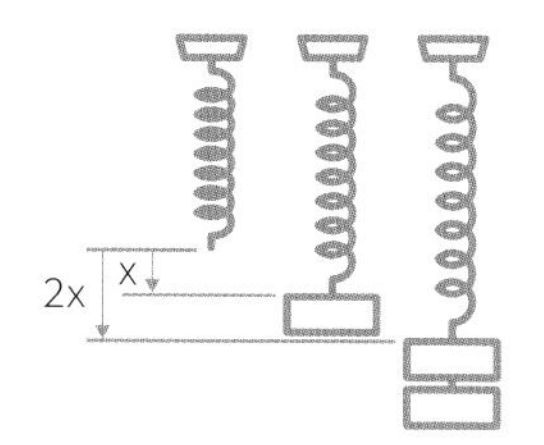

ばねのように，力を加えるといったん変形するものの，その力がなくなったとたん，元の形状に戻る性質を「**弾性**」といいます。1678年，**ロバート・フック**が発見した**フックの法則**は，「弾性を有する物体（**弾性体**）の**ひずみ**は，そこに**作用する力**に**比例**する」というものです。
今，ばねの伸び縮みをx［m］，力をF［N］とすると，次の関係式が成り立ちます。

$$F = kx \quad (k\text{はばね定数})$$

フックは上記の法則を，**ラテン語のアナグラム**（文字の入れ替えによる言葉遊び）として書き記しました。これを解読すると，「力は伸び縮みのように」となります。

ヤング率

伸び弾性率とも呼ばれるヤング率（一様な太さの棒を引き伸ばしたときの弾性率）は，物質における**応力とひずみの関係**を規定しています。

E＝応力 / ひずみ

右辺の分子が（力ではなく）**応力**であることに注意しましょう。この値は**かなり大きく**なることが一般的なので，単位はしばしばパスカル（Pa）に代えて，**ギガパスカル**（1 GPa ＝ 10億パスカル）が使用されます。

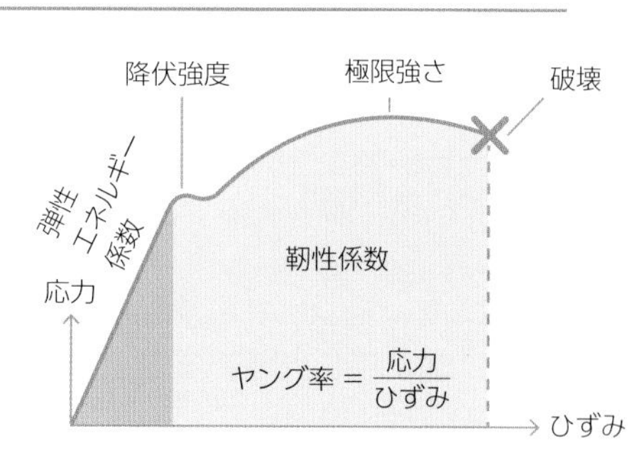

流体力学1

「流体」とは液体と気体の総称ですが，このページでは特に液体の性質を扱います。液体は，絶えず破壊と修復を繰り返す，比較的ゆるい結合で結びつけられた物質です。この性質があるため，割れたり砕けたりせず，重力その他の力の影響を受けて流動し，容器の下方にたまるのです。

アルキメデスの原理

液体のなかに入れられた物体は，**それが押しのけた液体の重さに等しい**，**上向きの力**（**浮力**）に支えられます。物体は重さを失ったかのように，**表面に浮く**か，**液体の内部に静止**するか，あるいは空中を落下する場合**よりもゆっくりと底へ沈んで**いきます。

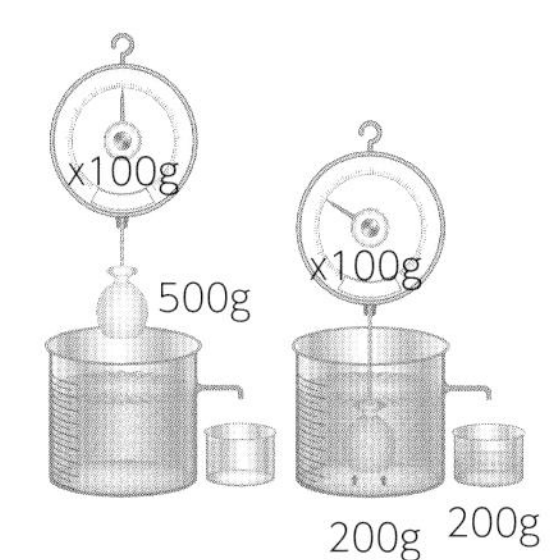

ユリイカ（見つけたぞ）！

言い伝えによれば，**アルキメデス**がこの原理を発見したのは，**王冠の金の純度**を測定するよう求められたことがきっかけだったとされています。けれども実は，この問題を解くためには，「アルキメデスの原理」は必要ないのです。水中に沈めた王冠が**押しのけた**（＝容器からあふれた）**水の量**で王冠の**正確な体積を測り**，その**密度**を計算するだけなら，「**浮力**」の概念が介在する余地がないからです。なお，実際の発見の経緯については，14ページを参照してください。

無重力での液体

無重力空間に置かれた液体は，表面張力（右記参照）の働きにより，空中を漂う**球体**となります。球の形態をとることで，液体**表面に沿った結合の長さ**が**すべて等しく**なり，安定できるからです。

シャボン玉

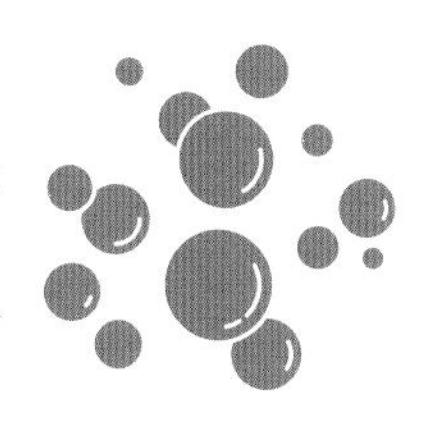

シャボン玉ができてしばらく割れないのは，**水**に**石鹸**を混ぜることで，水の**分子間の結合**（＝表面張力）が弱まっているためです。

表面張力

液体の中央部では，それぞれの**分子が同時にあらゆる方向から引っ張られる**ことで，**分子間の結合**が完全なバランスを保っています。これに対し液体の**表面**では，分子間結合が分子を液体**内部に**引っ張る力，液体**表面に沿って**引っ張る力しかありません。**表面張力**と呼ばれるこの現象が，液体**表面の破壊**に**逆らう**のです。
表面張力は，液体に**ほかの液体が混入**するのを**妨げる**（例：水と油）とともに，たとえば昆虫のような**軽い物体**が**表面に浮く**ことを可能にしています。
表面張力が最も大きくなるのは，**水**のような，特に**分子間結合の強い**液体です。

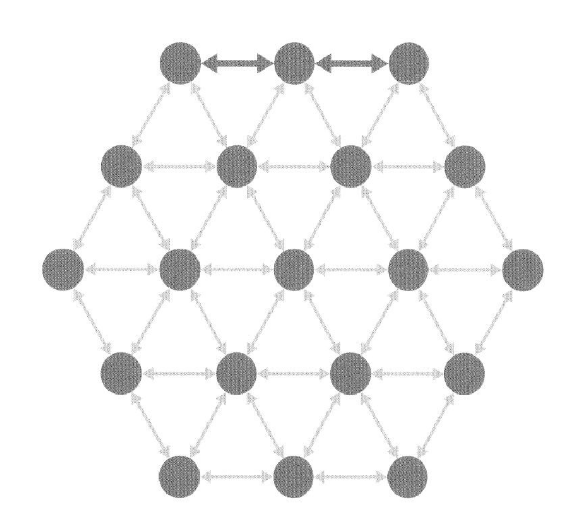

流体力学2

「流体力学」とは，流体（液体と気体が含まれます）の運動を扱う，物理学の一分野です。
ここでは，対象を個々の粒子のレベルに還元して理解するのではなく，ある部分で生じた変動が
ほかのすべての部分に影響するような「連続的な物質」として，流体を扱います。

重要な概念

- **非圧縮性**：流体動力学が取り扱う流体は，**圧力によって縮まない**と仮定されることが多い。これが**一般的に当てはまる**のは**液体**で，**気体**には**必ずしも当てはまらない**。
- **理想流体**（**完全流体**）：内部摩擦による**粘性**（＝流体の変形に逆らい，流れの**速度を一様に**しようとする働き）**をもたない**とされる，仮想的な流体。
- **せん断応力**：物質内のある単位面に作用する**応力**のうち，**単位面に沿った成分**のこと。物質内部に**ずれ**を引き起こす**応力**。
- **せん断ひずみ**：**せん断応力**による物質の**変形量**と，元の**基本寸法**の**比**。

飛行機が飛ぶ原理

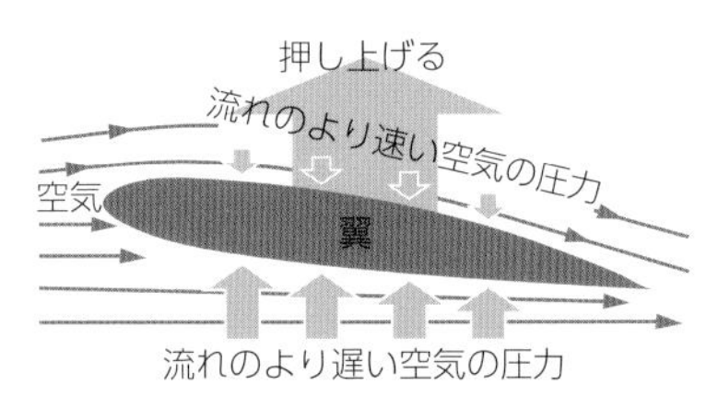

上の図は，**飛行機**が空を**飛ぶ**原理を図示したものです。まず，**航空力学**に基づく機体**設計**により，**翼の下部**に**遅い気流**，**翼の上部**に**速い気流**が生じます。すると，**ベルヌーイの定理**に従って，翼の下部から受ける**空気の圧力**がより大きくなり，飛行機は上昇します。

ニュートン流体と非ニュートン流体

ニュートン流体とは，**せん断応力**が，流れの**どの点においても**，**せん断ひずみの時間変化率**（＝**せん断速度**）**に比例**する —— したがって**粘性係数**が**一定**になる ——“標準的”な流体です。

一方，**非ニュートン流体**とは，いくつかの**要因**（**時間**やそれまで作用した**応力**など）に影響されて**粘性係数**が**変化**する，予測しにくい性質をもつ流体です。例としては，**ケチャップ**や**ペンキ**などが挙げられます。

粘性

「粘性係数」という概念は，46ページで説明した**ヤング率**（**固体物質**の**伸び弾性率**）に多少似通っています。ただし，この場合，**分母**となるべき「（せん断）ひずみ」は**変化し続ける**ため，通常は次の式によって定義されます（単位は**パスカル秒**［Pa s = Ns/m^2］）。

粘性の高い物質

水（20℃での粘性係数＝10^{-3} Pa s）

粘性の低い物質

粘性係数＝せん断応力 / せん断ひずみの時間変化率
　　　　＝せん断応力 / せん断速度

ベルヌーイの定理

1738年，スイスの物理学者・数学者**ダニエル・ベルヌーイ**は，「**理想流体**の**定常的**な流れでは，**エネルギー保存の法則**が成り立つ」という定理を発見しました。その内容は普通の直観に反するものです。 ——**流体の流れの速さ**と，**流体における圧力**は，増減が逆になるというのです。

言い換えれば，（流体を通す管が狭くなるなどして）流れが**速くなった**場合，**流体の圧力は小さく**なります。

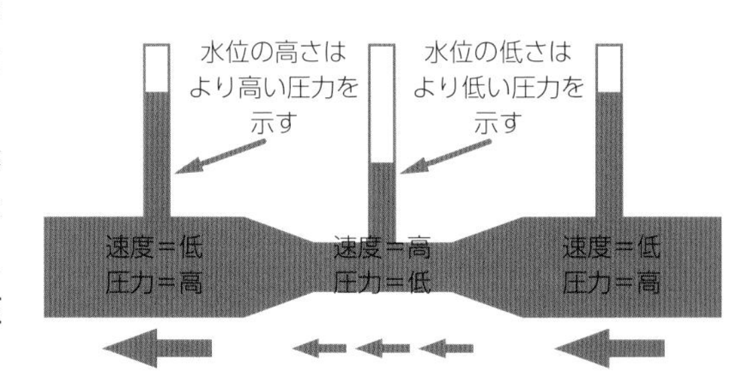

理想気体

「理想気体」とは，原子・分子を互いに結びつける大きな力が働かず，
それらが完全に独立してあたりを漂うような，理想化された気体です。
現実の気体は，高温・低圧の場合に，これにかなり近い性質を示します。

気体の法則

容器内の一定量の気体の，さまざまな条件変化のもとでの**振る舞い**を規定する，単純な三つの法則があります。

ボイルの法則

温度が一定に保たれる場合，気体の**圧力**と**体積**は**反比例**します。

気体を**より小さい空間**に押し込めれば，気体の圧力は**高まり**ます。逆に，**より大きな空間**を与えると，気体の圧力は**低下**します。
温度（T）が一定なら，圧力（P）と体積（V）は**反比例**する。

シャルルの法則

圧力が一定に保たれる場合，気体の**体積**と**絶対温度**は**比例**します。

気体を**温める**と，十分な空間がある限り，**膨張**します。逆に**冷やす**と，気体は**収縮**します。
圧力（P）が一定なら，体積（V）と絶対温度（T）は比例する。

ゲイ=リュサックの法則

体積が一定に保たれる場合，気体の**圧力**と**絶対温度**は**比例**します。

大きさが固定された容器に入れられた気体を**温める**と，その**圧力**は**上昇**し，逆に**冷やす**と圧力は**低下**します。
体積（V）が一定なら，圧力（P）と絶対温度（T）は比例する。

アボガドロの法則

ところで，**容器に入れる気体の「量」を変えられる**としたら，どうなるでしょう？
アボガドロの法則は，**温度と圧力が一定に保たれる場合，気体の体積と「量」**は**比例する**ことを規定しています。
温度（T）と圧力（P）が一定なら，体積（V）と「量」（n）は比例する。

気体の「量」を測る

気体の**量**は「**モル**」で計測されます。**原子量**（または**分子量**）Xの物質がX**グラム**存在するとき，そこに含まれる**原子**（または**分子**）**の量**が「1モル」です。
具体例で説明しましょう。

- ヘリウム（原子量＝4）1モルの質量は4グラム。
- 酸素分子O_2（分子量＝2×16＝32）1モルの質量は32グラム。

理想気体の法則

これらすべての「気体の法則」を，**あらゆる理想気体の振る舞い**を記述する，**ただ一つの方程式**によって表現できます。

$$PV = nRT$$

（理想気体の状態方程式：Rは**気体定数**）

「1モル」に含まれる原子や分子は常に同じ個数

アボガドロ定数
6.022×10^{23}

標準状態（温度0℃，圧力1気圧）では常に同じ体積

モル体積＝
22.4 ℓ

気体分子運動論

気体分子運動論は，一見単純な視点から，気体の振る舞いを解明・理論化するものです。気体を構成する個々の粒子の振る舞いが，そのまま気体全体の状況変化をもたらすようなモデルが考察されるのです。

重要な理論的前提

気体分子運動論では，いくつかの理論的前提条件が置かれます。

- **理想気体**を構成する**個々の原子・分子**が**相互作用**を及ぼす，**唯一の形態**が「**衝突**」であること。
- **粒子の数**が**膨大**であり，それらの振る舞いを**統計的**に扱えること。
- 粒子の運動**速度**（v）が，気体の**絶対温度**に依存すること。言い換えれば，気体の**絶対温度**は，**分子の運動エネルギー**（＝$1/2\,mv^2$）を反映したものとなる。
- 気体の**圧力**をもたらすものが，**粒子と容器の壁**の間で起こる**衝突**であること。粒子どうしの衝突は**弾性的**（＝粒子のもつ**運動エネルギーの合計**が**一定に保たれる**）であるのに対し，粒子と容器との衝突は**非弾性的**（＝**運動エネルギー**がほかのエネルギー形態に**変換される**）とされる。

個々の分子への**重力**の影響は**無視できる**ものとされます。

気体の法則の理論的解明

固定された容器内の気体の**温度を上げる**と，気体**分子**の運動**速度**が向上し，**容器との衝突**の**頻度**や**強さ**が増すために，気体の**圧力は増加**します（＝**ゲイ=リュサックの法則**）。

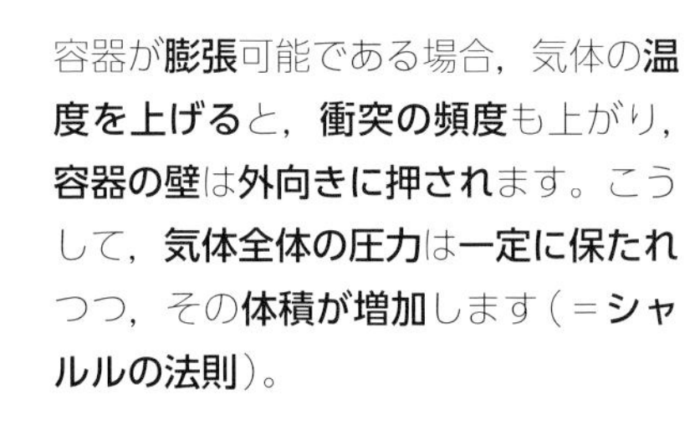

容器が**膨張**可能である場合，気体の**温度を上げる**と，**衝突の頻度**も上がり，**容器の壁**は**外向きに押され**ます。こうして，**気体全体の圧力**は**一定に保たれ**つつ，その**体積が増加**します（＝**シャルルの法則**）。

温度を一定にしたまま，**別の気体を追加**すると，**容器との衝突**の**頻度**が（したがって気体の**圧力**が）上がります。容器が**膨張**可能である場合，気体の**圧力**が**元の水準に下がる**まで，容器は膨張し続けます（＝**アボガドロの法則**）。

容器の**サイズを大きく**すれば，**衝突の頻度**が減少するので，気体の**圧力は下がり**ます。逆に，**サイズを小さく**すれば，**衝突の頻度**は増加するので，気体の**圧力は上がり**ます（＝**ボイルの法則**）。

マクスウェル=ボルツマン分布

粒子の振る舞いを**統計的に扱える**ということは，無数の粒子の個々の振る舞いは直接測定できないものの，「**平均値**を中心とする**分布**」という**視点**から**モデル化**できることを意味します。これを記述する複雑な方程式が，**ジェームズ・クラーク・マクスウェル**と**ルートヴィッヒ・ボルツマン**によって突き止められました。

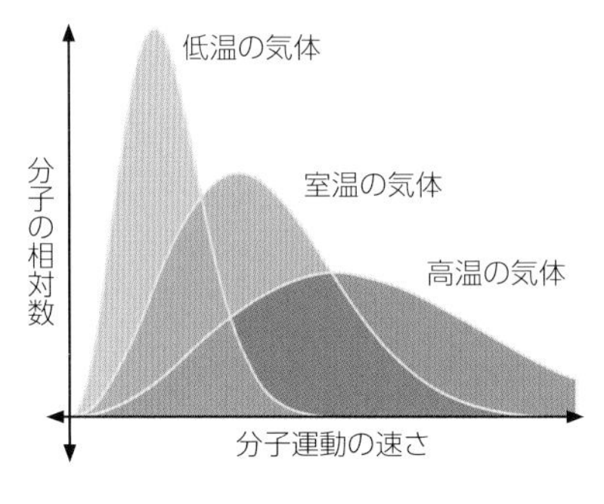

統計物理学

気体分子運動論は，**統計的モデル**の**威力**を初めて明らかにし，物理学全体において歴史上，巨大な突破口となりました。そこでは，**個々の粒子の性質**以上に，**粒子の振る舞い**に関する**統計的平均**が**重要**とされるようになったのです。

化学元素

化学元素とは「原子の種類」のことであり，ある元素に属する原子は，ほかの元素に属する原子と異なる，独自の性質を有します。自然界に存在する94種の元素がこれまで知られる一方，さらに24種は，原子炉や加速器を用いて人工的につくり出されたものです。

元素の性質

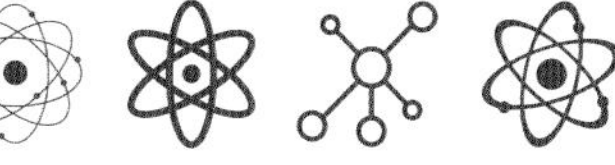
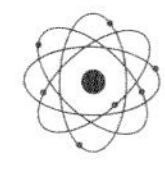

原子番号

元素のもつ**原子番号**は，**原子核**における**陽子**（**正の電気量**をもつ，比較的重い粒子）**の数**を表示しています。原子が**安定**するのは**電気的に中性**（＝**全体**として**電気量をもたない**）の場合に限られるため，原子番号はまた，**孤立した原子**の**原子核**の**周囲をまわる電子**（負の電気量をもつ，軽い粒子）**の数**にもなっています。

原子量

原子量とは原子の相対的質量のことで，ほとんどの元素で「**原子質量単位**（amu）」**の倍数**（つまり**整数**）となります。**原子質量単位**とは，**炭素12**（^{12}C）**原子1個**の**質量**の**1/12**として定義される，**単一**の値です。

炭素12原子には，**陽子6個**，**中性子6個**，**電子6個**が含まれます。

同位体

元素のなかには，**同位体**と呼ばれる，**互いに質量の異なる**原子をもつものがあります。それぞれの同位体は，**原子核**中の**陽子の数**は**共通**なものの，**中性子の数**が**異なり**ます。同じ元素に属する各同位体は，みな**共通の化学的性質**をもちます。したがって，不純物のない試料をもとに計算した原子量が，**整数にならない**場合もあるのです。

天然の存在比

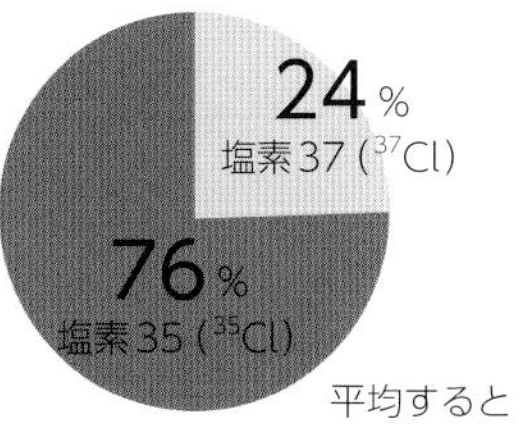

平均すると
塩素の原子量＝35.45

元素の発見

古代から，**自然界**に**純粋な形態**で存在するさまざまな**自然元素**（**金属元素**や**硫黄**などの**非金属元素**）が知られてきました。

年表

先史時代〜紀元前3000年頃　先史時代にも，地球に落下した隕石から，純粋な「鉄」が見つかっていた。ただし，酸化鉄などの鉱石から鉄を抽出する方法が発見されたのは紀元前3000年頃。

1669年　ヘニッヒ·ブラントが，最初の新元素「リン」を発見。

1766年　ヘンリー・キャヴェンディッシュが，分離された気体として「水素」を同定。

1777年　アントワーヌ·ラヴォアジエが，新元素として「酸素」を同定。

1868年　ジャンサンとロッキャーが，太陽光スペクトルの輝線をもとに「ヘリウム」を発見。

1875年　ドミトリ・メンデレーエフが（自らの元素周期表の空白部分として）存在を予測していた「ガリウム」が発見される。

1898年　マリーとピエールのキュリー夫妻が，最初の不安定元素（比較的短寿命なウラン生成物）として「ポロニウム」を発見。

1937年　地球上で最初の人工元素「テクネチウム」が，初期の粒子加速器を用いてつくり出される。

2002年　これまで知られている最も重い元素「オガネソン」がロシアで，初めてつくり出される。

周期表

さまざまな元素における化学的・物理的性質や内部構造を理解するうえで，周期表は強力なツールとなっています。

ドミトリ・メンデレーエフ

周期表の発見は通常，ロシアの化学者**ドミトリ・メンデレーエフ**の功績とされています。彼は1869年，**初期の周期表**を発表し，これをもとに当時**未発見**の**元素**（**ガリウム**や**ゲルマニウム**など）の存在を**予測**したのです。

元素のグループ分け

周期表においては各元素が，**縦の列**（＝「**族**」；**化学的性質**の**似通った**グループ）と**横の行**（＝「**周期**」；並びは**質量の小さい順**）ごとに配列されています。さらに，**共通する属性**をもとに元素をいくつかの**ブロック**に分けることも，多く行われています。

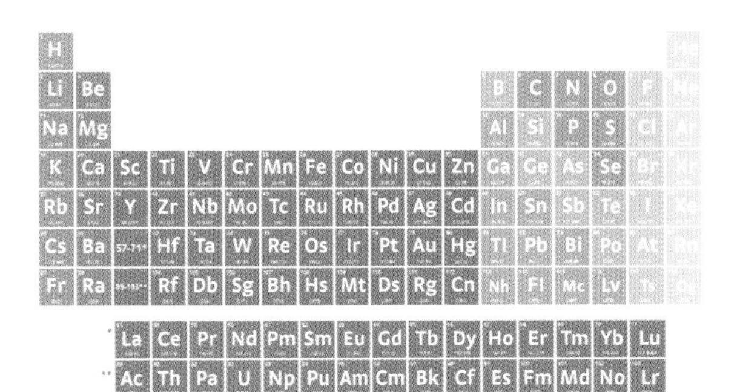

- **水素**：**最も単純な元素**。**外殻**（外側の軌道）に**電子1個**の構造で，非常に**反応性が高い**。
- **アルカリ金属**および**アルカリ土類金属**：**光沢**のある金属ながら，**不安定**な**原子構造**をもつ。**ほかの元素**と**容易に**（**ときに激しく**）**反応**し，**化合物を形成**する。
- **遷移金属**：**反応性は高くない**ものの，**さまざまな種類**の**化学反応**を通じて，幅広い**化合物**を形成可能。
- **ポスト遷移金属**：**脆性の高い**金属。**遷移金属**と**異なる化学的性質**をもち，**別個に分類**されている。
- **メタロイド**（**半金属**）：**金属**と**非金属**の**中間的な性質**をもつ元素。
- **反応性非金属**：**融点**・**沸点の低い**，一握りの元素。通常，**金属原子**の「パートナー」として**化合物**を形成する。
- **貴ガス**（**希ガス**）：**安定的**な**原子構造**をもつ**非金属**。**化学反応**を**ほとんど生じない**。
- **ランタノイド**および**アクチノイド**：**周期表のサイズ**が大きくなりすぎないよう，**伝統的**に本体から**切り離される重金属元素**の行。

元素の詳細情報

凡例：

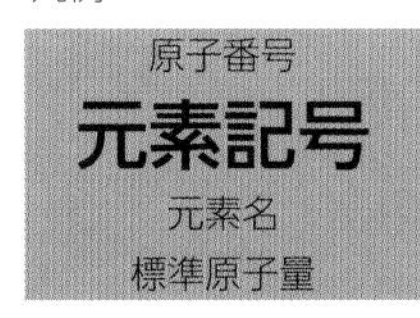

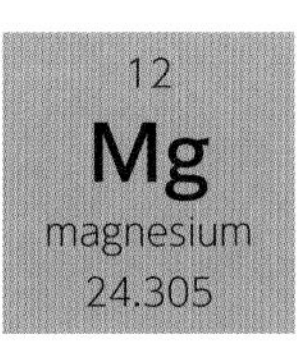

周期表の基本構造

周期表に見られる**行**と**列**の**規則性**は，**原子**のさまざまな**電子殻**を**電子**が**埋めていく**様子を反映したものです。各周期に属する**元素の数**は，**原子の構造**に関するある**重要な事実**を物語っています（次ページ参照）。

第1周期＝2元素
第2周期＝8元素（＝2＋6）
第3周期＝8元素
第4周期＝18元素（＝2＋6＋10）
第5周期＝18元素
第6周期＝32元素（＝2＋6＋10＋14）
第7周期＝32元素

原子の構造：入門編

これまでに原子内部のたくさんの粒子(素粒子を含む亜原子粒子)とその相互作用が発見されました。ただし，元素の科学的性質の大半は３種類の粒子からなる単純なモデルで説明できます。

単一の原子

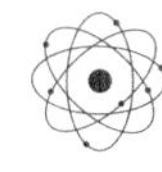

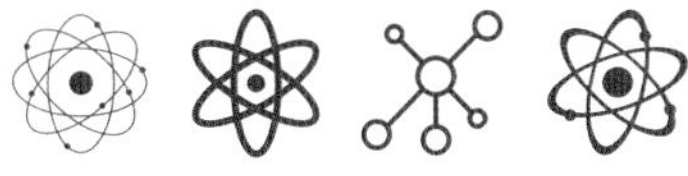

原子を構成するのは，**正の電気量**をもつ**重い**(原子の**質量**の大半を占めます)「**原子核**」と，その周囲をまわる「**電子**」── **負の電気量**をもつ**軽い**粒子です。個々の原子は**電気的に中性**であるため，**原子核**のもつ**電気量**は，**電子**の**総電気量**と**同じ大きさ**で，**正負が逆**になります。原子核内の粒子は「**陽子**」と呼ばれます。陽子1個の**電気量**は，**電子**1個の電気量と**同じ大きさ**で，**正負が逆**です。つまり，電気的に**中性な原子**は，**同じ数**の**陽子**と**電子**を含んでいます。原子核の構造はきわめて単純です。そこにはまた，「**中性子**」と呼ばれる，**電荷をもたない粒子**が含まれます。1個当たりの**質量**は，**陽子**と**ほぼ同じ**です。したがって原子の**粒子構成**は，**原子番号**(周期表での位置)と**原子量**から割り出すことができます。**質量の異なる**「**同位体**」の存在が話を複雑にするため，原子に関するたいていの記述では，「**どの同位体**のことをいっているのか」が明示されています。

具体例

- **単純な水素原子**：陽子1個の周りに電子1個。
- **重水素**(**水素2**)：陽子1個と中性子1個の周りに電子1個。
- **ヘリウム4**：陽子2個と中性子2個の周りに電子2個。
- **炭素12**：陽子6個と中性子6個の周りに電子6個。
- **炭素14**：陽子6個と中性子8個の周りに電子6個。

電子の軌道

周期表における規則性を生み出すのは，**原子に電子が"付け加え"られていく**ときのパターンです。周期表の各**周期**は，「**電子殻**」と呼ばれる**電子軌道の集まり**を，電子が**埋めていく**様子を表現していたわけです(**周期番号**は**主量子数** ── つまり，埋まった**電子殻の数**に対応しています)。**電子殻**は，s，p，d，f ……などの「**副電子殻**」に分けられ，さらに**副電子殻**は，一つまたは複数の**小軌道**からなります。**小軌道**一つには，**最大2個**の電子が入ります。

副電子殻	形状の例	電子の数(個)	周期番号	
s軌道	球状に分布する小軌道が**一つ**	2	1～7	
p軌道	互いに垂直な，8の字状に分布する小軌道が**三つ**	3×2＝6	2～7	
d軌道	8の字状に分布する小軌道が**五つ**	5×2＝10	4～7	
f軌道	8の字状に分布する小軌道が**七つ**	7×2＝14	6～7	

電子の配置

それぞれの元素における電子の配置は，下の表のように記述されます。**上付き数字**は，**個々の小軌道**に入った**電子の数**を表しています。

元素	原子番号(＝電子の個数)	電子配置
水素(H)	1	$1s^1$
ヘリウム(He)	2	$1s^2$
リチウム(Li)	3	[He] $2s^1$ ★
炭素(C)	6	[He] $2s^2$ $2p^2$
ネオン(Ne)	10	[He] $2s^2$ $2p^6$
ケイ素(シリコン；Si)	14	[Ne] $3s^2$ $3p^2$

★[ ]内の元素記号は，周期表の前行最終列(この場合，ヘリウムまたはネオン)に対応。すべての電子配置を書き出さなくてもよいように，すでに電子殻が完全に埋まった元素を頭に表示する。

それぞれの**小軌道**は，**主量子数**(＝**周期番号**)と**副電子殻**を並べて1s，2s，2p，3s……と名付けられ，おおよそこの順番に電子が配置されていきます。

化学結合

多種多様な方法で原子どうしを結びつけ，分子を形成するのが「化学結合」です。化学結合の性質や強さは，結合に関与する原子の種類（＝元素），また原子どうしの関係によって決まります。

「安定」を求めて

化学結合が生じるのは，結合に関与する各**原子**が「**安定**」**しようとする**からです。ここでいう安定とは，**外側の電子殻**（**外殻**）が電子で**埋まり，安定した電子配置**となることを意味します。このことから，化学結合においては，次の**3種類**が**中心的**な位置を占めます。

イオン結合

電子を放出して**安定**したい原子が，**電子を得て外殻を埋め**たい原子に，電子を提供する結合です。**正の電荷**をもつ「**陽イオン**」と**負の電荷**をもつ「**陰イオン**」**が形成**され，**静電引力**（**クーロン力**）によって**互いに結びつけられ**ます。

共有結合

二つの電子がともに**電子を得て安定**したい場合に，外殻を合併して**一つまたは複数**（通常，2個）**の電子を共有**する結合です。共有された電子は，**双方**の**外殻**を使って「**隙間**」**を埋め合わせ**ます。

金属結合

外殻に**過剰な電子**を抱えたいくつもの**金属元素**が，それら**をまとめて一緒に放出し**，**結晶構造**（**金属結晶**）をかたちづくる結合。**自由電子の"海"**が**陽イオン**を取り巻き，両者の**静電引力**によって**全体が結合**しています。

炭素族元素の結合

周期表の**第14族**に属する**炭素**とそれより**重い**同族の**四元素**は，みな，**外殻**が**かなり埋まって**います。このため，**相対的に安定**した性質であるのと同時に**原子**と**最大四つの結合**を形成可能なことも意味します。そのため，**炭素**は，複雑な"**有機**"**化学物質**の**巨大配列の基礎**となっているのです。

炭素炭素結合

二つの炭素原子どうしは，**1個**・**2個**・**3個**の**電子対**による**共有結合**（それぞれ「**単結合**」「**二重結合**」「**三重結合**」といいます）が可能で，さらに**ほかの原子とも結合**できます。炭素を含む化合物のことを「**有機化合物**」といいます。

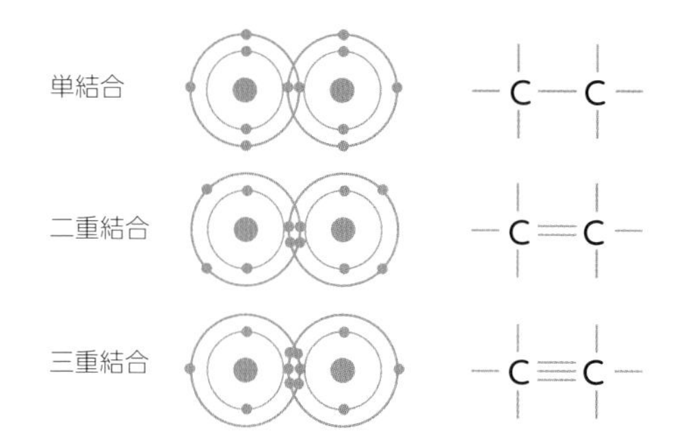

・単結合＝化合物の名前の語尾が「-ane」
・二重結合＝化合物の名前の語尾が「-ene」
・三重結合＝化合物の名前の語尾が「-yne」

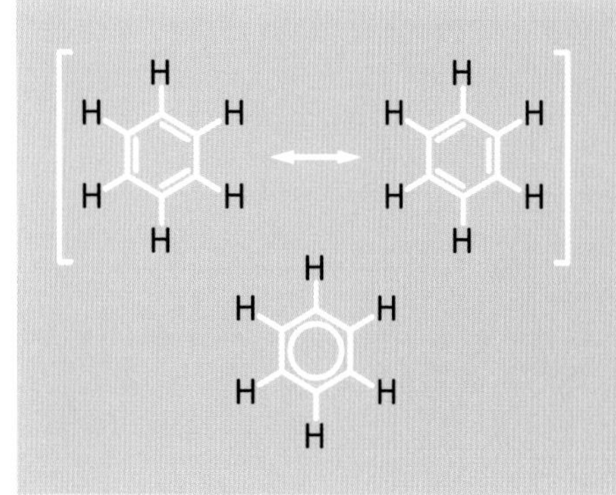

ベンゼン環

一部の化合物において，炭素は**原子6個**からなる「**環**」を形成します。環は，**炭素原子間**の**単結合**と**二重結合**からなり，各原子がさらにほかの元素や分子と**単結合**できます。

最も単純な例として，**ベンゼン**（C_6H_6）が挙げられます。この場合，それぞれの炭素原子は，**共有**する（**非局在化された**）**環**に**電子1個ずつを提供**します。そして，炭素原子間の**単結合と二重結合**が事実上，**急速に入れ替わる**「**共鳴**」という現象が発生するのです。

化学反応

化学反応とは，さまざまな物質を構成する分子が分解・再形成されることで，一連の反応物質（反応系）を一連の生成物質（生成系）に変換するプロセスです。

化学反応式

化学反応については，**化学反応式**で記述するのが一般的です。たとえば，**ナトリウム**と**塩素**が**塩化ナトリウム**を生み出す単純な反応は，次のように書くことができます。

$$2Na(s) + Cl_2(g) \rightarrow 2NaCl(s)$$

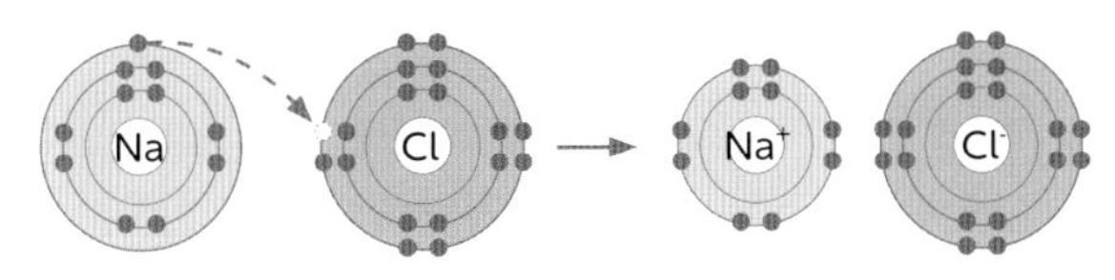

中央の矢印の**左辺**（反応系）**と右辺**（生成系）で，**元素**ごとの**原子**の総数は**一致**します。また，反応に関与する**すべての元素**は，その“**標準的**”**なかたち**で記述されます。上の例で，左辺の**塩素**は通常，**二原子分子**のかたちをとるため，**Cl_2**と書かれます。したがって，右辺のNaCl**分子**は**2個**必要で，左辺のナトリウム**原子**も**2個**となるのです。

- 破線の矢印の向きは，反応において**意図される方向**を示します。とはいえ，多くの反応は**可逆的**なもので，→に代えて**両向きの矢印**（↔）を置くことができます。**可逆反応**は，ある程度進むと**平衡点**（**化学平衡**）に達します（**反応物質の濃度を変化**させると，**平衡点が移動**します）。**特殊な条件**がなければ**可逆反応**が起きない場合もありますが，それ以外では，こうした反応は**容易に生じ**ます。

なお，元素記号の後ろの**カッコ書き**は，**物質の状態**（**相**）のことで，**(s)**は**固体**，**(l)**は**液体**，**(g)**は**気体**を表します。ただし，これは書かなくてもかまいません。

反応とエネルギー

分子内の**結合を分解**するには**エネルギー**が必要であり，対して**新しい結合の形成**は**エネルギーの放出**を伴います。したがって多くの反応は，開始にあたって**外部からのエネルギー供給**（たとえば，**熱**）を必要とするものの，**いったん始まると**内部の**エネルギーを放出**し始めます。こうして全体的に，**放出する以上**の**エネルギーを吸収**する反応を「**吸熱反応**」，反対に**吸収する以上**の**エネルギーを放出**する反応を「**発熱反応**」といいます。一方，**開始**にあたって**追加的なエネルギー**を必要とし**ない**反応は，「**発エルゴン反応**」と呼ばれます。

酸化と還元

多くの反応は，**ある化学種**（**原子**や**分子**，**陽**・**陰イオン**）から**別の化学種**への**電子の移動**を伴います。そこで，以下の化学変化はそれぞれ「**酸化**」「**還元**」と呼ばれます（歴史的な経緯で，反応への**酸素の関与**と**関係なく**，こうした用語が用いられています）。

- 反応によって物質が**電子を失う**＝「**酸化**される」
- 反応によって物質が**電子を取り込む**＝「**還元**される」

イオン化（電離）

物質はほとんどの状況で，電気的に中立な原子・分子の形態をとります。
けれども，中立的な原子から電子をはぎ取ったり，新たな電子をそこに追加すると，
全体として正または負の電気量をもつ「イオン」が形成されるのです。

物質のイオン化（電離）

イオンは**正**または**負**の**電荷**を帯びており，表記する際は，Fe^{2+} や CO_3^{2-} というように，後ろに**全体的な電気量**を示す**上付き数字**を書き添えます。
イオンは，**原子**の**外側の電子殻（外殻）**に**電子を追加**するか，そこから**電子を取り去る**ことによって形成されます。

- **陰イオン**：原子の**中立状態**に必要な**電子**以上の，**余分な電子**をもつ。
- **陽イオン**：原子の**中立状態**に必要な**電子**に対して，**不足**が生じている。

陽イオンは「**カチオン**」，**陰イオン**は「**アニオン**」とも呼ばれています。
イオン化された原子は，**非常に反応性が高い**のが特徴です。**中立的**な**電子配置**による**安定性**を取り戻すべく，**接触**する**ほかのあらゆる物質**と反応しようとするのです。

イオンの形成

イオンが形成される可能性のある状況は，多種多様です。

- **高温環境**のもと，**高速**で**運動**する**原子**や**分子**どうしが**衝突**し，それらの**外殻**から**電子がはぎ取られる**（そして，**高速**で**運動**する「**自由電子**」が，今度はほかの**粒子**と**衝突**する）状況。
- **高エネルギーの電磁波**（典型的な例としては，**紫外線**や**X線**，**γ線**など）による**衝撃**が，外殻**電子**の**脱出**に十分な**エネルギー**を供給する状況。
- **強力な電場**のもと，大きな**電位差**によって**電子**が**原子からはぎ取られ**，**電気の伝導**が可能になる状況。
- **化学反応**における（たいていは**存続期間**の**短い**）**中間的な段階**。

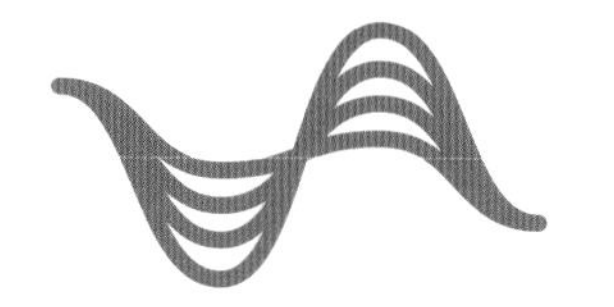

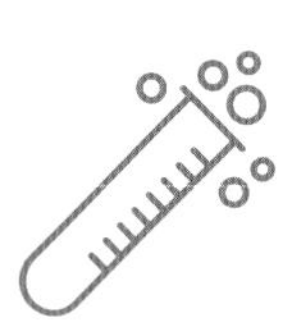

プラズマ

プラズマは，しばしば「**第四の物質状態（相）**」とされる**流体**です。**陽イオン**と**自由電子**を**孤立した状況**に置き，**電離状態**が**維持**されるようにすることで，独特の性質が生まれます。プラズマは**電離量が大きく**，粒子の**自由運動の能力**が高いため，**磁場**（プラズマ自体の**内部電流**が生み出すものを含みます）による**形成**・**制御**が可能になります。実際，**核融合炉**や**粒子加速器**では**強力な磁場**を用いて，**研究用**の**プラズマ閉じ込め**が頻繁に行われています。

質量分析

原子・分子のイオン化は，「質量分析」と呼ばれる巧妙な検査技術のカギを握る要素です。試料の個々の化学成分が，まるで光の波長のスペクトルのように分解されるのです。

質量分析のしくみ

質量分析計の基盤となっているのは，**電荷を帯びた粒子**が**一様な電磁場**を**高速で動く**場合，粒子の**質量**と**電荷**に応じた**度合い**で，その**進路が曲げられる**という知見です。

- **電荷**が**大きい**粒子は，**曲がり**がより**大きい**。
- **質量**と**運動量**が**大きい**粒子は，**曲がり**がより**小さい**。

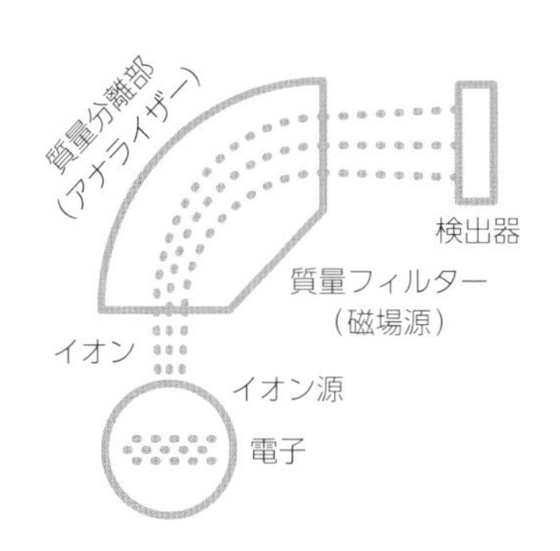

典型的な質量分析計の場合，まず試料に**強い熱**を与えて**気体**を生成し，その気体を**原子・分子のイオン化**の**工程**にかける（**電子**や**X線**による**衝撃**など，**いくつかのやり方**があります）ことで，正または負に**帯電したイオン**に**分解**します。

イオンは**イオンのビーム**に姿を変え，**質量分離部（アナライザー）**を通過します。この過程では**電場**や**磁場**により，イオンの**軌道を曲げる**か，またはイオンに一定の**加速力**を供給し，質量に応じた**異なる速度**を**与え**ます。
最後に，イオンが何らかの**検出器**に衝突します。検出器では，**質量 / 電荷比ごと**の**粒子の相対的割合**を，進路の**曲がり具合**ないし粒子の**飛行時間**（→**速度**）をもとに**測定**します。

こうして得られるグラフが，**光の放射スペクトル**（＝**発光スペクトル**；61ページ参照）にも似た「**質量スペクトル**」です（右上の図参照）。**試料**から生成された**イオン**（横軸）**ごとに**，その**割合**が，**さまざま**な**ピーク**（縦の1本線）をもつ**相対強度**（縦軸）により表示されています。

質量分析の用途

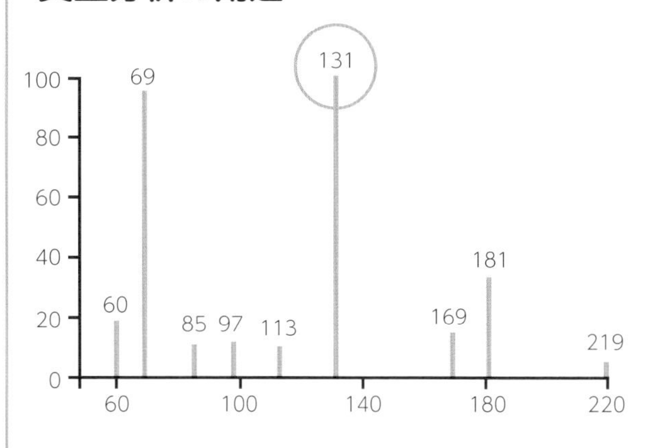

物質の化学組成を**分析**するうえで，質量分析はしばしば便利な**近道**を提供します。重要なのは，**従来の化学分析**では**わからなかった**，**同位体組成**を明らかにできることです。
質量分析の用途としては，たとえば以下の場合が挙げられます。

考古学や**地質学**における**放射性同位体**を用いた**年代測定**（**特定の元素**の**同位体比**により試料の**年代**がわかる）。

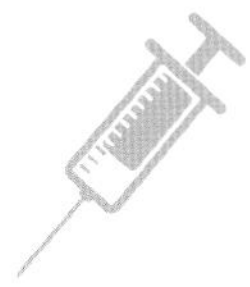

人体内部の様子を調べる**核医学検査**（**特定の同位体**を含む**医薬品**を患者に投与し，体内での**動き**や**分布**を**追跡**する）。

宇宙開発・探査：質量分析計を**宇宙探査機**に搭載し，**惑星間ダスト（塵）**の**成分**や遠い**惑星**の希薄な**外圏大気**などを**分析**する。

分子間結合

分子間結合は一般に，分子内の原子間結合より，ずっと弱い結合です。固体と液体の状態で物質を結合させるうえで，重要な役割を果たし，物質の化学的性質よりも物理的性質に影響を与えます。

静電気力（クーロン力）

ほとんどの**分子間結合**を支える基本原理は，**正と負の電荷**を帯びた**物質部分**どうしが**引きつけ**あう「**静電気力**（クーロン力）」です。

分子は**全体的**には**電荷をもたず中性**だとしても，それを構成する**原子**の**外殻**の**電子分布**は，多くの場合，**不均一**です。特に**共有結合**の場合，（通常）**2個ずつの電子**が，**原子間で共有**されるよう**特定の空間領域を占め**ざるを得ず，なおさら電気的に**不均一**です。こうした分子は「**極性分子**」と呼ばれます。

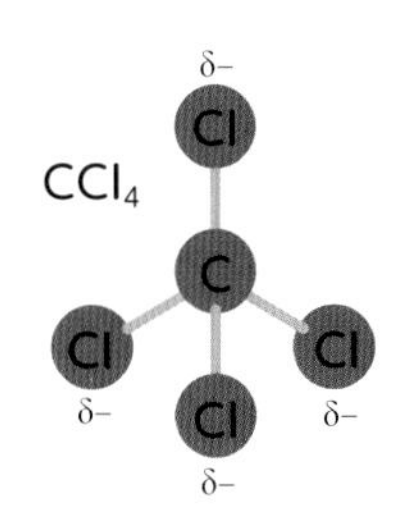

分子内の**ある領域**への**電子の** —— したがって**負の電荷の** —— **集中**（左の図の記号δ -）は，**別の領域**で**電子の不足**（＝**正味の正電荷**，記号δ＋）をもたらします。こうした各領域を「**単極**」と呼び，これら二つの単極が対をなす配置を「**双極子**」といいます。

異なる分子間で，**正と負**の電荷をもつ**単極どうし**が引き合うことで，「**ファン・デル・ワールス力**」と呼ばれる弱い引力が発生し，物質どうしが結合します。

水素結合

化学結合により**過剰な電子**を抱えた原子は，**周囲の分子**内の（**正の電荷**をもつ）**水素の原子核**に対し，**とりわけ強い引力**を及ぼします。この「**水素結合**」の効果はH_2O分子どうしで特に強力で，水の**融点**と**沸点**を大幅に**引き上げる要因**となっています。

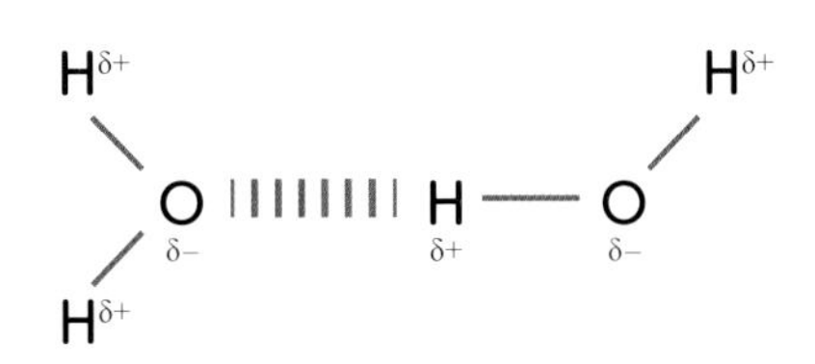

溶液

溶液が形成されるのは，ある物質（**溶質**）を**溶媒**と呼ばれるほかの物質（通常，**液体**）と**混ぜ合わせる**場合です。**溶媒**の及ぼす**分子間力**が，**溶質を束ねる**分子間力に打ちかつことで，溶質のまとまりは**個々の分子**へと**分解**される —— つまり，**溶解**するのです。

イオン性溶液と電気分解（電解）

水は強い**極性**（電荷分布の偏り）をもつことから，**非常に効果的な溶媒**です。**ファン・デル・ワールス力**による**溶質**の**分子間結合**に打ちかち，**互いに反対の電荷**を有する**溶解イオン**（**原子**または**原子の集団**）に**解体**することができる，いくつかの溶媒の一つなのです。

イオン性溶液を**分離**する一つの方法が，**電気分解**（**電解**）です。溶液のなかに設置した**導電性の電極**二つの間に**電気**を通すと，**陽イオン**と**陰イオン**が互いに**反対方向に移動**します。それらは各**電極**で**化学反応**を起こし，**新たな物質**が生成されます。

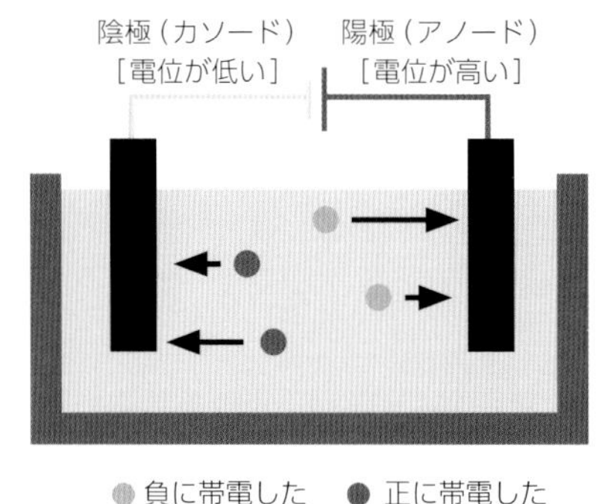

X線結晶構造解析

X線は，身体の軟組織を透過したり，日常的な物体の内部構造を画像化する能力がよく知られています。それだけでなく，科学者たちの，顕微鏡でも見えないスケールでの物質構造の探索を可能にしているのです。

X線の回折

X線は**光**よりずっと**波長が短い**ものの，**電磁波**の一種として，**同じ現象**の影響を受けます。「**回折**」（72ページ参照）もそうした現象の一つです。

波長が短いため，**回折**するのは**非常に狭い隙間**を**通り抜けた**ときくらいで，**日常的な状況**ではこの現象は**見られません**。

ただ，多くの**分子**や**結晶性固体**の**表面**および**内部構造**は，**X線**の効果的な**回折格子**として機能します。回折したX線は**大きく広がり**，物質の**隠れた構造を明らかに**映し出す回折パターン（回折斑点）をつくるのです。

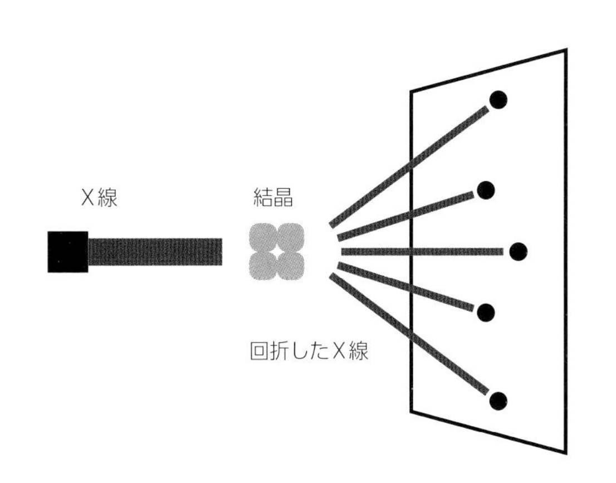

X線結晶構造解析の創始者

1912年，**マックス・フォン・ラウエ**は，X線が**電磁放射線**の一形態であることを証明するためにX線回折を行いました。X線回折により**結晶の内部構造**を調べるというアイデアも，彼の発案です。一方，こうした**実用化**を可能にする**法則**を突き止めたのは，**ウィリアム**と**ローレンス**の**ブラッグ**父子でした。

生物学の飛躍的進展に貢献

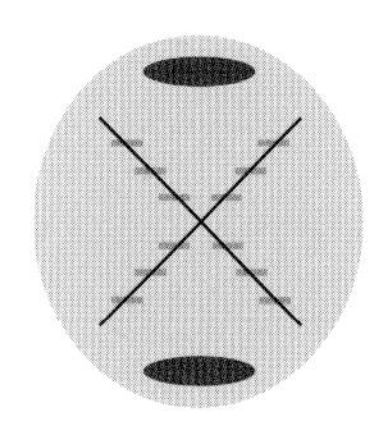

20世紀半ばの**生物学研究**において，**X線結晶構造解析**は，いくつかの**最も複雑**な**有機分子**の**構造が解明**されるうえで，決定的なツールとなりました。

- 1951年，**ライナス・ポーリング**はこれを用いて，多くの**タンパク質分子**が**らせん構造**をもつことを証明。
- その直後，**ロザリンド・フランクリン**と**モーリス・ウィルキンス**は，あらゆる**生細胞**の**遺伝情報**を有する**DNA分子**も，**厳密に規定**された**らせん構造**をもつという証拠を発見。
- 1953年，**ジェームズ・ワトソン**と**フランシス・クリック**は，フランクリンの研究をもとに，独自の「**二重らせん**」**モデル**を定式化。DNAが**ねじれた梯子**に似た構造をもつことを解明する。
- **ドロシー・クローフット・ホジキン**は，**X線結晶構造解析**を用いて，**インスリン**や**ビタミン**B_{12}などの**分子構造を決定**。その先駆的研究により，1964年に**ノーベル化学賞**を受賞した。

火星の結晶を解析

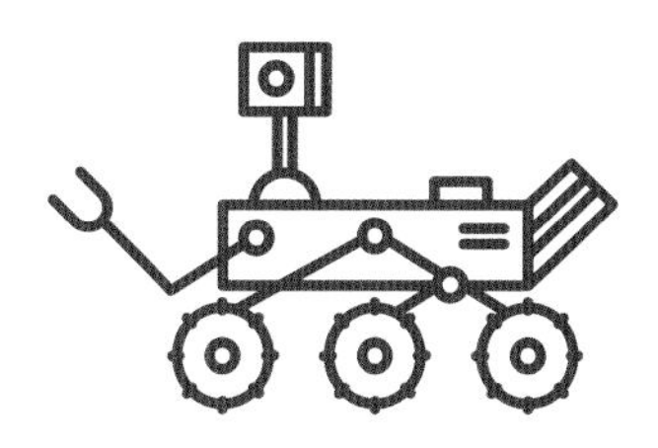

2012年，火星に降り立ったNASA（アメリカ航空宇宙局）の**火星探査車**「**キュリオシティ**」は，**火星表面の鉱物**を対象とした**X線結晶構造解析実験**の任務を負っています。2021年2月には，探査車「**パーサヴィアランス**」が着陸し，さまざまな活動を開始しました。

原子間力顕微鏡

原子間力顕微鏡は，想像できる限り最も精密なセンサー形態を採用した顕微鏡です。物理的なプローブ（探針）を用いて物質の原子表面の様子を描き出し，原子そのものの配置を変えることさえできるのです。

原子を探知する

原子間力顕微鏡（**AFM**）の原理は，驚くほど単純です。**超微細**・**超鋭利**な**プローブ**（**探針**）を物質表面に近づけ，表面上を行き来させて**走査**するのです。

プローブは，物質表面そのものから**直接**受ける**力学的な力**に加え，**ファン・デル・ワールス力**や**磁力**といった**引力**・**斥力**（せきりょく）（**機器構成を変更**し，**先端部を別の素材でコーティング**する場合）に反応しつつ，物質全体の上をガタガタと進みます。これにより，物質表層の**構造**や**性質**が，**原子スケールの細かさ**で明らかになるのです。

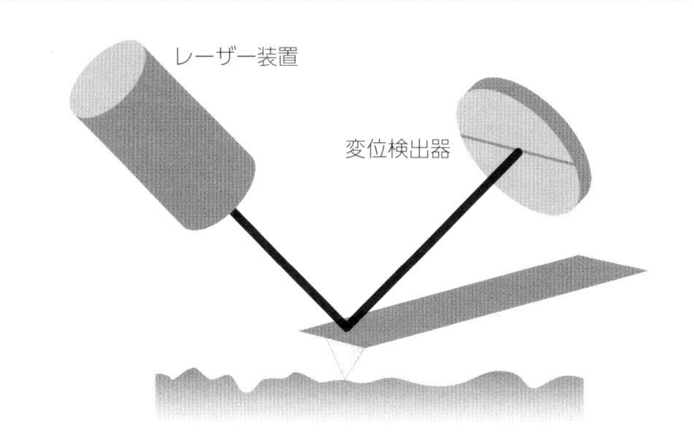

- **ケイ素**（**シリコン**）または**窒化ケイ素**を素材とする**プローブ**は，**先端**が直径**数ナノメートル**（nm；1 nm ＝ 10^{-9} m）の**鋭利さ**。
- **プローブ**は**カンチレバー**（片持ち梁）の**一端**に**取りつけ**られ，**上下動**が可能
- **レーザー装置**から，**カンチレバーの背面**に向けて**レーザー光線**を照射。
- **変位検出器**は，**レーザー光線**の反射の**向き**を**測定**し，カンチレバーの**たわみ**を検出。
- **走査**された**各点**での**たわみ**を，**コンピュータ**が**画像**として再構成。

ナノリソグラフィー

原子間力顕微鏡は，**個々の原子**の**探査**にとどまらず，原子の**操作**も可能にします。**プローブ先端**に生み出される**静電気力**（**クーロン力**）により，**個々の原子**を**引きつけ**，**反発し**，さらには原子を**つまみ上げ**，あちこち**動かし**，所定の位置に**落とせる**のです。「**原子を用いた印刷**」にも似たこの技術は，**ナノリソグラフィー**と呼ばれています。

平らな平面に**原子スケールの構造**を**もたらす**手法として，ナノリソグラフィーは幅広い用途をもちます。最もわかりやすい例は，**集積回路**（**IC**）やその**関連機器**の製造です。

将来的には，**3次元**の**ナノマシン**の構築も可能になるかもしれません。その**複雑な分子構造物**は，**具体的な作業**の**実行**――さらには**自己複製**までできるようになるかもしれません。

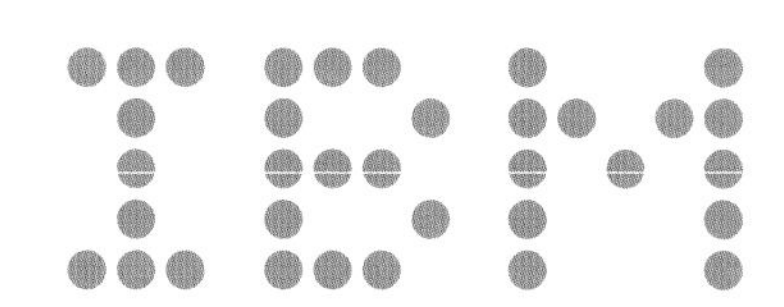

宣伝の一環

ナノリソグラフィー技術が**最初に実演**されたのは，1989年のことでした。そのとき**IBM社**の科学者たちは，**銅の表面**上で**キセノン原子**35個を操作し，**自社の社名**を綴ったのです。

原子からの光

**物質は，いくつもの異なるやり方で光を放ちます。
なかでも最も重要になるのが，個々の原子や分子の「振動」による発光と
原子や分子の「内部電子構造の変化」による発光です。**

粒子の運動による放出

「**熱放射**」とは，**大量の物質**に**熱を与える**ことで，**可視光線**その他の形態の「**電磁放射線**」が**放出**されることです。物質の内部では，**複雑**な**静電結合**が，**隣りあう粒子どうしを結びつけ**ています。こうした**場**を生み出すのは，原子やイオンどうしの**強い化学結合**の場合もあれば，**分子内の不均一な電荷分布**がもたらす，**より弱い分子間力**の場合もあります。

原子や**分子**の**運動エネルギー**が**熱で増大**した場合，その**結合**が**引き伸ばされ**，**ゆがめられる**ことで，「**振動する電磁場**」が物質の大半の領域にわたってつくり出されます。

この振動により，**物質の温度**（分子の**運動エネルギー**の指標）に関係する**幅広い波長域**をもつ**放射線**が放出されるのです。

原子からの放出

光の放射スペクトル（＝**発光スペクトル**）は，個々の**原子**や**分子**が**エネルギー**を**吸収**・**放出**する場合に生じます。原子内部の**電子**が何らかの**外的な過程**によって**励起**され，**より高いエネルギー準位**に**一時移行**したのち，**元のエネルギー準位**に**復帰**するのが，通常のプロセスです（112ページ参照）。

左の**熱放射**の場合と対照的に，発光スペクトルによる光の放出は，**励起される物質**ごとに決まった**特定の狭い波長域**に**限定**されます。これらの**波長を調べる**ことで，**発生源となる物質**について，より多くのことを探ろうというのが，「**分光学**」の分野です。

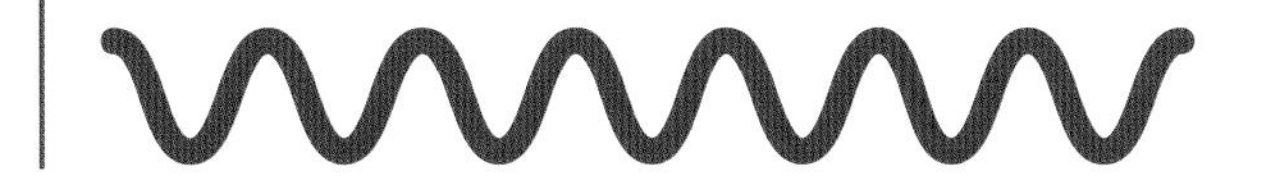

光の色と温度

人間の視覚は，**発光する物体**からのさまざまな**波長**を，**全体的な一つの色**の光として解釈します。しかし，**金属の棒**に**熱を与え**てみると，そこから放射される光が，より**短い**（＝より**エネルギーの高い**）**波長**に**変化**していく様子がよくわかります。

温度	目に見える色
580℃	くすんだ赤色
930℃	あざやかなオレンジ色
1400℃	白熱色 （より低エネルギーのオレンジ・黄色と， より高エネルギーの緑・青の混色）

黒体放射

高温の物質が発する熱放射は，「黒体放射曲線」と呼ばれる特徴的なパターンに従います。それは，放射の量および波長・色の広がりを，物質の温度に結びつけるものです。

黒体とは？

黒体とは，すべての**放射**を（その**振動数**や**入射角**にかかわらず）**完全に吸収**してしまう，**仮想の物体**です。黒体**そのもの**も**放射**を発するものの，表面はまったく何も**反射しません**。これは，**熱放射**現象の記述に必要な**モデルを単純化**してくれる，有用な考え方です。

現実には，**星**などの**光り輝く物体**は，概して「**灰色体**」の性質を帯びます。つまり，発する**熱エネルギー**は，もし**完全な黒体**だったら放出したであろう熱エネルギーの**ほんの一部**ですが，それでも**黒体の振る舞い**に関する**大半の法則に従う**のです。

完全な黒体

現実世界において，**黒体の近似**となるものが，「**キャビティ（空洞）黒体炉**」――**内部が真っ暗な空洞**で，**入口**として**小さい穴**が一つあいた**球体**です。**空洞に入った**あらゆる**放射**は，**再び外に出る**ことが非常に**困難**で，**完璧に近い吸収体**となっています。今日では，“**スーパーブラック**”な**塗料**や，**カーボンナノチューブのコーティング**など，**さらに高い吸収能**をもつ物質が開発されています。

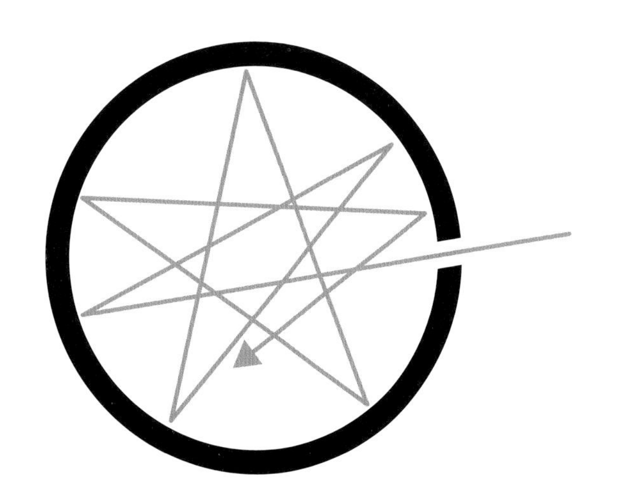

温度，色，エネルギー

黒体が**熱放射**を生み出す場合，**波長**と**放射強度**は，グラフの**なかほどをピーク**とする**特徴的な曲線**を描きます。黒体の**温度が上がる**ほど，**ピーク**の点の**放射強度は高く**なり，**波長は短く**なります（＝グラフが**左上に**移動します）。

いくつか**特定の波長**に注目して，この**黒体放射曲線**を**比較する**ことで，黒体の**温度**（少なくとも，**現実世界の灰色体**における**有効温度**）を割り出すことができます。

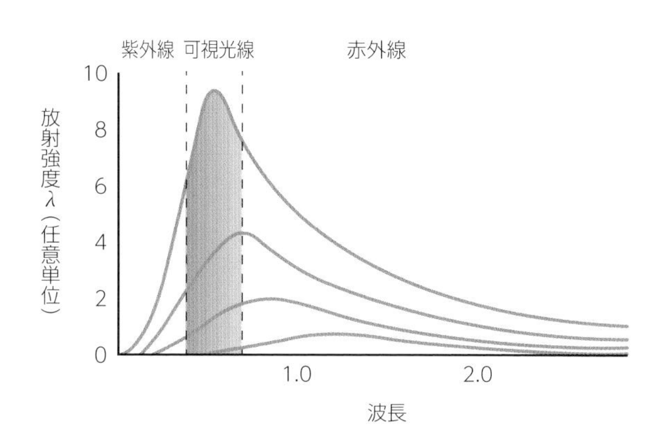

シュテファン=ボルツマンの法則

黒体が放つ**放射エネルギーの総量**は，その**温度**に**強く影響**されます。この関係を規定するのが「シュテファン=ボルツマンの法則」です。
具体的には，黒体の**絶対温度**（単位はケルビン［K］；86ページ参照）をTとして，そこから毎秒放出される，表面積1 m^2当たりのエネルギー「j」は，次の式によって与えられます。

$$j = \sigma T^4$$

右辺のσは**シュテファン=ボルツマン定数**で，5.67×10^{-8}［$W\,m^{-2}\,K^{-4}$］となります。

分光学

分光学とは，多様な物質形態の放出・吸収する光を調べることで，物質の元素組成の特定やその物理的性質に関する知見獲得を目指す，物理学の一分野です。

分光器

光などの**電磁波**が**放出**・**吸収**される**自然のプロセス**は，ほとんどの場合，「**選択的**」なものです。その**波長域**は（**熱放射**のように）**幅広く**はあるが**限界**をもつか，それとも（**発光スペクトル**のように）**非常に特定された**いくつかの**波長**であるか，のいずれかです。

光を**回折格子**（72ページ参照）の機能により**波長ごと**にさまざまな**角度**に**分光**し，**広範なスペクトル**に**分解**するのが「分光器」です。これにより，**色**・**波長**に応じて**変化**する**光の強度**を**接眼レンズ**越しに観察したり，**センサー**に記録することができるのです。

スペクトルの種類

スペクトルは，次の三つのカテゴリーに大別できます。

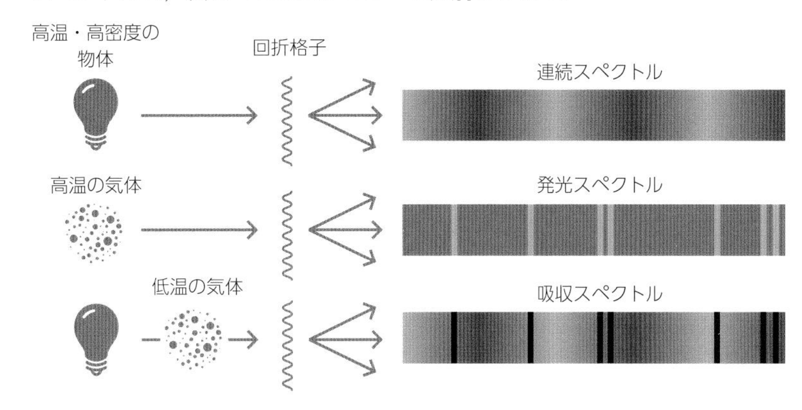

- **連続スペクトル：幅広い波長域**にわたり，**虹のように分布**。**黒体放射**の場合に典型的。**異なる色**・**波長ごと**の**放射強度**が，**放射源**の**温度**を示す。
- **発光スペクトル：**全体的に**暗い**が，ところどころ**線**（＝**輝線**）状に，**特定の波長**で**明るく**なる。**放射源の物質**内で，**励起**された**原子**が**緩和**されることで生じる。
- **吸収スペクトル：連続スペクトル**のところどころが，**線**（＝**吸収線**）状に**暗く**なったもので，**発光スペクトル**とは**裏表の関係**。**放射源**から，**原子**が**特定の波長**で**エネルギーを吸収**し，**励起**されることで生じる。

スペクトルが切り開く科学

こうして得られたスペクトルは，**研究施設**内の，そして**この宇宙**の物質について，膨大な知見をもたらしてくれます。たとえば――

- **放出**（＝**輝線**）・**吸収**（＝**吸収線**）される光の波長は，**元素の種類**に関係づけられる。これらの**スペクトル線**は，元素の**内部構造**を明らかにするとともに，**固有の「指紋スペクトル」**として，**ほかの場所**（例：**遠く**離れた**星**）にある**元素**の識別に利用できる。
- **予期しなかったスペクトル線**の検出は，**新しい発見**――さらには**新しい元素**の発見にもつながる（1868年，**ヘリウム**はこのようにして発見された）。
- **予期していたスペクトル線**からの**ずれ**は，その物体が**運動**している（＝光の**ドップラー効果**），または**強い重力や磁場**にさらされている証拠になる。

波の種類

波とは，場所から場所へエネルギーを伝達していく変化で，通常，空気や水といった「媒質」のなかを伝わります（ただし，常にそうではありません）。波の振る舞いは，古典的な質点（粒子）の力学とはかなり異なった法則に支配されています。

横波

最も**なじみ深く理解しやすい**波の種類は，**媒質**内の**物理的変動**が，**波形の進行（伝搬）方向**と**垂直な向き**に起こる「横波」です。たとえば，**水面の波**などがこれに該当します（ただし，純粋な横波ではありません）。
横波では，粒子それ自体が，**波**の**伝搬方向**に**（大きく）変位**するわけでは**ありません**。一方，**横方向**の粒子の**周期的変位**によって，隣りあう粒子に**エネルギーが伝えられ**ていきます。

具体例

・水面の波　・地震のS波（第２波）
・光波（波動としての光）

縦波

自然界における波の多くは，本質的に「**縦波**」―― **波形の伝搬**と向きが平行な，**前後方向への変位**です。媒質が**圧縮されて「密」になる**箇所，**広がって「疎」になる**箇所が交互に生じ，この**密度変化**が波として伝わっていきます。

具体例

・音波　・地震のP波（第１波）

波共通の特性

あらゆる波は，次のような**一連の基本的特性**により定義されます。

- **波長**（λ）：連続する“山”どうし，“谷”どうしの**間隔**。
- **振動数（周波数）**：波形（あるいは波の任意の位相）が**任意の各点を１秒間に何回**通り過ぎるか（単位は**ヘルツ**［Hz］）。
- **振幅**：媒質の**平衡状態**（＝**振動の中心**）に対する**変位の最大値**（＝振動の**全幅の1/2**）。
- **波数**：**波長の逆数**（1/λ）＝ **単位長さ**に収まる**波の数**（ある種の計算には便利）。

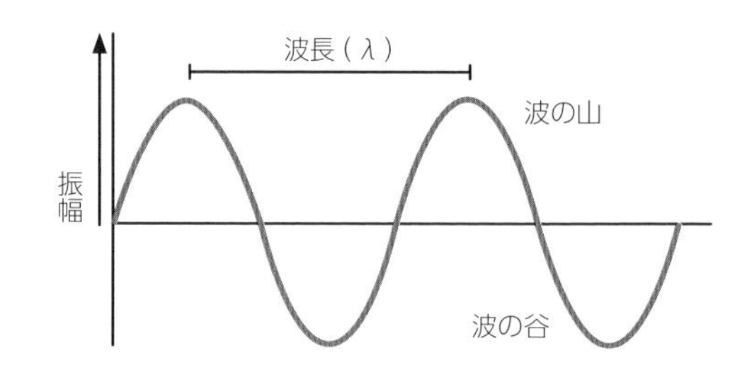

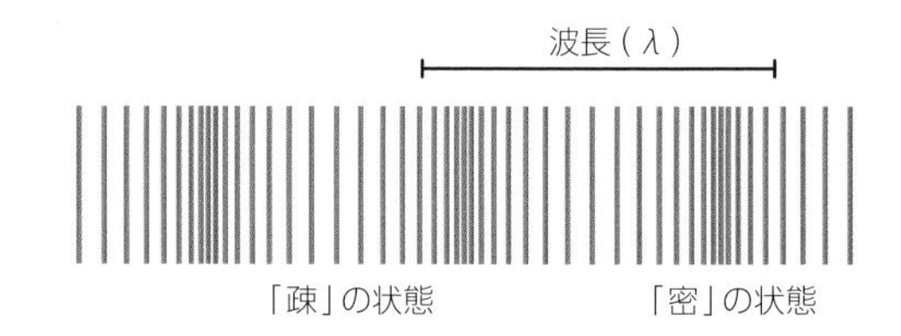

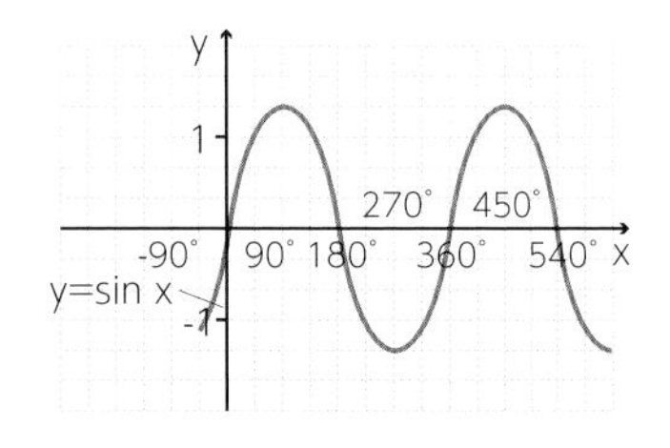

正弦波（正弦曲線）

自然界の多くの波のかたちは，**数学的に単純な正弦波（正弦曲線）**です。そこでは，**平衡状態（＝振動の中心）**からの**変位**が大きくなればなるほど，中心への**“復元”力**も大きくなります。変位の**速さ**は，変位が**最大値**（＝**振幅**：波の山または谷の部分）へ近づくにつれて**小さく**なり，変位が**振動の中心**を通り過ぎる瞬間に**最大**となります。

波の干渉

波と波が重なりあうと，それぞれのもたらす変動が足し算されて，波が強められる場所と相殺され弱くなる場所が生じます。「干渉」と呼ばれるこの現象は，光の波動性が発見される際，重要な役割を果たしました。

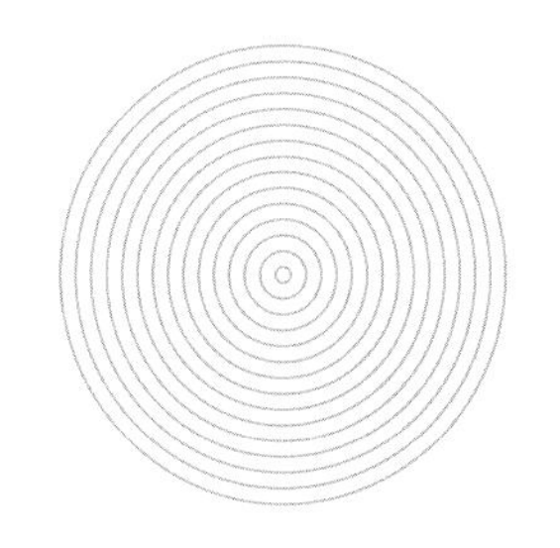

水面のさざ波

干渉の効果は，**水面**で簡単に観察できます。同じ池に石を二つ，同時に投げ込むと，**"山"と"谷"が互い違い**になり，**同心円状に広がっていくさざ波**が，**2パターン**生まれます。**山と山，谷と谷**がぶつかるところでは，山はさらに**高くなり**，谷はさらに**深くなり**ます。一方，**山と谷**が重なるところでは，互いに**打ち消しあい，水面は平ら**になります。

リップルタンク

医師でもあった**トマス・ヤング**は，1800年頃，**いろいろな波の振る舞いの研究**に使える，底の**浅い水槽**を考案しました。「リップルタンク」と呼ばれるこの水槽は，今日でも**学校の補助教具**として利用されています。

ヤングの大きな理論的前進

- **ホイヘンスの理論モデル**：波どうしが**完全に強めあう**場合**のみ**，合成波は現れる。

- **ヤングの理論モデル**：波どうしが完全に**打ち消しあう**場合**を除き**，合成波は常に現れる。

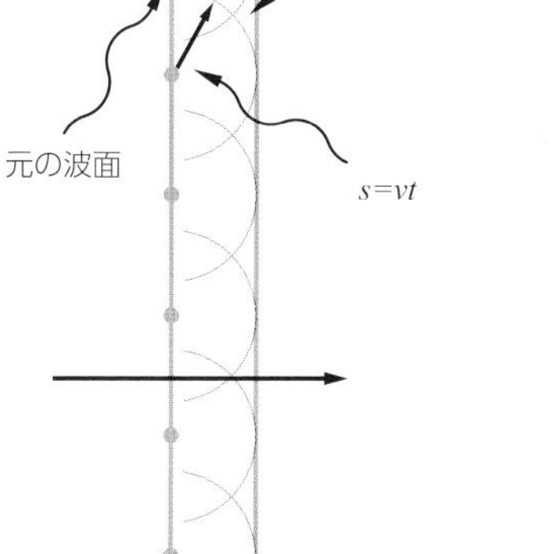

ホイヘンスの原理

クリスティアーン・ホイヘンスは，「**光は波である**」と主張したオランダの物理学者です。1690年，**さまざまな光学的**（あるいは光以外の波による）**効果**を説明する，有用な**モデル**を提起しました。

- **進行波の波面**（＝同じ時刻に同じ位相にある連続面）の**各点**から，無数の小さな「**二次波**」が生じ，**あらゆる方向**に広がっていく。
- **ほぼすべての方面**で，重なりあう二次波が互いに**干渉し，打ち消しあう**。
- **二次波**の波面すべてに接する「**包絡面**」だけが残り，**次の波面**となる。

干渉

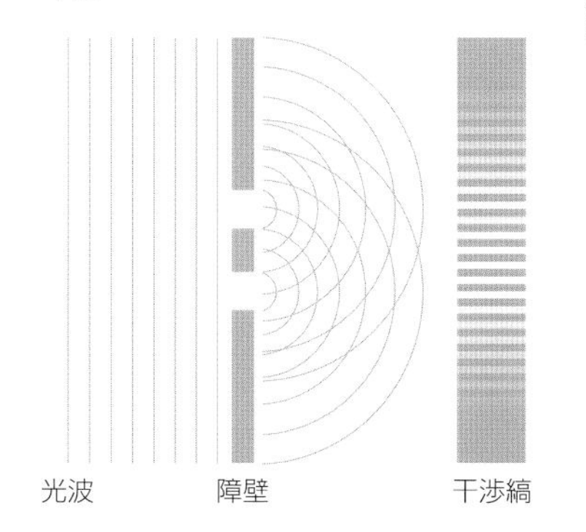

二重スリット実験

1800年，**ヤング**が**光の波動性**を証明した実験です。左の図のように，**狭いスリット**（隙間）を通り抜けた**2本の光線**は，障壁の後ろで**大きく広がり**ます（＝「**回折**」と呼ばれる現象：72ページ参照）。このとき，光線どうしが**重なりあう**ところで干渉が起き，スクリーン上に**複雑な縞模様**（**干渉縞／ニュートン環**）をつくり出すのです。

音波

音波とは，空気その他の物質中を伝わる縦波であり，「疎」の部分と「密」の部分からなります。圧力波の一種である音波を，私たちはさまざまな感覚を通じて，特に聴覚によって経験しています。

音波の特性

「**速さ**」「**振動数（周波数）**」「**波長**」「**振幅**」という，**典型的な波の特性**を音波は備えています。音波は**縦波**であるものの，これらの特性を**視覚化**するには，多くの場合，**横波**の図や**グラフ**を用いるほうが**簡単**です。

「**音の強さ**」とは，**単位時間**に単位面積を通過する音の**エネルギー**（＝単位面積当たりの仕事率）のことで，単位は**ワット毎平方メートル**［$\mathrm{W\ m^{-2}}$］です。音波がつくり出した**圧力差**（**音圧**）をp，媒質の**粒子速度**をvとすると，次の**式**によって定義できます。

$$I = pv$$

音波は通常，**空間**のなかを**球面波**として伝わっていきます。したがって**音の強さ**は，音源からの**距離**（$\boldsymbol{d}$）が**広がる**と，$\boldsymbol{d}$**の2乗**に**反比例**するかたちで**減少**します。

$$I\ (d) \propto 1/\mathrm{d}^2$$

音のレベル

いわゆる音の大きさを記述する際には，これとは別に，**人間の音の知覚**に関係する「**音の強さのレベル**」という概念が，通常用いられます。具体的には，音の強さをI，**その基準値**をI_0（$= 10^{-12}\ \mathrm{W/m^2}$；**周波数1000 Hz**の場合の，**人間が知覚**できる**音の強さの下限値**）として，次のように定義されます。

$$\beta = 10 \log_{10}(I/I_0)$$

βの単位は**デシベル**（**dB**）です。右辺の示す通り，**10を底とする常用対数**に**10をかけた**ものなので，βの値が**10dB**違うとしたら，**音の強さ**（I）は**10倍違**うことになります。

定常波と調和波

波の媒質が何らかの境界に閉じ込められている場合，進行波の上に反射波の波形が重なりあう結果，波がどちらへも進まない「定常波」が形成されることがあります。

調和波

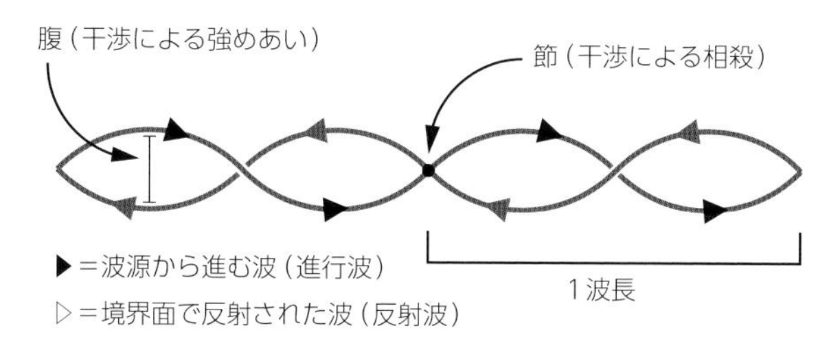

たとえば弦の両端が固定されているなど，波の伝わる媒質が空間的に**閉じ込められ**ている状況では，ある**特定の波長**をもつ波しか存在し続けられません。これらの波を「**調和波**」といいます。

- 進行波が**調和波**である場合，**媒質の境界**に達して**反射**された波（反射波）も，**元の振動パターン**を維持できる。したがって反射波は，進行波を**鏡に映した**ような波形になる。
- こうして進行波と反射波が**合成**され，**定常波**が生まれる。「**節**」と呼ばれる箇所が**完全に静止**する一方，それ以外の定常波の各点は**上下**（縦波であれば**前後**）に大きく**振動**する。
- 波長が**調和波と異なる**「**非調和波**」の場合は，進行波と反射波が**重なりあい**，**干渉**するなかですぐに**消滅**する。

音楽と調和

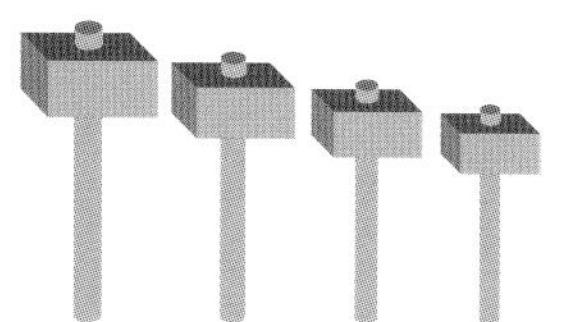

上で述べた調和波に該当するのは，基本となる「**第1調和波**」の**整数倍の振動数**をもつ波です（右の図表を参照）。このとき，**第1調和波**の発する音を「基音」，**それ以外の調和波**による音を「**倍音**」といいます。

有名なギリシャの言い伝えによれば，哲学者の**ピタゴラス**は，**さまざまな重さの金づち**で**台**をたたくと，出る**音の高さ**が互いに**異なる**様子から，**調和波**と**倍音**の**基本パターン**を発見したとされています。ただし，実際にピタゴラスと弟子たちが行った実験は，**長さと重さの異なる**複数の**弦**を用いたものでした。基音・倍音のうち，振動数の比が1：2になるような2音間の**隔たり**を「**オクターブ**」といいます。この隔たりを**橋渡し**するのが，一連の**振動数**によって構成される「**音階**」です。

調和波の波長

こうした**調和波**の**波長**と，**振動する媒質**の**長さ**（L）は，**単純な整数比**となります。下の図に示すように，Lは**波長の半分**の長さの**整数倍**になるからです。

	波長	振動数
第1調和波（基音）	$2L$	f
第2調和波（第1倍音）	L	$2f$
第3調和波（第2倍音）	$2L/3$	$3f$
第4調和波（第3倍音）	$L/2$	$4f$
第5調和波（第4倍音）	$2L/5$	$5f$

音楽と音波

音楽のもつ**無限の多様性**を解くカギは，**音波**の**振動数**や**振幅**だけではありません。それはまた，「**音色**」と呼ばれる特質 ―― **楽器・声・演奏スタイル**の違いがつくり出す，音波の**複合的形態** ―― にも関係しています。

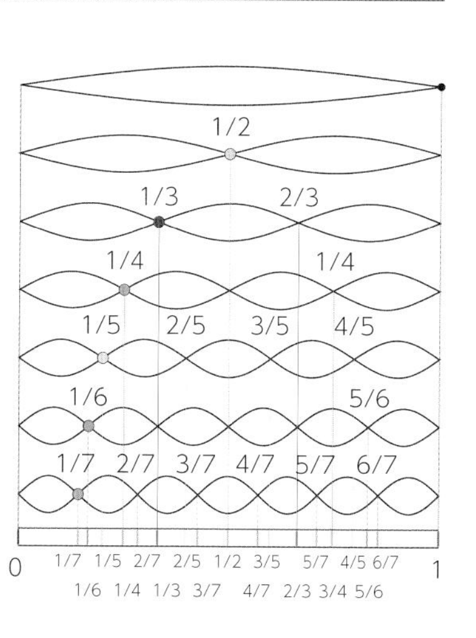

完全な**正弦波の音波**を生み出せる楽器は，**シンセサイザー**くらいしかないのです。

ドップラー効果

通り過ぎる救急車のサイレンの「音の高さ」がずれて聞こえるドップラー効果は，今日多くの人々におなじみの現象ですが，一方ではまた，天文学者や物理学者の研究を支える，重要な道具ともなっているのです。

ドップラー効果のしくみ

ドップラー効果は，音の**発生源**（**波源**）と，**観測者**の「**相対運動**」による**単純な帰結**です。

- **音波**は**あらゆる方向**に，**同じ速さ**で広がる。
- **観測者**と**波源**が互いに**近づく**場合，観測者は波形の「**山**」**の連続**と，**より速いペース**で**すれ違う**。そのため，観測者の観測する波は，**より振動数が高く**なる（＝**波長がより短く**聞こえる）。
- **観測者**と**波源**が互いに**遠ざかる**場合，観測者は波形の「**山**」**の連続**と，**より遅いペース**で**すれ違う**。そのため，観測者の観測する波は，**より振動数が低く**なる（＝**波長がより長く**聞こえる）。

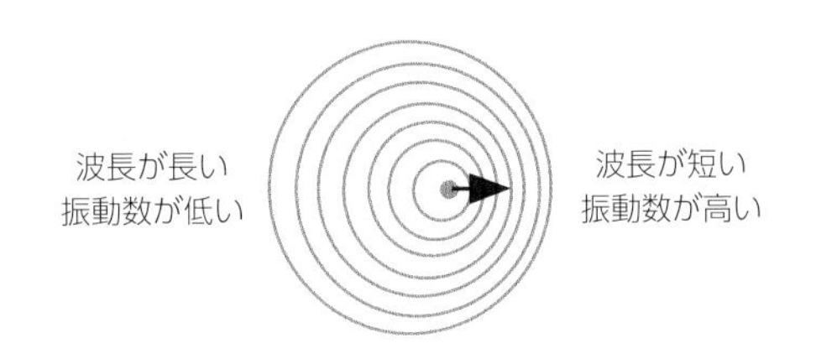

ドップラーの予言

1842年，オーストリアの物理学者**クリスティアン・ドップラー**は，「**静止した観測者**のもとを通過する波（音波や光波）は，**波源**が**観測者に近づく**区間と**遠ざかる**区間で，それぞれ**振動数**が**微妙に違ってくる**はずだ」と指摘しました（ただし，夜空の**星の色の違い**を，この効果で説明できると彼が**考えた**のは，**誤り**でした。下記参照）。
このうち**音波**のドップラー効果は，1845年，オランダの科学者**C・H・D・ボイス＝バロット**によって立証されます。彼は，**汽車**に**トランペット奏者**を何人も乗り込ませ，観測者の前を通り過ぎる**車両内**で，ずっと**同じ音符**を演奏させたのです。

赤方偏移と青方偏移

一方，**光波**の**速さ**と**振動数**はあまりに**巨大**であるため，**光**のドップラー効果は，最も**極端**な状況下を除いて**ごくわずか**で，**物体**の**目に見える色**に全体的影響を及ぼすことは，あまりありません。とはいえ，**天文学者**らは19世紀以来，星の光の「**スペクトル線の変位**」を測定するというやり方で，ドップラー効果を利用してきました。**遠ざかる天体**からの光が，**より長い**波長へ「**赤方偏移**」するのに対し，**近づいてくる天体**からの光は，**より短い**波長へと「**青方偏移**」するのです。

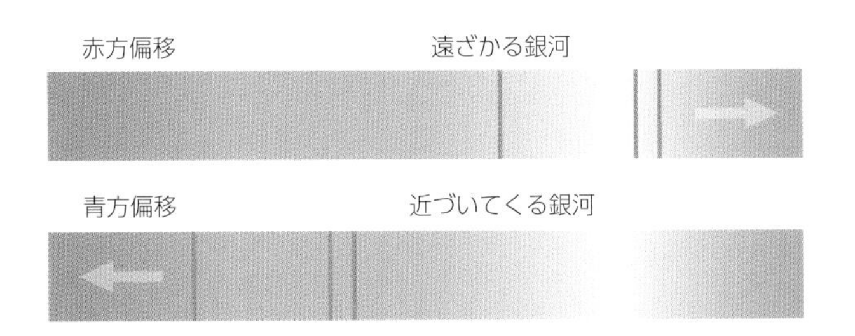

電磁波

光で発見された回折・干渉パターンは，光が「波」でなければ説明できないものでした。この波の真の性質が明らかになったのは，1850年代に入ってからでした。

マクスウェルの電磁理論

1862年，**ジェームズ・クラーク・マクスウェル**は，光が**電磁波**の一種である証拠を提出しました。それは，**横波**である**電気波**と**磁気波**（＝**互いに直交**，かつ**進行方向に直交**する電場と磁場の振動）が引き起こす「変位の伝播」なのです。

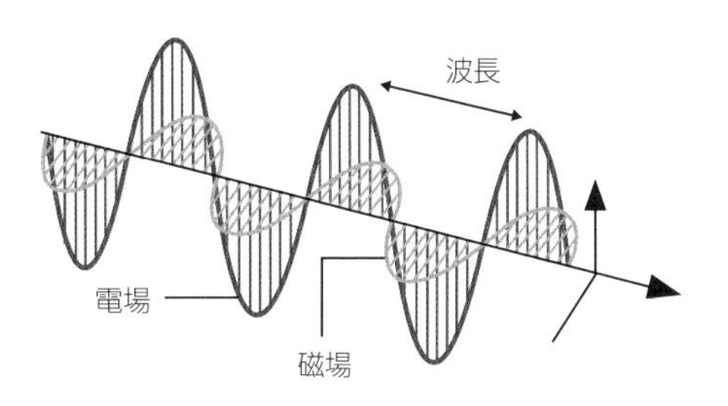

- **磁場**内で**光の偏光面**が**回転**する「ファラデー効果」をはじめ，**電磁気学**の分野における**新たな知見**が，マクスウェルの発見のきっかけとなった。
- 電場と磁場の振動は**交互に起こる**ため，**磁場**の変位が**ゼロ**のとき**電場**の変位は**最大**になり，**電場**の変位が**ゼロ**のとき**磁場**の変位は**最大**になる。これにより電磁波は，**自分自身を補強**するかたちで伝わっていく。
- **磁場**と**電場の強さ**を規定する**自然定数**をもとに，マクスウェルが計算した**真空**内での「**電磁波の速さ**」は，「**光の速さ**」とほぼ等しくなった。今日，この値は299,792 km/s ── 光速cそのものであることが判明している。

電磁スペクトル

マクスウェルが存在を予言した「電磁波」は，このように**一定の速さ**で動きます。したがって，その**振動数**と**波長**は，次のように**密接不可分**な関係にあります。

$$\lambda = c/f \qquad f = c/\lambda$$

振動数（f）が高くなる＝波長（λ）が短くなる
振動数（f）が低くなる＝波長（λ）が長くなる

彼はこの**電磁波**の**帯域**（**電磁スペクトル**）が，当時知られていた「**可視光線**（**光**）」「**赤外線**」「**紫外線**」の**範囲**を**はるかに超えて**広がっている可能性を予測しました。**ハインリヒ・ヘルツ**による「**電波**」の発見（1886年）は，マクスウェルの**理論の正しさ**を立証するものでした。

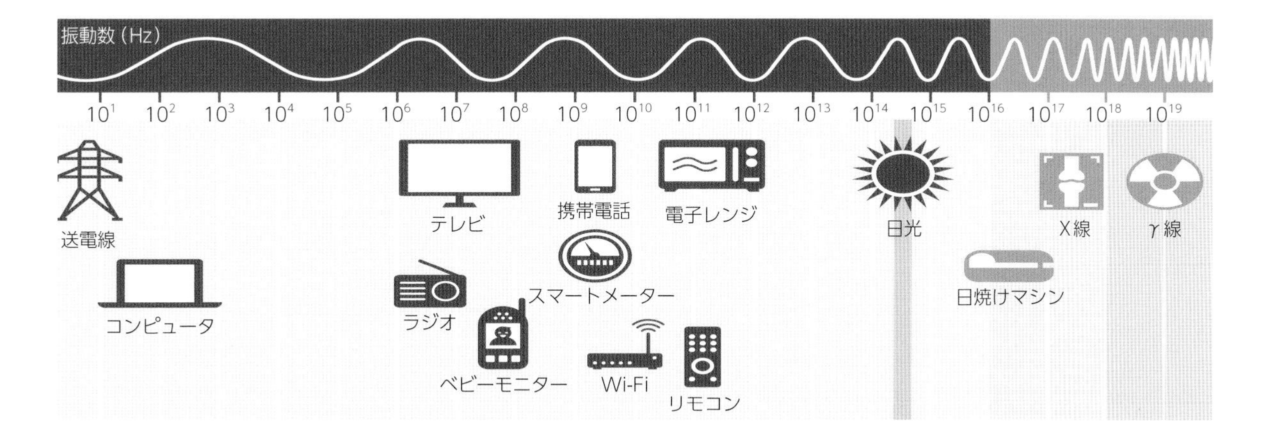

反射

「反射」とは，波が物質表面（媒質の境界面）にぶつかって（＝入射して）跳ね返り，入射の角度と関連する方向へ進み続ける性質をいいます。私たちに特になじみ深いのは「光」の反射ですが，実はあらゆる種類の波に当てはまる現象なのです。

ユークリッドの反射モデル

反射現象の理解に向けて，古代ギリシャの数学者**ユークリッド**（**エウクレイデス**の英語名）は，「**入射角**」という概念を定義しました。

入射角とは，**入射光**と，**法線**（＝**光が鏡にぶつかる入射点**における**仮想的な垂線**）**がなす角度**です。

鏡は入射光を，**法線**を挟んで**反対側**に反射し，その反射光と法線の角度（**反射角**）は，**入射角**に**等しく**なります。

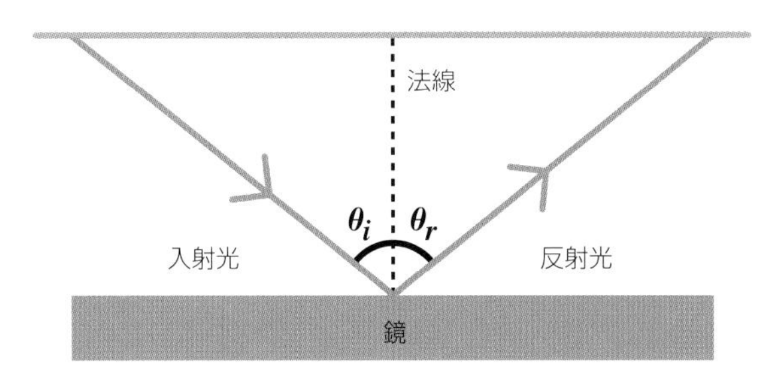

ヘロン（フェルマー）の原理

古代ギリシャの数学者**アレクサンドリアのヘロン**は，**ユークリッド**の「**反射の法則**」の意味 ―― 「反射された光が，**常に最短距離をたどろう**とすること」に気づきました（**ヘロンの原理**）。それから長い時を経て，フランスの数学者**ピエール・ド・フェルマー**が，別の**光学的現象**を解明するにあたり，この原理を，より一般化します。―― 光の**経路**は，その**所要時間**が**極小**となるように定まるのです（**フェルマーの原理**）。

どちらの原理も**物理学**における**運動**その他の**プロセス**が，**可能な限り最も効率的な経路**をたどる**性質**をもつという，「**最小作用の原理**」の一例なのです。

波の吸収，鏡面反射と拡散反射

反射の種類を規定する中心的な要因は，波がぶつかる**表面の性状**です。

- 反射表面を構成する物質が，何らかのかたちで**入射波のエネルギーを吸収**する場合，**反射されるエネルギー量**および**反射波の強さ**は**減少**する。
- 反射表面が**なめらか**で，上記の**エネルギー吸収**が起きない場合，**波面の“構造”**はほぼ**保存**される（＝**入射波**において**隣りあった**波の各部分は，**反射波**でも**隣りあう**）。これを「**鏡面反射（正反射）**」という。
- 反射表面が**粗い**（＝表面の凹凸が**入射波の波長**と**同程度に大きい**）場合，波形のパターンが**攪乱**される「**拡散反射（乱反射）**」が生じ，**入射波の波面構造**は**失われる**。

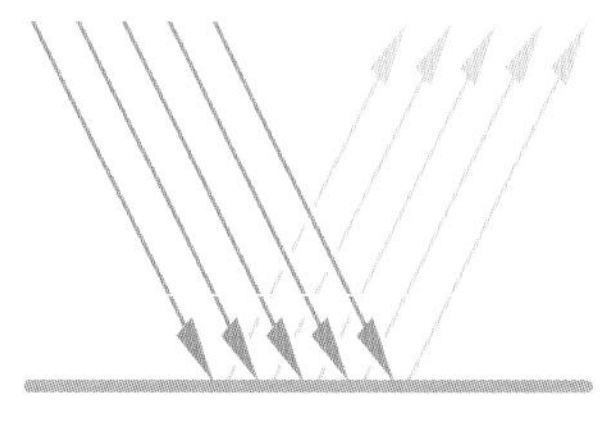

鏡面反射（正反射）

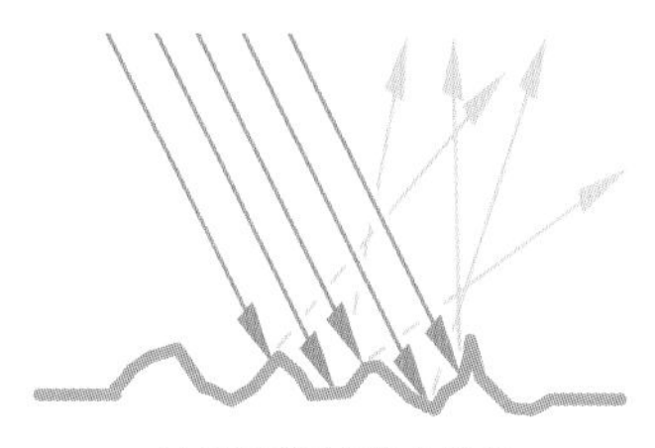

拡散反射（乱反射）

屈折

「屈折」とは，ある媒質内を進んでいた波が別の媒質内へ進むとき，波の速さと方向が変化する性質です。これは物質によって，そのなかを波が伝播するのに必要なエネルギー量が異なるために起こります。

スネルの法則

波の伝わる速さが**より遅く**なる新たな媒質内に入った波は，**法線に近づく**方向へ**屈折**します。
波の伝わる速さが**より速く**なる新たな媒質内に入った波は，**法線から遠ざかる**方向へ屈折します。
このとき，**入射角**（θ_2），**屈折角**（θ_2），**波の伝わる速さ**（v_1，v_2）は，図に示すような「**スネルの法則**」に**従い**ます。

ここでn_1，n_2は，各媒質の（**絶対**）**屈折率**を表します。媒質内での**波の速さ**は**屈折率に反比例**するため，**光**の**真空中**での速さをc，特定の**媒質内**での速さをvとすると，

$$n = c/v$$

となります。**真空中**では当然$n = 1$ですが，**その他の場合**，vが**常に**c**より遅い**ので$n > 1$となります。

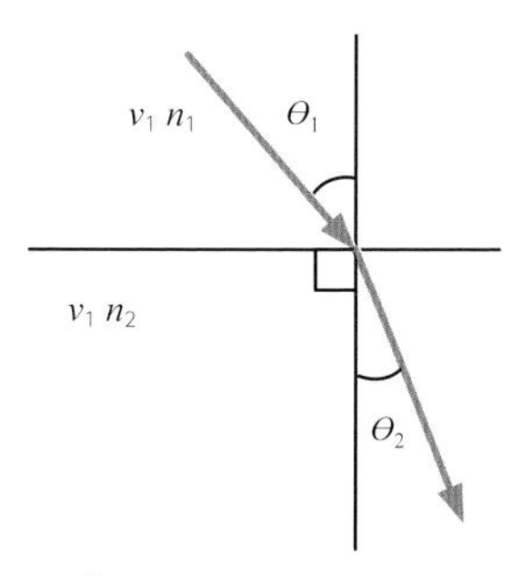

$$\frac{\sin\theta_1}{\sin\theta_2} = \frac{v_1}{v_2} \qquad n_1 \sin\theta_1 = n_2 \sin\theta_2$$

ホイヘンスの屈折モデル

屈折現象の理解を容易にしてくれるのが，**クリスティアーン・ホイヘンス**の「**二次波（素元波）**」による**理論モデル**です。

- 波が境界面に**垂直な角度**で入射**しない**限り，**波面**の左右で境界面**通過のタイミング**に**ずれ**が生じる（**波面**の一方の側が**元の媒質内にある**とき，他方の側は**新たな媒質内を進んで**いる）。
- **新たな媒質内**に入った波面の**各点**からの**二次波**は，**元の媒質内**からの**二次波**と**異なる速さで伝わる**。
- 二次波の波面が形成する「**包絡面**」の**法線**（＝波の**進行方向**）は，**境界面の法線**に**近づく**か，**遠ざかる**方向に**曲がって**いく。

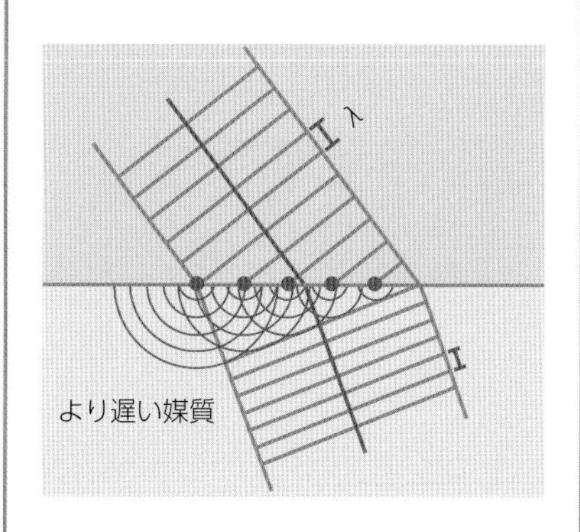

プリズム

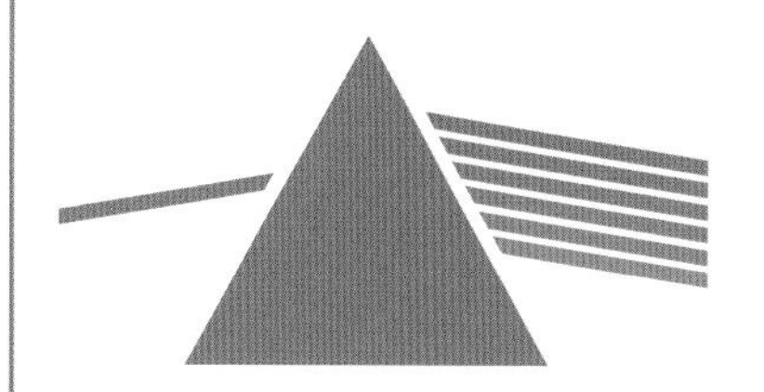

屈折という現象は**さまざまな媒質**内の**エネルギー**に関係するため，**波のエネルギー**（＝**振動数**に比例，**波長**に反比例）に応じて，この現象が影響を及ぼす**度合い**——「**屈折率**」は**さまざま**です。

こうして，**波長の短い**「**紫**」や「**青**」の**光**は，**波長の長いスペクトルの**「**赤**」**側**に比べ，屈折率が**より大きく**なります。

この「**分散**」と呼ばれる効果を増幅することで，**三角プリズム**は，**幅広い**，**虹のようなスペクトル**を生み出しているのです。

回折

「回折」とは，障害物のへりや隙間を通り抜けた波（光波など）が，障害物の後方にまわり込むように広がっていこうとする性質です。

回折のしくみ

回折は，波の**最も特徴的**な性質の一つです。この現象が生じるのは，ちょうど**障害物のへり**や**隙間**のところで波の**変位をもたらしたエネルギー**は，**押しとどめることが困難**で，むしろ**障害物との相互作用**を通して**広がってい**こうとするためです。

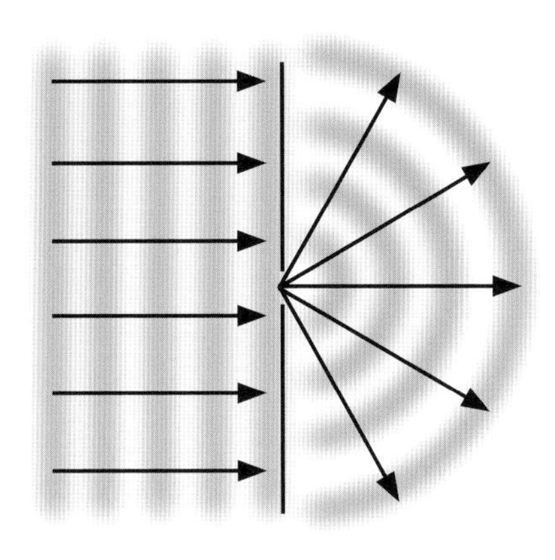

- **ホイヘンスのモデル**で考えれば，**回折された波**とは，**障害物の隙間**を通り抜けた波面からの「**二次波（素元波）**」が，そのまま波になったものである。この波は，もはや遮るもののない，障害物の“**物陰**”**の空間に自然にまわり込んで**いく。
- このとき，隙間を通過することによる**複雑な干渉現象**が，**波そのもの**のパターンにも**影響**を及ぼす。こうして，波が常に**強めあう**場所と**打ち消しあう**場所が出てくる（＝**回折縞**）。
- **回折の効果の大きさ**やその**細部**は，**障害物の「隙間の幅」**と，それを**通過する「波の波長」**の双方に左右される。一般的には，**波長が長くなるほど**回折の度合いは**大きく**なり，効果が**最大**になるのは，**隙間の幅**が波の**波長と同程度**になったときである。

回折格子

「**回折格子**」とは，板に**細いスリット**を**多数**並べたり，**反射表面**に多数の**溝**を刻んだもので，回折の原理に基づき**波長ごと**に**光を分散**させます。19世紀，**ヨゼフ・フォン・フラウンホーファー**などの手で完成されました。それがもたらす**拡大**された**光のスペクトル**は，**プリズム**によっては見られない**微細な特徴**を明らかにし，「**分光学**」と呼ばれる**新たな学問領域**（63ページ参照）を誕生させたのです。

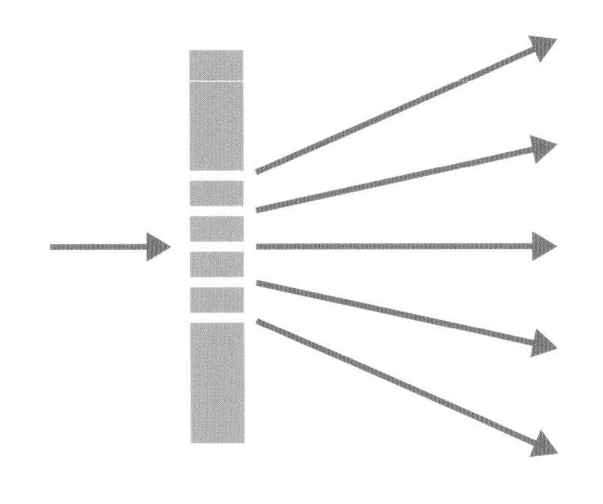

散乱

環境との相互作用のなかで，波のエネルギーが失われたり，波の方向が変化するような状況がいくつかあります。「散乱」と呼ばれるこうした効果は，光のような電磁波を研究するうえで，非常に重要なものです。

レイリー散乱

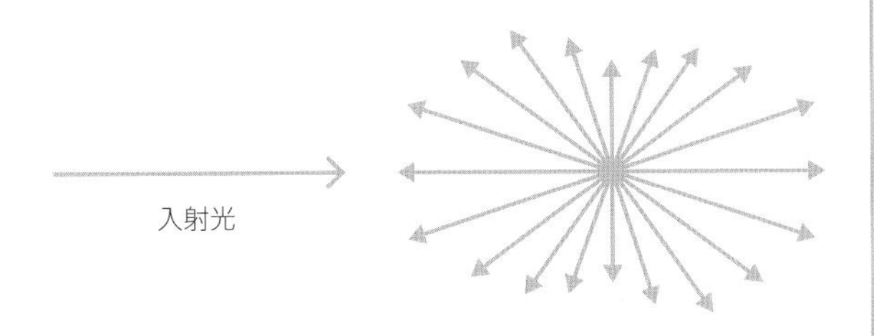

よく見られる形態の散乱で，**光**と（**光の波長**より**著しく小さな**）**粒子**の相互作用により生じます。

- **空気分子**などの粒子は，**内部**の**電子配置**が**分極**可能なものである。
- **入射光の電磁場**によって粒子が**分極**し，**同じ振動数**での**振動**が生じる。
- 粒子そのものが**電磁波（散乱光）を放射**する一方，元の**入射光**は，**方向が変化**する以外に**影響を受けない**。こうした種類の散乱は「**弾性散乱**」と呼ばれる。

ほとんどの状況で，**散乱光の強度**は，**波長の4乗に反比例**します（$= \lambda^4$が小さくなればなるほど，強くなります）。つまり，**地球の大気圏**において，**青い光**は**赤い光**より**ずっと強く散乱**されるため，空の色は青く見えるのです。

ラマン散乱

多くの点で**レイリー散乱**に類似しているものの，**ラマン効果**による散乱（**ラマン散乱**）は「**非弾性散乱**」です。つまり，入射光は通常，**エネルギーを失ってより長い波長へ移行**し，失われた**エネルギー**が（その大半は**再放射**されますが）**分子内の振動に変換**されるのです。

コンプトン散乱

第三の散乱のタイプ「**コンプトン散乱**」が起きるのは，入射した**光子**としての**X線**が，**電子**などの**荷電粒子**と**相互作用**する場合です。**光子のエネルギー**の一部が**荷電粒子の運動エネルギー**に移る分，**散乱X線**のエネルギーは減少し，その**波長**は**より長く**なります。

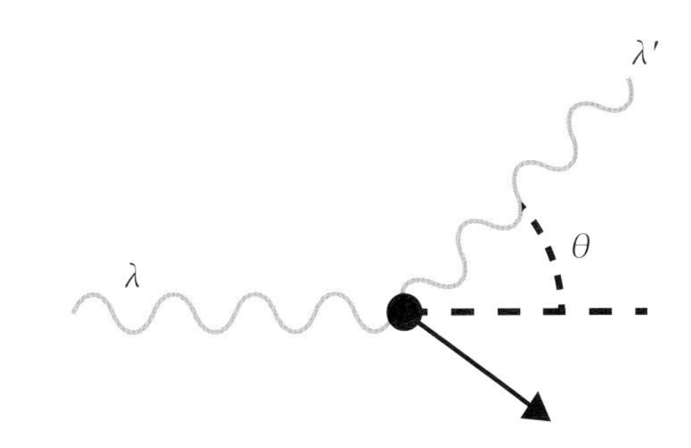

偏光

光を含む電磁波は本来，電場と磁場の振動が（波の進行方向と垂直な）あらゆる向きに一様に分布しますが，ある種の状況下では，振動面が一定の平面に限られるなどの偏りが生まれます。こうした電磁波を「偏波」といい，特に光の場合は「偏光」といいます。

偏光の種類

- **非偏光（自然光）**：全体としては**偏光していない**（＝光波の振動が**多様な平面**で生じる）。
- **平面偏光（直線偏光）**：光波の振動が，電場・磁場それぞれ**同一平面内**で生じる。
- **円偏光**：波が**空間内を進む**につれ，**振動面（偏光面）**が**らせん状に回転**する。

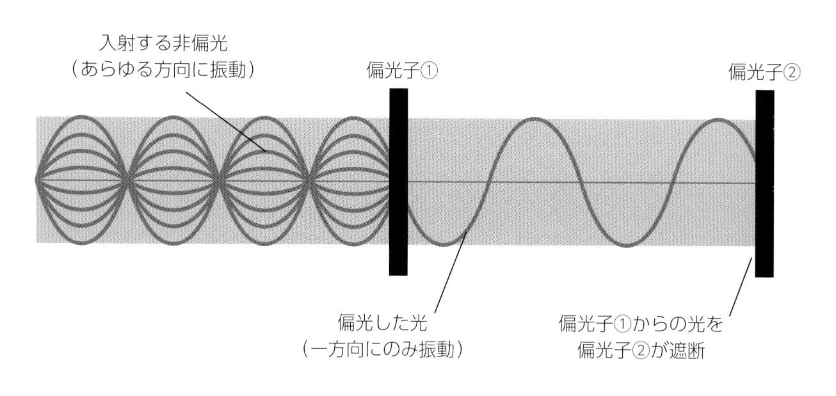

複屈折結晶

自然界の**複屈折結晶**は，**光**の**偏光方向**に応じて**屈折率**が異なる，独特の構造をもちます。**入射光**の**さまざまな振動成分**が結晶内で**二つの経路**に分けられ，結晶を通すと，物体が**二つにずれて見え**ます。

かつて**ヴァイキングの船乗り**は，**氷州石**（ひょうしゅうせき）（方解石の一種）の**自然の偏光パターン**によって**上空**を観察し，**航海の助け**にしたと考えられています。

サングラスと液晶

今日，実用化された**偏光フィルター**は，**高分子素材**を用いて，**吸収機能**を発揮しています。たとえば，**サングラス**用の「**薄型フィルム**」が**半永久的**な**偏光スクリーン**を形成する一方，**電圧**により分子**配列が変化**する「**液晶ディスプレイ**」では，**液体**と**結晶**の**中間的な相**で利用されています。

偏光の原因

偏光した光は，**自然的・人工的**な，**いくつもの方法**で生み出されます。

- **複屈折**：1本の**非偏光**を**複屈折結晶**のなかに通すと，振動方向が互いに**垂直**な，**2本**の**平面偏光**がつくり出される。

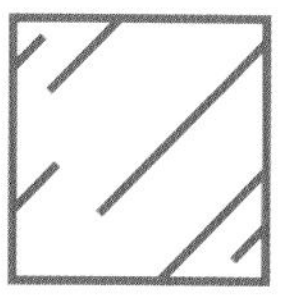

- **反射**：**屈折率** n_1，n_2 の**透明**な**二つ**の**媒質**の**境界面**に，

$$\theta_B = \arctan(n_2/n_1)$$

となる θ_B（**ブルースター角**）**程度**の角度で**非偏光**が**入射**する場合。**境界面**では，**特定の偏光方向**をもつ光が**完全に伝えられる**が，**ほかの偏光方向**の光は**遮断**され，**反射光**は**平面偏光**となる。

- **吸収**：**偏光フィルター**を使用する場合。**同じ向き**の**スリット**を多数並べた**微細構造**が，**特定の偏光方向**の光しか通過させない。

搬送波

現代の多くのテクノロジーを支えるのは，電磁波（特に電波）によって伝送される信号です。こうした信号を運ぶ電磁波を「搬送波（キャリア波）」，また搬送波を操作して信号を埋め込むプロセスを「変調」といいます。

振幅変調（AM）と周波数変調（FM）

アナログな（**連続的に分布**する）**搬送波**の特性を，**信号波***に同期して変化させ，元の**信号データの情報**を乗せるのが，**AM**や**FM**といった**変調方式**です。

振幅変調（AM）：信号波*の波形を，**「振幅」**の**変化**として**搬送波**に埋め込む変調方式。

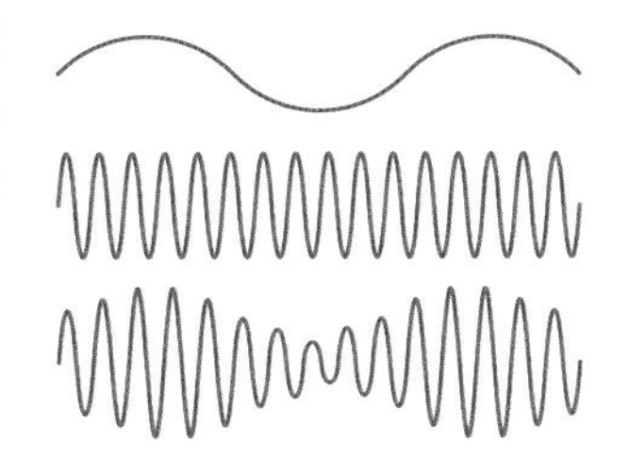

周波数変調（FM）：信号波*の波形を，**「周波数」**の**変化**として**搬送波**に埋め込む変調方式。

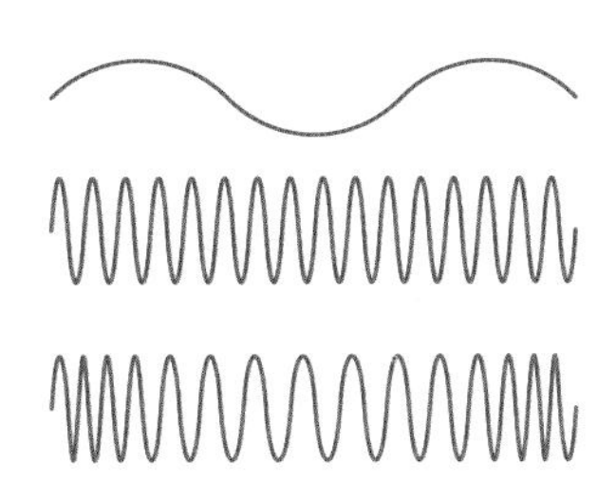

* 元の信号データを含む，より低い周波数の波

フーリエ変換

変調された電波から**もとの信号データ**を**取り出す**際，技術者たちの頼りとなるのが，**「フーリエ変換」**と呼ばれる**数学的ツール**です。

$$\hat{f}(\xi)=\int_{-\infty}^{\infty} f(x)\,e^{-2\pi i x \xi}\,dx$$

いかにも人をたじろがせるようなこの数式が表現するのは，**時間的に変化**するすべての**信号**を，一連の互いに**重なりあう（異なる周波数ごとの）パターン**に**分解**していくプロセスです。それは，**オーケストラの和音**を構成する**個々の音符**を特定していく作業にも似ています。

デジタル信号

現代の**電子的**な**信号処理**は，次のように**アナログ波信号**の（**従来**の**変調方式**と**異なる**）**デジタル**な**形態**での伝送を可能にしました。

- **アナログ信号の値**を継続的に**サンプリング**（＝**時間を分割**して**一定時間ごとに測定**）。
- **信号の強さ**の**数字目盛**をもとに，上記の値を**最も近い近似値**に**丸める**。
- 上記の**数字**を**2進数**に**変換**し，**最小単位の信号（ビット）**の**連続**として伝送。
- **受け手**の側が**2進数のデータ**から，**もとの信号データ**を**復元**。

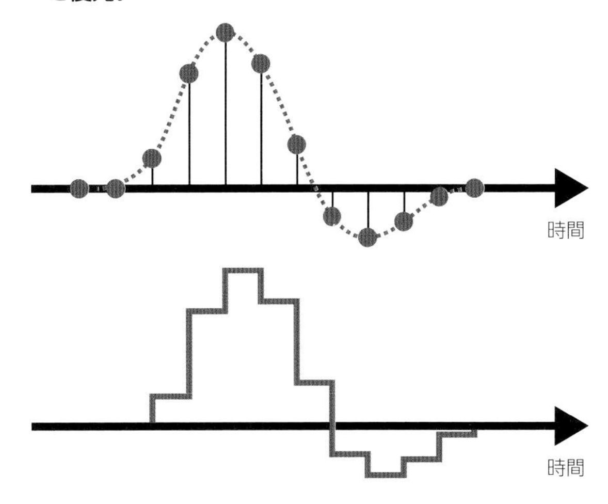

2進数にする理由

2進数を使えば，**8ビット（1バイト）**の0と1の並びで，**0から255までの値**を表現できます。**2バイト**で**0～65,535**，***n*バイト**なら**0～**2^{8n-1}の値を網羅できるのです。こうしたデジタル方式は，**信号伝送**の**透明性**と引き換えに，**元のアナログ信号**の**ニュアンス**を**犠牲**にしている面がありますが，今日では**サンプリングレート**（分割の細かさ）や**信号値の範囲**が非常に高まり，両者の**違い**は**知覚できなくなっ**ています。

光学器械

私たちを取り巻く宇宙のことを知るうえで，最も重要な手段の一つが「光」です。
光学的な像の拡大・改良を通じて，より多くの物事を見せてくれる，
多様な光学器械が発明・開発されてきました。

単レンズ

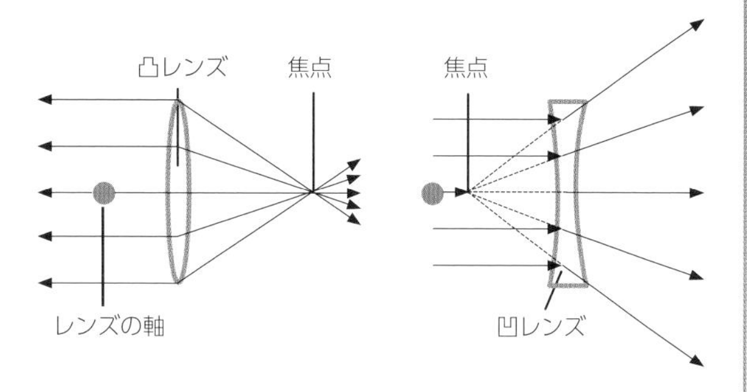

単レンズとは，**球面**が**入射光**を**屈折**させ，互いに**収束**または**発散**させる，一枚の**ガラス**です。

- レンズを通る**光の屈折**は，球面の**曲率**（曲がり具合）やガラスの**厚み・屈折率**によって規定される。
- **凸レンズ**の場合，**レンズの軸に平行**な入射光は，レンズ後方の**焦点に収束**する。また，レンズ前方の**焦点より外側**に物体を置くと，さまざまな角度の入射光がレンズ後方で交わり，**倒立**した「**実像**」をつくり出す。逆に，前方**焦点の内側**に物体を置くと，レンズ前方に**拡大**された「**虚像**」が生じる（78ページ参照）。
- **凹レンズ**の場合，**レンズの軸に**平行な入射光は，前方の焦点から出たかのように，レンズ後方で**発散**する。また，レンズ前方に物体を置くと，物体からの入射光は互いに**交わらない**ものの，レンズ前方に**縮小**された「**虚像**」をつくり出す。
- レンズや光学系の「**屈折力**」は，通常，比較しやすくするため，その逆数である「**焦点距離**（レンズの中心から焦点までの距離）」によって記述される。

分解能（解像力）

光学で決定的に重要な「**分解能（解像度）**」の概念は，「その光学器械で，どれだけ**わずか**な**角度（視角）**で隔てられた**二点を識別**できるか」を意味します。これは実際，**観察者の視力**に応じて変化するのですが，標準的な評価手法は，「**エアリーディスク**」の**潜在的な重なりあい**（最も完璧な光学系でも**点光源**の周りに形成される，**同心円状の回折パターン**）を解析することです。

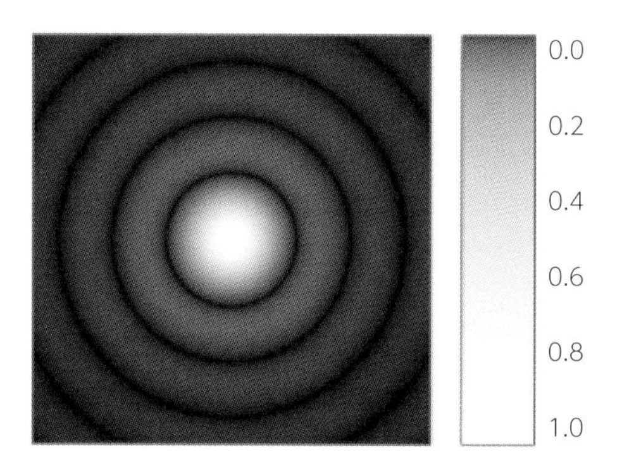

すなわち，ある**単レンズ**の口径をD，光源が発する光の波長をλとすると，そこで形成されるエアリーディスクの**角半径**θ（＝ディスクの**中心**から**第1暗環**までの距離に対応する**視角**；単位はラジアン）は，次の式で与えられます。

$$\theta = 1.22\ l/D$$

この「**ディスクの小ささ**」が，**分解能**を決定します。したがって，一般に**レンズが大きく**なればなるほど，また光の**波長が短く**なればなるほど，**分解能**は**向上**し，**より鮮明な像**が得られます。

望遠鏡

望遠鏡の発明は天文学を一変させ，ガリレオ・ガリレイの諸発見を通じて，科学革命の発端ともなりました。それから数世紀を経て，望遠鏡はいまや，ほとんど原形をとどめないほど，大きな変貌を遂げています。

望遠鏡の基礎

望遠鏡は基本的に，**対物レンズ**を用いる「**屈折望遠鏡**」，**反射鏡**を用いる「**反射望遠鏡**」の２種類に分けられます。どちらの**光学素子**も，**はるか遠方**からの**平行光線に焦点**を合わせて設計され，①**人間の肉眼**で見える以上の**多くの光を集める**，②対象物の**拡大された像**を**つくり出す**，という二重の任務を負っています。

屈折望遠鏡は，**前面**の大きな**対物レンズ（凸レンズ）**で光を集めて**屈折**させ，密封された暗い**鏡筒**内の**焦点**に**収束**させます。その先，**発散**しつつある光線を小さな**接眼レンズ**が**屈折**させて得られる**ほぼ平行**な光線を，私たちが**観察**するのです。

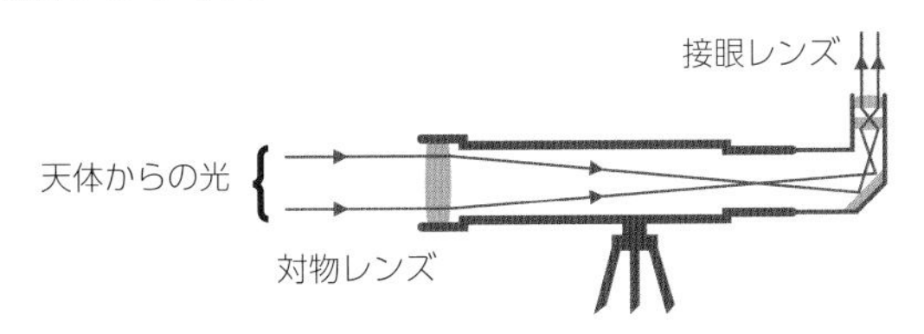

反射望遠鏡の場合は，望遠鏡**後部**の**凹面反射鏡**（対物鏡＝主鏡）で光を集めます。主鏡の焦点に**収束**していく反射光線は，**副鏡**で**再び反射**され，**接眼レンズ**に向かいます。接眼レンズは反射望遠鏡のタイプにより，望遠鏡の**側面**や（＝**ニュートン式**），**後部**の**主鏡**にあけた穴に取りつけられます（＝**カセグレン式**など）。

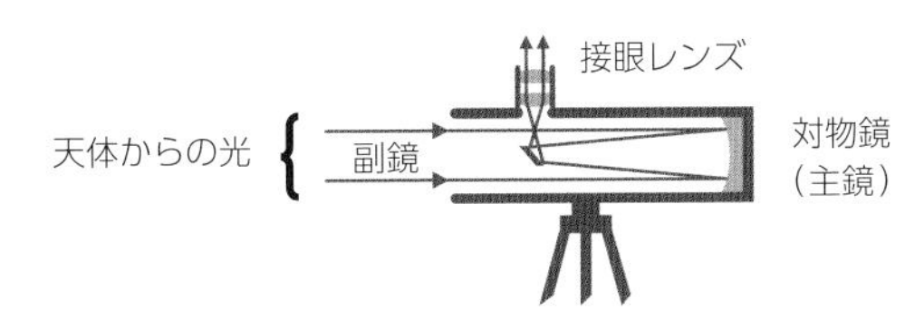

あらゆる望遠鏡の倍率（M）は，対物レンズ（対物鏡）の焦点距離（f）と，接眼レンズの焦点距離の比によって与えられます。

$$M = f(\text{対物レンズ}) / f(\text{接眼レンズ})$$

長所と短所

さまざまな望遠鏡のタイプには，それぞれ固有の強みと問題点があります。

- 単一の**対物レンズ**による屈折望遠鏡は，像の**縁に色**がついて**にじむ**「**色収差**」の現象を起こしやすい。ただしこの欠点は，**複合レンズ（色消しレンズ）**の使用により回避可能。
- **反射望遠鏡**の**対物鏡**は，通常，屈折望遠鏡の同口径の**対物レンズ**より**分解能**が劣る（半分程度）。
- 大きな屈折望遠鏡をつくる場合，重量低減のため，**曲率を犠牲**にして**対物レンズを薄く**せざるを得ない。こうして**焦点距離**が**非常に長く**なり，必要な**鏡筒**のサイズも**非現実的**なほど**長く**なる。
- **大きな反射望遠鏡**をつくる場合は，**反射鏡**が比較的**薄く**て済み，**重量を低く**抑えられる。**光の経路**を**折りたたむ構造**により，機器も**コンパクト**にできる。

巨大望遠鏡

現代の**最大規模の望遠鏡**は，すべて**反射望遠鏡**です。**反射鏡**は多くの場合，**六角形の分割鏡**を**並べた巨大**なもので，口径10ｍ以上にも達します。鏡全体の形状は**コンピュータ制御**で**精密に調整**され，像の**ゆがみ**，さらには**大気の乱気流**にも対応可能です。

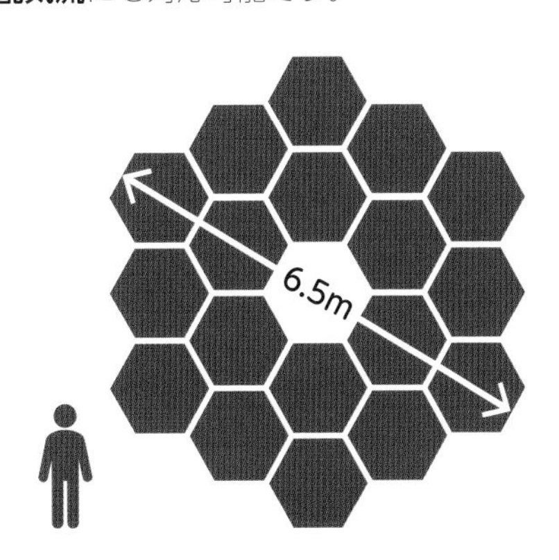

4 波

顕微鏡

はるか彼方からの平行光線に焦点を合わせる望遠鏡と対照的に，顕微鏡は目の前の小さな物体から発散する光線を利用し，拡大された像を提供します。

拡大鏡と単式顕微鏡

昔から使われてきた**拡大鏡**（**虫めがね**）は，少なくとも一方の**面が凸**になった**単一のレンズ**です。焦点のやや内側に物体を置くと，そこから**発散**する光がレンズ内で**屈折**し，**より平行に近い**光線として，私たちの眼に届きます。届いた光を**逆方向に延長**すると**物体側**の一点で交わり，**拡大**された「**虚像**」を生じるのです。

ただし，この拡大鏡には**大きな制約**があります。**倍率を上げ**，物体表面を**隅々まで**観察するには，**分厚く**中央が**膨らんだレンズ**が必要ですが，そうすると今度は**像にゆがみ**が出やすくなってしまいます。

そこで1650年代，**アントーニ・ファン・レーウェンフック**が，**小さなガラス球**の**レンズ**を（観察物を**固定し動かす**ための）**フレーム**の上に取りつけた，より**高度**な「**単式顕微鏡**」を開発します。**視野**は**ごく限られ**ていたものの，倍率はときに**270倍**を超えたのです。

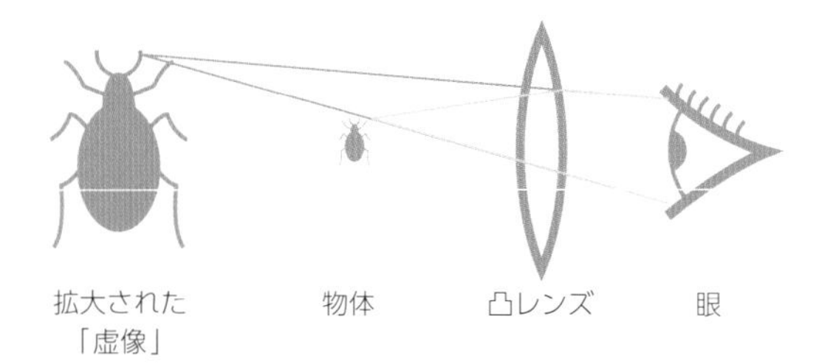

複式顕微鏡

対物レンズと**接眼レンズ**の**二つのレンズ**を用いる「**複式顕微鏡**」は，**望遠鏡**とほぼ同じ**1600年代初め**に発明されました。

- **対物レンズ**の**口径の小ささ**が，観察物からの**光線の発散角**に対する**制約**となるため，レンズの**厚みや倍率**は**それほど要求されない**。
- **対物レンズ**が屈折させた光線は，**鏡筒**内の**焦点**に収束したのち**発散**する。
- 対物レンズより**大きい接眼レンズ**が，再び**光を屈折**させ，**拡大された像**をつくり出す。より高度な設計では，光を**さらに強く**屈折させるため，**中間に第三のレンズ**が置かれる。

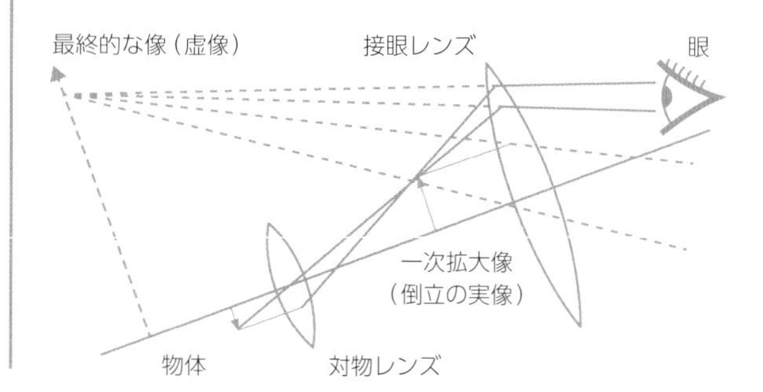

照明の問題

物体の**小さな部分**から**光を集める**顕微鏡にとって，**照明の問題**はしばしば頭痛の種になります。**ロバート・フック**は，内部を**水で満たしたガラス球**により観察物の上に**ロウソクの光**を集め，**ファン・レーウェンフック**は，**空からの光**を背景照明としました。ようやく19世紀に，**細部**を浮かび上がらせる**高コントラストな染色**と，**より強力な照明方法**が開発され，**複式顕微鏡**は**真の潜在能力を発揮**できるようになったのです。

干渉法

「干渉計」とは，光などの電磁波どうしを意図的に干渉させて，
観測対象に関する情報を引き出したり，非常に精密な測定を実施する機器です。
それが使用される範囲は，多種多様な科学分野に及びます。

干渉計の基礎

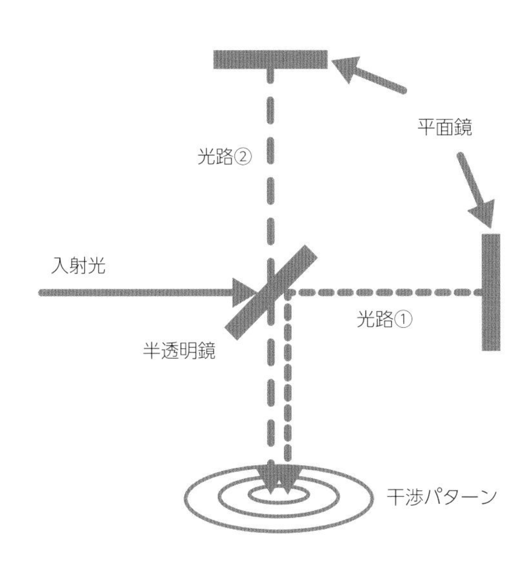

- **レーザー光**のような**単一波長の光**（**単色光**）が入射すると，**ビームスプリッター**（**半透明鏡**など）により，**透過光**と**反射光**の**二つの光路**に分けられる。
- 分かれた光が**再び一つに**なる際，**連続する山と谷**の**重ね合わせ**により，**干渉パターン**がつくり出される。
- 屈折など何らかの**現象**の介在により，**一方**または**双方**の**光路長**（**光学距離**）が**ずれ**ていくと，**干渉パターン**に**変化**が生じる。これを分析すれば，**媒質の屈折率**など，現象の細部を知ることができる。

開口（口径）合成

天文学者が用いる「**開口（口径）合成**」と呼ばれる**干渉法**は，**単一の望遠鏡**には**不可能**な細部の観察を可能にしてくれます。**複数の望遠鏡**を互いに**連携**させ，そこに**到達する光線**（**電磁波**）の**光路長**の**微妙な違い**から，天体からやってくる**光線**（**電磁波**）の**正確な分布**を計算できるのです。この技術の適用が**最も容易**かつ**効果的**なのは**電波望遠鏡**ですが，**可視光望遠鏡**で行われるケースも増えています。

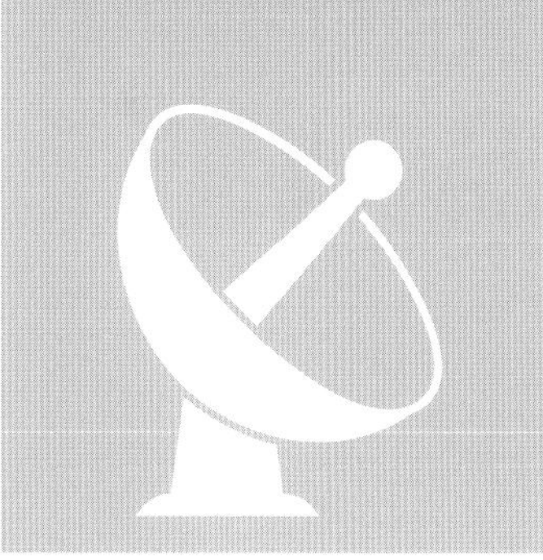

技術の応用例

- **医学**における**光干渉断層撮影：試料**と**平面鏡**にそれぞれ光線を入射し，その**反射光**の**重ね合わせ**により，**組織構造**に関する**高分解能**（**高解像度**）の**画像**を生成。
- **レーザー干渉計重力波天文台**（**LIGO**）：**長さ4kmの垂直なトンネル**2本のなかで**反射光**を**往復**させ，**時空**そのものの**わずかなゆがみ**を干渉法で**検出**。
- **マイケルソン=モーリーの実験**：エーテル仮説に基づき，**光速の違い**に伴う**光路長の変化**を干渉法で**測定**しようとした，有名な**“失敗”実験**。
- 工業製品などの**ニュートン検査**：**表面形状の違い**により，**異なる干渉縞**が生じることを利用した**精度検査法**。

ホログラフィー

「ホログラフィー」は，昔ながらの「写真術」をはるかにしのぐ情報量の画像を記録・再生する技術です。適用範囲は非常に幅広く，単なる立体像の生成にとどまりません。

4
波

ホログラフィーによる結像

通常の写真が，**物体**や**風景**からの**光の強度**を，**像**として**フィルム**や（**CCD**などの）**イメージセンサー**に記録するのに対し，**ホログラフィー**における記録（**ホログラム**）が保存するのは，**さまざまな角度**から**観察可能**な，物体をめぐる**3次元の光線空間**です。

ホログラムを得るやり方は，**干渉法**です。**二つに分けたレーザー光線**の一方を**対象物**に**照射**，もう一方を**平面鏡**で**反射**させ，両者が一つに**重なりあう**ことで生まれる**干渉縞**を，**感光材料**（**フィルム**や**写真乾板**）に保存するのです。

かつてホログラムの像を再生するには，（ホログラム**作成**時のように）**レーザー光**を**感光材料**に**照射**し，**反射・透過**させる**必要**がありました。けれども，その後の技術の進歩により，通常の**白色光**（**自然光**）で再生可能な，私たちになじみ深い**レインボーホログラム**が開発されたのです。

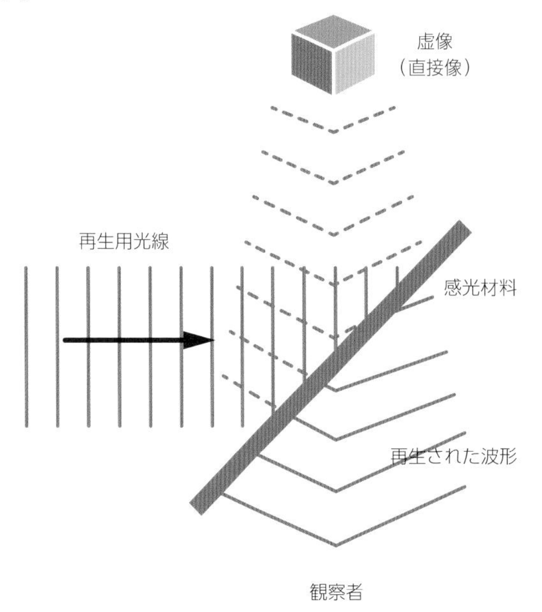

技術の応用例

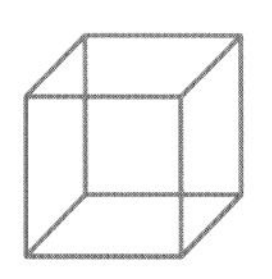

- **3Dイメージング**：ホログラムには，物体をめぐる**光線空間**が**さまざまな角度**から記録されている。したがって，これを**再生**する際，**見る角度**を**さまざまに変える**ことも可能。

- **セキュリティー管理**：ホログラムに**複雑な細部**を組み込むことで，**紙幣・クレジットカード・重要種類**などの**偽造**をより**困難**にできる。

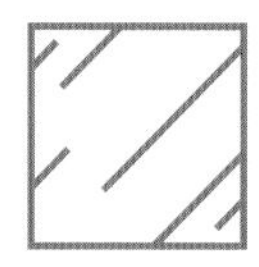

- **高度な光学的処理：複雑な光学系**の**振る舞い**も，ホログラムで“**記録**”できる。光学系の捉えた**像**や**光源**は，ホログラムとの**相互作用**を通じて**迅速**に“**処理**”される。

ホログラフィック・データストレージ

ホログラフィーの用途は，**現実世界**における**物体**の**3次元情報**の**取得**にとどまりません。**多方面から**見られる，まったく**異なる**種類の「**像**」――**0と1の数字**を表す密集した点の配列――つまり**デジタルデータ**の**保存**に，ホログラムを活用できるのです。**厚み**のある**感光材料**の**層ごと**に異なるホログラムを**保管**すれば，**従来の光ディスクの代替**となる，**高容量**の記憶媒体が可能になります。

赤外線と紫外線

光（可視光線）は，私たちの眼が進化のうえで捉えられるようになった，
わずかな波長範囲にあたる電磁波です。
私たちの視覚の限界のすぐ外側に，赤外線と紫外線が位置するのです。

赤外線とは

波長：約700ナノメートル（nm）～1 mm
赤外線は，可視光線より波長が長く，振動数が低い電磁波です。宇宙の最も低温の物体を除く，ほぼすべての物体から発せられ，熱をもつ物体から周辺環境にエネルギーを移動させる「熱放射」と位置づければいいでしょう。

近赤外線：赤外線としては振動数が高い（波長が短い）。星そのほかの高温物体から放出。

中間赤外線：振動数が比較的低い（波長が比較的長い）。人間や動物を含む，温かい日常的物体から放出。

遠赤外線：振動数がかなり低い（波長がかなり長い）。星間ダスト（塵）など，宇宙で最も低温の部類に属する物質から放出。

偶然による発見

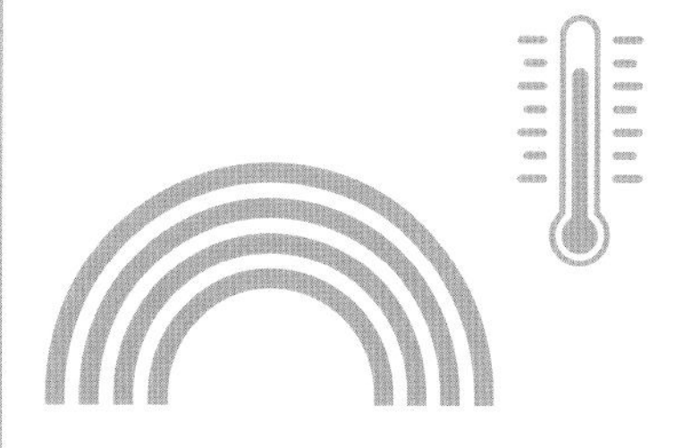

赤外線は，天文学者ウィリアム・ハーシェルによって偶然発見されました。太陽光スペクトルの異なる色ごとの温度を測定していた彼は，スペクトル端の赤色部のすぐ外側に温度計を置くと，温度表示が急上昇することを見いだしたのです。

紫外線とは

波長：約10～400 nm

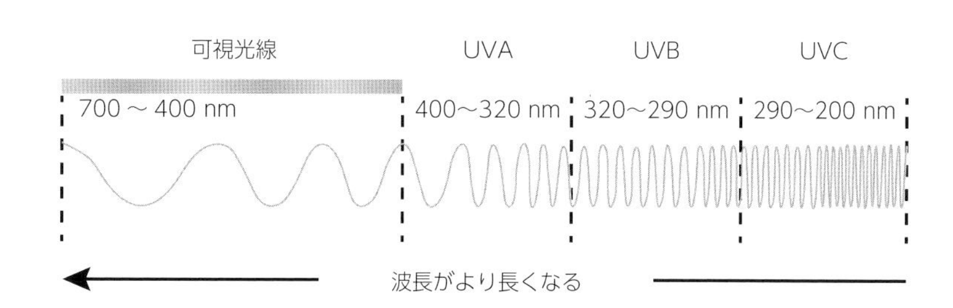

紫外線（UV）は，可視光線より振動数が高く，波長が短い電磁波です。波長の長いほうから近紫外線・中紫外線・遠紫外線・極紫外線に分類され，このうち200 nm以上の波長帯（だいたい近紫外線と中紫外線に相当）については，UVA・UVB・UVCという分け方もあります。
紫外線光子のエネルギーは，化学反応を誘発し，人体の細胞を傷つけるのに十分な強さです。ただ幸い，地球の大気圏のおかげで，UVCやそれより波長の短い，いっそう有害な紫外線が，地表に到達することはほぼありません。
紫外線の振動数とエネルギーの高さは，それが可視光線の場合より高温の物体表面から放出されたことを意味します。太陽はその黒体放射曲線に沿って，相当量の紫外線を生み出します。より高温で巨大な恒星では，発する光の大部分が紫外線になる場合もあります。

電波とマイクロ波

電磁波のスペクトルのうち，赤外線より波長の長い領域が「電波」です。
最も波長が短い（最もエネルギーが高い）部類の電波は，それら固有の性質を備え，
「マイクロ波」とも呼ばれています。

電波の特性

電波のほとんどは，**小さなエネルギー**しかもちません。**自然のプロセス**は**多種多様**なもので生成され，その多くは**電磁場の変化**を伴います。

波長：約1 mm ～ ∞

電波は**接触する物体**に**ほとんど**（あるいは**まったく**）影響を及ぼしませんが，**波長の長さ**により，ほぼどんな**障害物**にも**妨げられず**，それらを**透過し**，**まわり込み**ます。そのため**光の速さ**で**信号を伝送**するのに，電波はうってつけなのです。

無線技術

電波を用いて行う通信を「**無線通信**」といいます。電波を発信する「**無線送信機**」は，**高周波数**（**振動数**）の**交流電流**により，内部を**電子**が**高速で往復振動**する，1本の**長いアンテナ**のようなものです。

受信機の側には，ある周波数に**共振**（**同調**）する**共振回路**と，それ自身の**アンテナ**が設置されています。**特定の周波数**の**電**波がやってくると，アンテナ内で**電子**が**振動**し，**元の信号**を反映した**電流**を生み出します。これを用いて，**音波**や**映像**，**デジタルデータ**などが**再生**されるのです。

マイクロ波

波長：約1 mm ～1 m

マイクロ波は，電波のなかで**最もエネルギーが高く**，**固有の性質**をもちます。

- ほかの電波に比べ，**物質**との**相互作用**の度合いが大きい。たとえば電子レンジは，**密閉された加熱室**に**マイクロ波を閉じ込め**，**食品内部の水分子**を**回転・振動**させて**加熱**するしくみ。
- 波の**指向性**（**方向**によって**強さ**が異なること）が著しい反面，**大きな障害物**には伝播を**阻まれ**，**直線的なコース**でしか伝わらない。

マイクロ波を生成する装置の一つに，**マグネトロン**（**磁電管**）があります。装置内部では，**電子**が**らせん軌道**を描いて運動し，生じた電流が，**所定の周波数**をもつ**電磁的振動**をもたらすのです。

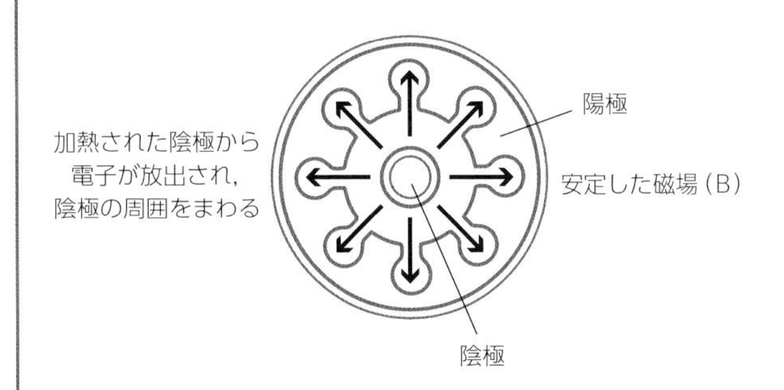

X線とγ線

電磁波のうち，紫外線より波長の短いX線とγ線は，最も高い振動数とエネルギーをもちます。非常に強力なこれらの波は，ほとんどの物質を透過できるのです。

X線とは

波長：約0.01 ～ 10 nm

X線を生成するのは，**宇宙**で**最も高温の物質** —— **恒星の大気**や**銀河間空間**における**100万℃以上の気体**です。**生体に危害**を及ぼす**透過力**を備えているものの，**宇宙空間からのX線**は**地球の大気圏**に**阻まれ**，地上ではもっぱら**人工的手段**によってつくり出されます（多くの場合，**真空管**内部で**高い電圧**をかけます）。

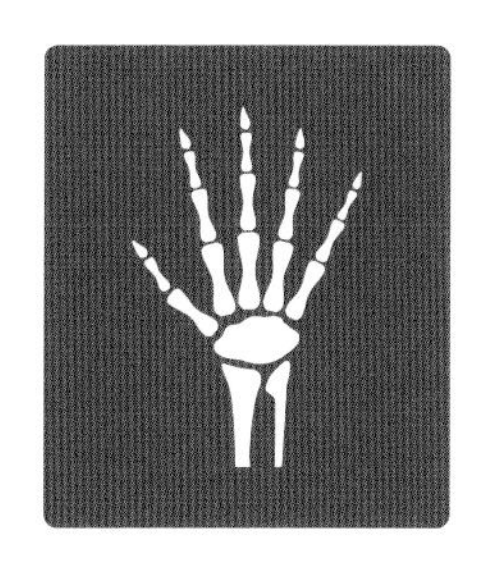

X線技術の**応用例**として，以下のものが挙げられます。

- **X線撮影法**：X線の高い**透過力**を活かし，**建造物**や**生体**の**内部構造**を調べる（**密度の高い部位**ほど，**より多くのX線**を**吸収**するため，背後の**写真乾板**や**検出器**まで到達する**X線が少なく**なる）。
- **X線結晶構造解析**：さまざまな**結晶性物質**で，**内部分子**の**空間的配置**は**回折格子**として機能する。照射されたX線を**回折**するこの現象を利用して，物質内部の**構造を解析**できる（例：タンパク質。59ページ参照）。

γ線とは

波長：～約0.01 nm

γ線は，**放射性崩壊**（放射性元素の**不安定な原子核**が**エネルギーを放出**する手段）の一種である**γ崩壊**のほか，**超大質量ブラックホール**や**終末期の巨大恒星**などに関連する**激烈な宇宙現象**に伴って放出されます。**透過力**がきわめて**強く**，**ほとんどの物質**を**そのまま透過**しますが，宇宙からくるγ線（**γ線バースト**）は，地球の分厚い**大気圏**により**吸収**されます。

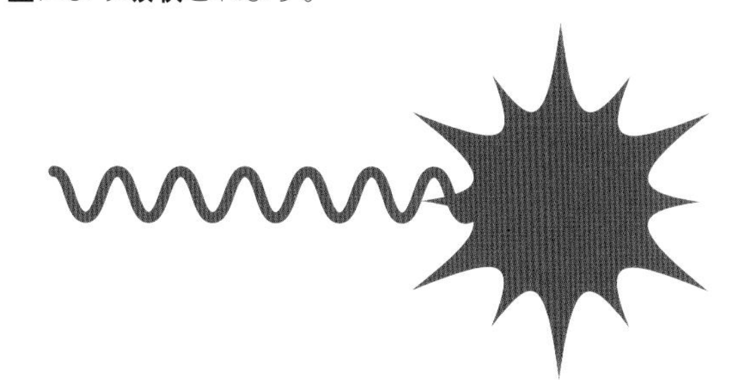

地上のγ線天文台では，γ線が大気中の**気体分子**と**まれ**に**直接衝突**する際，放出される**粒子のシャワー**の検出に努めています。

一方，大気圏外の**宇宙望遠鏡**における観測は，**高密度素材**による**コーデッドマスク**（**符号化マスク**）を利用します。**格子状のγ線検出器**の上にマスクが投じた**影**により，**γ線源の方向**を知ることができるのです。

X線の発見

X線は1895年，**ヴィルヘルム・レントゲン**によって発見されました。**陰極線管**に似た**真空管**で実験していた彼が，真空管内の電極に**高い電圧**をかけると，**高エネルギーの電子線**が生じ，陽極の金属に**衝突**しました。その**衝撃**で放出された**X線**は，**遮蔽物**をそのまま**透過**し，そばに備蓄してあった**写真乾板**に，**“かぶり”**と呼ばれる**黒化**を生じたのです。

4 波

波と粒子の二重性

光やその他の電磁波は，通常は波のように振る舞い，ほかの波のタイプと同様の現象を示します（波動性）。ただし，その振る舞いには，「粒子性」でしか説明がつかない，いくつかの側面があるのです。

「光の束」としての光

金属などの固体表面に光を当てると，**電子**（**光電子**）が表面から放出されます。「**光電効果**」と呼ばれるこの現象には，光を**単なる波**と考えると理解できない，以下の特徴があります。

①照射する光の振動数が，**物質ごと**に決まる「**限界振動数**」より小さいと，光電子は放出されない。

②光電子の**運動エネルギーの最大値**は，光の「**振動数**」で**決まり**，光の**強さ**に依存しない。

③放出される光電子の**個数**は，光の「**強さ**」**に比例**し，光の**振動数**に依存しない。

1905年，**アルバート・アインシュタイン**は，これらの特徴を解明する「**光量子仮説**」を提唱しました。光は「**波」としての性質**をもつものの，物質との相互作用においては**粒子性**を帯び，小さな「**光の束**」（今日の言い方では，**光子**または**光量子**）として振る舞うというのです。アインシュタインのこの考え方は，**量子物理学**という革命の火付け役となりました（127ページ参照）。

光子のエネルギー

真空中での光の速さをc，プランク定数（6.626 × 10^{-34} J s）をhとすると，**波長λ，振動数f**の光において，光子1個がもつ**エネルギーE**は，次の式で決定されます。

$$E = hc/\lambda = hf$$

したがって，**振動数が高く**なればなるほど，光子の運ぶ**エネルギーは大きく**なり，また光子1個を生み出すのに，**より多くのエネルギーが必要**になります。

光子の特徴

光子はしばしば，小規模な**波**の「**かたまり**」として描かれますが，**実験的証拠**の示唆によれば，こうした姿は光子ではなく**孤立波（ソリトン）**に対応しています。むしろ，**一見連続的**な「**光波」の流れ**こそ，至近距離で互いの**後を追う**「**光子**」に対応すると考えられるのです。

光子1個は，**電場と磁場**にまたがる1個の**変動**であり，**正弦曲線**に従います。**マクスウェルのモデル**が示すように，電場と磁場は互いに垂直，かつ波の進行方向に垂直です。

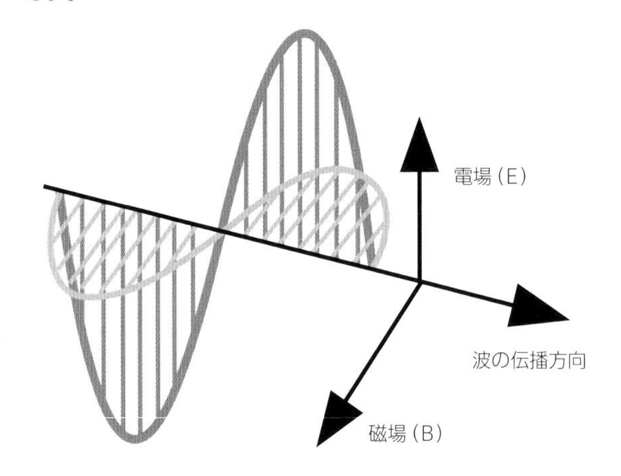

何もない**真空な空間**のように，**エネルギーを奪う環境的要因**がなければ，**電場と磁場**は絶えず**復活**し，互いを**強化**しあいます。この作用により光子は，実質的に**無限の射程距離**を与えられるのです。

エネルギーのかたち

さまざまなかたちのエネルギーは，宇宙のあらゆる物理的プロセスを理解する基盤となります。エネルギーとその移動を理解するための物理学の分野が，熱力学です。

エネルギーと温度

物理学では，**力の場**に保持された**物体**がもつ**位置エネルギー**，特定の**化学反応**を起こしやすい**原子**や**分子**，動いている**物体**の**運動エネルギー**，**電磁エネルギー**など，さまざまな形のエネルギーを扱います。

物体の温度は，物体内の**分子の運動エネルギーの大きさ**を**示す**ものです。物体はさまざまな過程によって**周囲に**容易に**温度を伝える**ことができます。

絶対零度

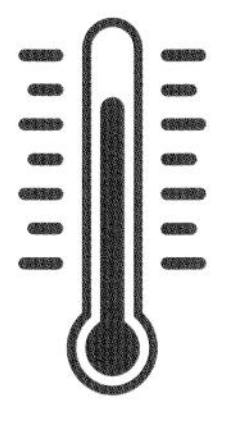

物質が**冷える**と，物質内の粒子の**運動エネルギー**は**低下します。十分に低い温度**まで**冷やす**と**運動エネルギーが完全に失われ**，粒子の**動きが止まります。**この温度は，**宇宙に存在するすべての物質に共通して**可能な**最低の温度**で，**絶対零度**といいます（摂氏マイナス273.15℃）。

熱と熱力学

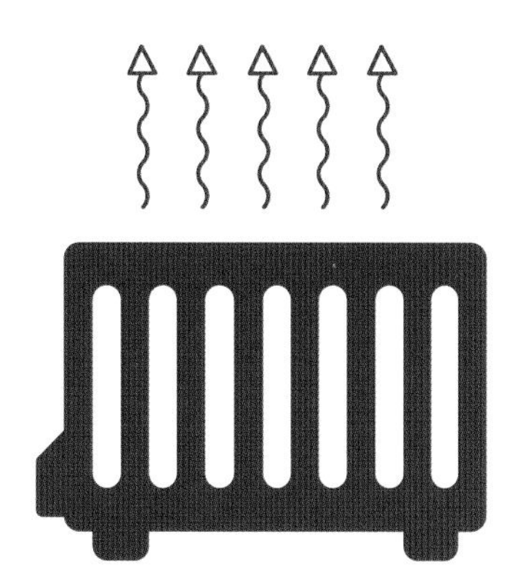

私たちが**熱**と呼ぶ不思議な性質は，**系**（**孤立した**，あるいは**自己完結した物体**や**物体群**）の**間を移動するエネルギー**です。**熱**とその**挙動**および**伝達**を**研究する学問**が**熱力学**です。

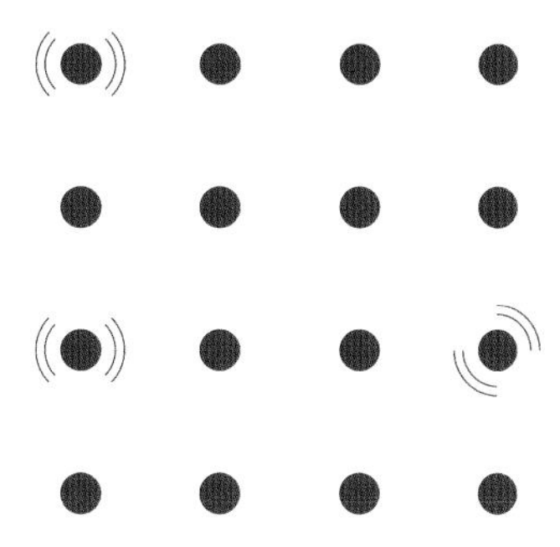

人間がある物質を**熱い**と感じるか**冷たい**と感じるかは，**物質**の**温度**（**物質内の粒子の運動エネルギー**）だけでなく，その物質が**熱を放射したり吸収したりする傾向**を示します。

熱は，**以下のような条件**でも**移動するエネルギー**です。

- **物質自体が移動しなくても**よい。そのような**移動**は**熱エネルギーを伝達するのではなく，ある温度の物質**を**ある場所から別の場所に移動するだけ**になります。
- **エネルギーが機械的な仕事をしなくても**よい。**そのような仕事**は**エネルギーを「使い切って」別の形**に変えてしまい，**ほかの系の温度を上げるのに使えなく**なります。

温度計測

物質の温度は，物質内の粒子の平均運動エネルギーを反映したものです。温度の測定にはさまざまな技術や尺度が用いられます。

温度を測る

温度を測定するために科学者たちが利用する**物質**や**機器**は，**測定対象を構成する粒子の運動エネルギー**を**反映**して**マクロ的**に**変化**する特性をもちます。

その変化は**直線的**（あるいは少なくとも**数学的に単純**）で，**幅広い温度範囲**で**同じ規則**に**従う**ものであることが理想的です。

たとえば，**水銀温度計**の場合

- 球部のなかの**液体金属**は，**水**の**氷点**（凝固点）から**沸点**まで**ほぼ一定のペースで膨張**する（液体に含まれた粒子の**運動エネルギーが増加する**ため）。
- **温度計の球部**が何かに**接触**すると，**なかの液体**が**温められたり冷やされたり**する。
- この**膨張**・**収縮**によって，球部から細い管内に送り出される水銀の量が変わり，**水銀表面の高さ**が決まる。

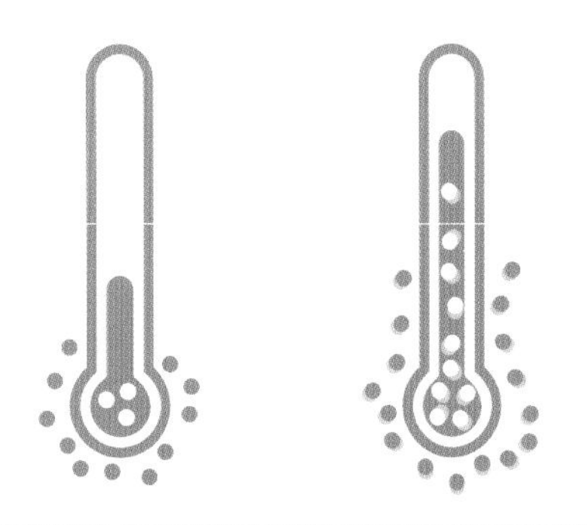

温度の単位

温度の単位は，**適当な温度範囲**の**両端**における**測定器**の**状態**を記録し，その間を**目盛**で**分割**してつくられます。

一般的な温度の単位

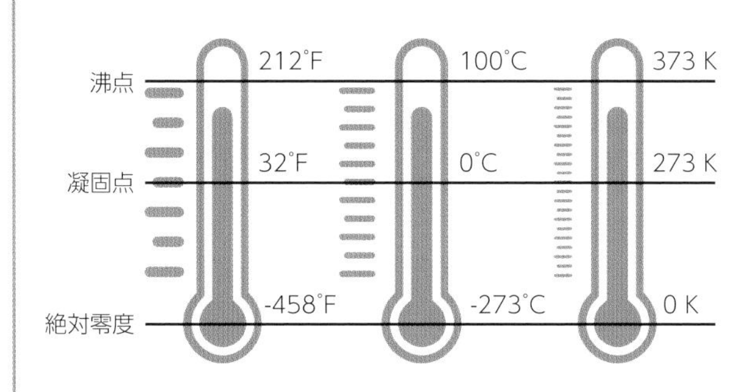

- **華氏**：**水の融点**を32°F，**沸点**を212°Fとし，**その間を180℃**に分割したもの。0°Fは，**水**と**氷**と**塩**を同量ずつ混ぜ合わせたときの**凝固点**。
- **摂氏**：**水の氷点**を0℃，**沸点**を100℃とし，その間を**100等分**したもの*。
- **ケルビン**：**摂氏と同じ間隔**を使用するが，**絶対零度**を0Kとする*。ケルビンスケールでは，**氷点**は273.15K。

*非公式の定義。公式の定義はもっと厳密

代替温度計

温度計の多くは，**温度の上昇に伴って物質が物理的に膨張する**ことを利用していますが，違う方法をとるものもあります。

- **電子温度計**は，**特定の物質の電気伝導**や**電気抵抗の温度変化**を測定します。
- **パイロメーター**や**ボロメーター**は，物体から**放出される熱**を集めることで温度を測定します。

熱の移動

熱は，「対流」「伝導」「放射」という三つの異なるメカニズムによって，物質や物体の間を移動します。

対流

対流とは，**高温の物質**が**低温の物質**のなかを**移動**することです。

- **冷たい**物質は**密度が高く**，**熱い**物質は**密度が低い**傾向があるため，**温かい物質**は（**均一な物質**内であれば）**冷たい物質**のなかを**密度と温度が等しい**場所を見つけるまで上昇する。
- 物質が**下から加熱される**と，**温度が上がった物質が上昇**する。その物質があった場所に**冷たい物質**が**移動**して**加熱**され，**対流セル**が生じる。

伝導

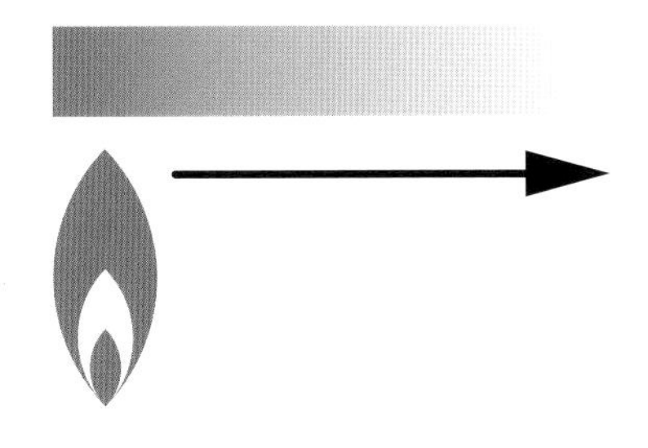

伝導とは，**ミクロなレベル**の**粒子**間で**運動エネルギー**が**直接伝達**されて起きる**熱の移動**です。

- **熱く**て**速い動き**の粒子は**冷たく**て**遅い動き**の粒子と**衝突**し，**運動エネルギー**の一部が伝達されて**冷たい粒子**の**動き**が速くなり，**温度**が上昇する。
- しかし，粒子は**相対的に同じ場所**にとどまり，熱の導体のなかを**遠くまで移動することはない。**
- この過程のなかで**熱い**粒子は**運動エネルギーを失う**ため，**導体全体の温度**は**均一**になる傾向にある。ただし，何らかの**熱源**によって**導体の一端**にある粒子の**運動エネルギー**が**継続的に高められている**場合は除く。

放射

放射とは，**電磁波**による**熱の移動**のことです。

- **通常の物質**でできている**物体**は，**常に**周囲から**熱による電磁波放射を吸収**し，自らも周囲に**電磁波を放出し**ている（61ページ参照）。
- **放射熱**の**波長**と**エネルギー**は**物質**の**温度**によっても変わるが，ほとんどの物体が出すのは**赤外線**。
- ほかの**熱伝導**とは異なり，**放射**は**宇宙空間**などの**真空中でも発生**する。

電気と熱の伝導

金属は**電気**だけでなく**熱もよく伝え**ます。金属は**原子**が**格子状に固定された構造**をしていますが，**格子のなか**を**電子が移動**できるので，**電気**と同様に**エネルギーもよく伝達する**のです。

エントロピー

熱力学では，エントロピーとエンタルピーという関連する二つの性質によって，系内および系の間でエネルギーがどのように分布を変化させるかが説明されます。

エンタルピー

系の**エンタルピー**（H）は，その系の**全エネルギー**です。エンタルピーは，さまざまな**異なる形態のエネルギー**を**組み合わせた**ものです。

- 粒子の**運動エネルギー**
- さまざまな種類の**位置エネルギー**
- **系の生成**に必要なエネルギー
- **周囲の環境の変位**に必要なエネルギー

エンタルピーは$H = U + pV$という式で定義されます。Uは系の**内部エネルギー**，pは**圧力**，Vは**体積**を表します。
エンタルピーは常に**相対的**なものであり，**絶対的に測定することはできません**。その代わり，熱力学では**エンタルピーの変化**を扱います。

- 系に**エネルギーを加える**プロセスを**吸熱**という。
- 系から**エネルギーを除去**するプロセスを**発熱**という。

利用できないエネルギー

空想上は，粒子の**運動エネルギー**や**熱エネルギー**の**差を利用**して**機械的な仕事をする**，**完璧なメカニズム**を考案することができます。

しかし，**系からすべてのエネルギーを引き出す**ことは**不可能**です。**ある程度**の**熱エネルギー**は，常に**仕事をすることができない**状態で残ります。これが系の**エントロピー**（S）です。

エントロピーは，**システム内**の**ミクロの無秩序さを表す**と解釈されます。つまり，**エネルギーが**各粒子に**均等に分散して**いて，**仕事に使えない**度合いを示すのです。

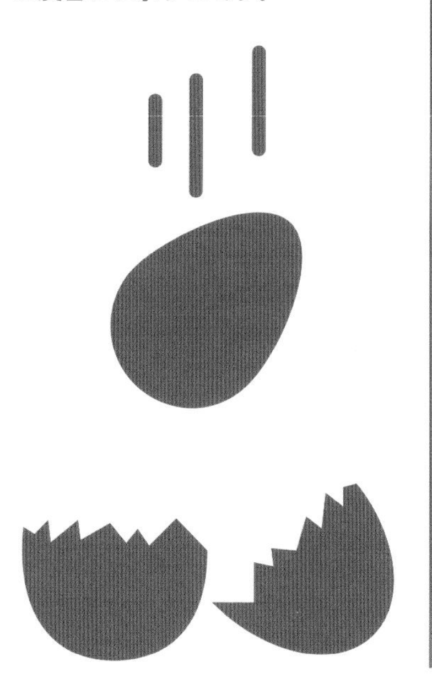

自由エネルギー

さまざまな状況で**仕事**を生み出すために**利用できるエネルギー**を表す二つの方程式があります。

- **ヘルムホルツの自由エネルギー** F は，**温度と体積が一定**の系から**得られる仕事**。

Tを系の**絶対温度（ケルビン）**とすると

$$F = U - TS$$

- **ギブスの自由エネルギー**または**自由エンタルピー** Gは，**圧力**p，**温度**Tが**一定**の系で，**体積**Vを**変えずに得られる最大の仕事**。

$$G = U + pV - TS$$

または

$$G = H - TS$$

熱力学の法則

**系の熱力学的挙動を支配する四つの法則は，物理学全体，
さらには宇宙の未来にまで影響を及ぼすことがわかっています。**

四つの法則

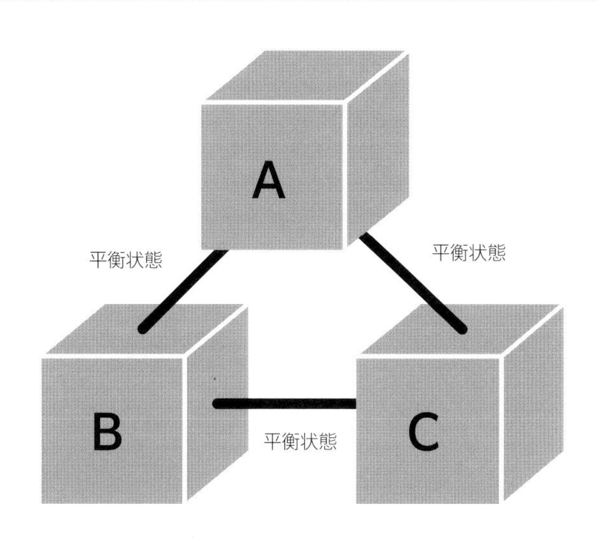

第0法則：**二つの物体**が**別の物体**と**熱的に平衡**となっている場合，**二つの物体はお互いに平衡**となっています。**最も重要な法則**ですが，ほかの法則よりも**後に発見された**ので，このような名称になっています。

第1法則：**熱**と**仕事**は**エネルギー移動**の一形態です。**閉じた系**の**内部エネルギー**は，**熱が外へ**（**系が仕事をする**ことによって）または**内へ**（**系が仕事をされる**ことによって）**移動する**と，その分だけ変化します。

この法則はある種の**永久機関**の**夢が成り立たない**ことを示しています。系から**仕事を引き出す**と必ず系の**エネルギーが低下**するためです。

第2法則：**閉じた系のエントロピー**は**決して減少せず**，外部から**仕事を加えてエネルギーを消費**しない限り，系は**熱平衡に向かって進み**ます。

この法則は，「**エントロピー増大法則**」と表現されます。また，物理法則に**方向性**や「**時間の矢**」をもたらします。たとえば，**グラスを落とす**と**粉々になり**ますが，その**破片を集めて落とし直し**ても**元の形には戻らない**ことがこの法則で説明できるのです。

第3法則：系の**エントロピー**が**一定の値**に近づくのは**温度**が**絶対零度に近づく**場合だけです。言い換えれば，存在するすべての粒子の**運動エネルギー**が**ゼロ**になると**無秩序は消滅**します。

このときの**エントロピーの最小値**は，**結晶**などの**秩序のある構造**では**ゼロ**ですが，**ガラス**などの**無秩序な物質**では**絶対零度**でも**エントロピーが残っている**場合があります。

宇宙の運命

第2法則と**第3法則を合わせる**と（ほかの力が介在しないと仮定した場合の）**宇宙の運命**がわかります。外部から**与えられるエネルギーが存在しない**ので，**エントロピーは必然的に増大**します。つまり宇宙は**粒子の温度**が**平均化**されて**絶対零度に向かってゆっくりと冷えて**いく「**熱死**」の運命が定められているのです。

熱容量

二つの異なる物質に同じ量の熱を加えても，それぞれ温度の上昇量は異なります。
これは，熱容量と呼ばれる性質の違いによるものです。

物質を加熱する

物質の熱に対する反応は，その内部構造によって違います。この違いによって，物質に与えられた熱エネルギーのうちどれだけが内部の粒子の運動エネルギーとなって温度として表れるかが変わってきます。

物質の内部構造が複雑であればあるほど，「自由度」が高くなり，熱エネルギーの行き場が増えます。

ヘリウムのような単原子ガスは，自由な原子でできているので，供給された熱エネルギーがそのまま原子の運動エネルギーとなり，急速に加熱されます。

一方，塩素のような二原子分子の気体では，熱エネルギーが原子間の結合に吸収され，原子が振動（回転）します。そのため，同じ数の粒子に同じ量のエネルギーを与えても，温度上昇は小さくなります。

より複雑な構造をもつ液体と固体では，熱エネルギーへの反応が異なります。金属の固体は，結合している数は多いですが，結合する力が強いため，かなり急速に加熱される傾向があります。

水は，比較的複雑な分子と幅広い分子間結合により，さまざまな自由度をもっているため，多くのエネルギーを吸収しても温度の変化が小さいです。

熱容量の測定

加熱に対する物質の反応はその熱容量によって表されます。比較しやすいように二つの測定方法が広く用いられています。

- 比熱容量：1kgの物質の温度を1ケルビン上昇させるのに必要な熱量（単位：ジュール）。
- モル熱容量：物質を構成する原子や分子の1モル*を1ケルビン上昇させるのに必要な熱量。

比熱容量は工学や日常生活で利用されることが多いです。モル熱容量は物質の個々の粒子が熱にどう反応するかを理解するのに便利です。

物質	比熱容量 (J/kg/K)	モル熱容量 (J/mol/K)
水	4181	75.3
鉄	412	25.1
アルミニウム	897	24.2
金	129	25.4
木	2380	N/A

＊ 1モル≒6.022×1023　原子量にgをつけた値と同じにするために必要な粒子の数

状態の変化

物体や系に熱エネルギーが加わったり，取り除かれたりすると，通常はその温度が上昇したり下降したりしますが，そうならない場合もあります。エネルギーが化学結合の破壊や生成に転用されたり，逆に化学結合の破壊・生成によってエネルギーが生まれたりすることもあります。

相転移

物質の**状態**（**原子**や**分子**の**全体の配置**，一般的には**固体**，**液体**，**気体**のいずれか）が**変化**することを**相転移**といいます。

相転移は，**物質**に**影響を与える環境**や**条件**が，**別の状態に適したもの**に**変化**したときに起こります。たとえば，**液体の温度**が通常は**気体になる**ところまで**上昇**した場合や，通常は**固体になる**ところまで**下降**した場合などが挙げられます。

相転移の際に，**原子**や**分子**間の**結合**が**全体的に再編成**されます。一般的に，**結合を切る**のは**エネルギーを加える**必要があり**吸熱性のプロセス**です。**結合をつくる**のは**エネルギーを放出**する**発熱性のプロセス**です。

そのため，相転移では，**温度の変化なし**で**大量の熱エネルギー**が**吸収**または**放出**されます。**吸熱性の相転移**では**エントロピーが増加**し（**結合の切断**は**熱力学的な仕事**の一形態），**発熱性の相転移**では**エントロピーが減少**します。

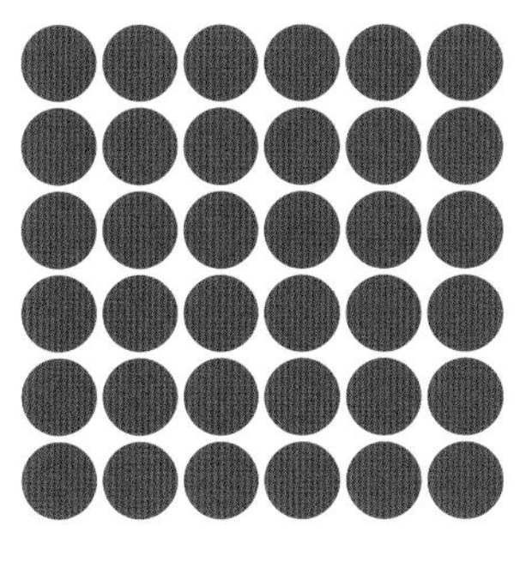

固体

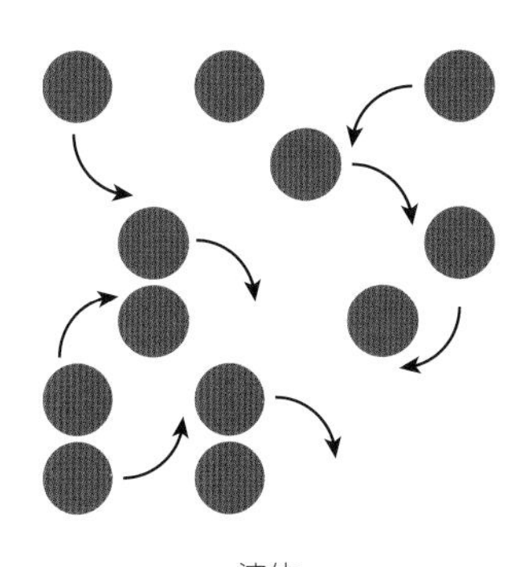

液体

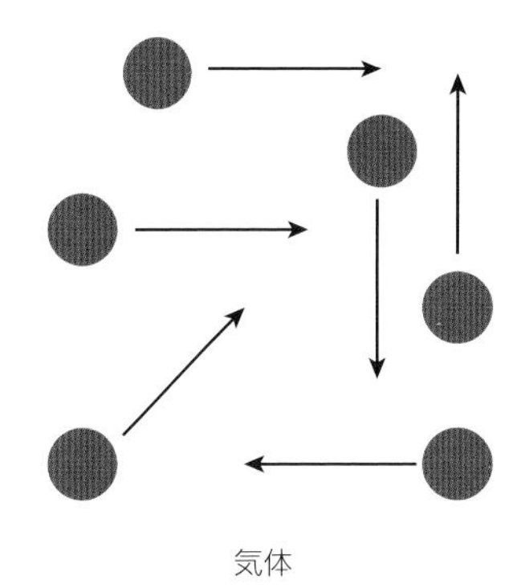

気体

潜熱

相転移の際に**吸収**または**放出**される**エネルギー**は，そのプロセスの**潜熱**または**相転移エンタルピー**として知られています。**ジュール／キログラム**（**比潜熱**）または**ジュール／モル**（**モル潜熱**）で測定され，一定量の物質の**結合**を**形成**または**破壊**することによって**放出**または**吸収**される**エネルギー**です。

水の潜熱	比（kJ/kg）	モル（kJ/mol）
気化（沸騰）の潜熱	2264	40.7
凝結の潜熱	-2264	-40.7
融解の潜熱	334	6.0
固化の潜熱	334	6.0

熱機関

熱力学を発展させたのは，蒸気機関の動作の背後にある物理的原理を理解したいという欲求でした。熱力学のプロセスは，より一般的な「熱機関」の動作という観点から理解することができます。

熱サイクル

熱機関とは，1820年代にニコラ・サディ・カルノーが初めて定義した，熱エネルギーを機械的な仕事に変換する熱力学的な系のことです。多くの例では作動流体の温度変化を利用して「熱サイクル」を繰り返します。

- 作動流体（液体または気体）を加熱する。
- 流体からのエネルギーを利用して仕事をする。
- 余分な熱は低温の「シンク」に排出される。
- 作動流体が元の温度に戻り，再加熱される。

気体の法則（49ページ参照）などの物理の原理により，加熱後の作動流体から仕事を引き出すことができます。たとえば，密閉された容器内の気体の温度を変えると，その気体が容器に与える圧力が増加または減少します。

ヒートポンプは，熱機関とは逆に，機械的な力を利用して系のある部分から別の部分へ熱を移す装置です。冷蔵庫もエアコンもこの原理で動いており，作動流体が系のある部分から熱を奪い，別の場所で熱を放出しています。

熱機関やヒートポンプの効率を100％にすることはできません。熱が部品やより広い環境に放出されるのは防げず，系のエントロピーが増大します。

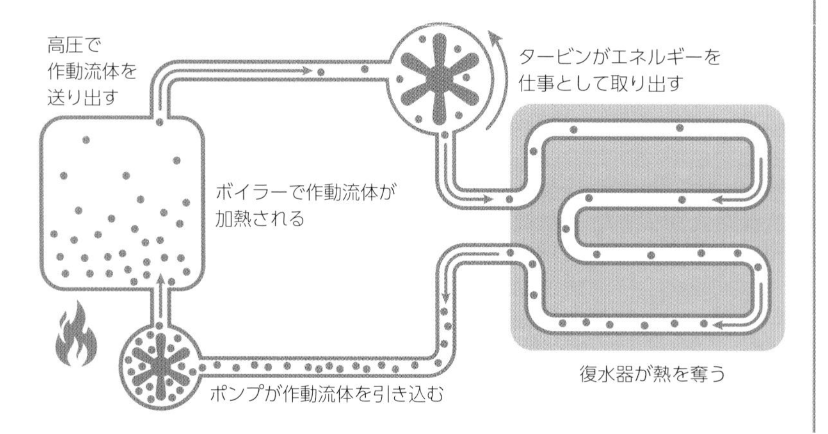

機関の種類

蒸気機関は，液体の水が蒸気に変わるときに圧力が急激に変化することを利用して，ピストンを押し出します。急激な冷却と凝縮により圧力が低下し，ピストンが引き戻されます。

内燃機関では，燃料を噴射して着火する前に気化させます。このため，圧力／体積の変化が少なく，よりコンパクトなエンジンを実現できます。

静電気

多くの素粒子は電荷をもっていて，通常は大きい物質は電気的に中性です。しかし，自然界では隠れた電荷が静電気として現れることがあります。

電荷の蓄積

静電気とは，表面に**電荷を帯びた動かない粒子**が**蓄積**したものです。**物質間**や**物質内**で**電子**（**原子の外層**にある**負の電荷を帯びた粒子**）が**移動**すると発生します。

電子を得た物質は**負の極性**をもち，**電子を失った**物質は**正の極性**をもつといわれています。これは**原子**の**中心**に**不均衡な正の電荷**が残っているためです。

電荷の**移動**には以下のような例があります。

琥珀（こはく）と**羊毛**，**ガラス**と**絹**，**ゴム**と**人・動物の毛**など，特定の物質どうしが**摩擦し合う**とき。

嵐のときに**雲**の中で起きる，**氷の粒子**の**対流**（雲の**上部**では**正の電荷**，**下部**では**負の電荷**が生じます）。

静電気放電

電荷が**流れ出せない状態**だと，**電荷**をもつ部分どうしの間の**電場**が**非常に強く**なり，**間にある空気**に影響を与えることがあります。分子から**電子**が**はぎ取られてイオン化**し，**空気**が**導電体**となり，**電流**が**流れ**て表面間の電荷が**均一化**されます。

- **雷**は**自然界**の**静電気放電**。**雲の中**や，雲の**下部**と**地面**の間で発生する。
- 先の**とがった物体**は**電荷を集める**一方，**平らな面**は**電荷を分散させ**，両者の間に**より大きな差**が**生じ**る。**避雷針**は，いちばん**抵抗の少ない電荷の経路**をつくることによって**雷を引き寄せ**る。

静電誘導

電流も**静電荷**も**電場**をつくるため，**接触していない物質**にも**影響を与える**ことがあります。たとえば，**嵐**のときに**雲**の**下部**にある**負の電荷**によって，その下の**地面**で**正の電荷**が**蓄積**することがあります。

- **バンデグラーフ起電機**は，**回転するゴムベルト**を使って，少し離れた**金属球**に**人工的**に**電荷を蓄積**させる。

電流

電流とは，電荷を帯びた粒子が導体と呼ばれる物質を通ってある場所から別の場所に移動することです。最も簡単に働かせることができる電気のかたちです。

導体

電流が流れるとは，**導体**と呼ばれる物質の中を**電荷が移動**することです。電流は通常，**負の電荷を帯びた電子**の流れです（**溶融物**では**正の電荷を帯びたイオン**の流れになることもあります）。

同じ電荷をもつ粒子は互いに**反発し，逆のもの**は**引き合い**ます。
そのため，電子は**負の極性をもつ部分**から**正の極性をもつ部分**へと**流れる**性質があります。

金属は**優れた導体**です。**金属結合**では**原子の外層から電子が放出されて**拡散した「**電子の海**」となっており，**固体の格子構造**の**中**や**周囲**を**電子が流れる**ことができるのです。

電流の電荷・電圧

電流（I）の**強さ**は，1秒間に**導体の断面**を通過する**電荷**（q）**の量**で**表せ**ます。**電荷の基本単位**（**電子1個**·qe）は**小さすぎる**ので，科学者や技術者は習慣的に**クーロン**という**もっと大きな単位**を使っています。

$$1クーロン = 6.24 \times 10^{18} q_e$$

電流の基本単位である「**アンペア**」とは，次のようなものです。

1アンペア＝1秒間に1クーロンの電流が流れる

電場（**極性の異なる**場所の間に発生するものなど）により，**異なる場所**にある粒子の**電気的な位置エネルギー**に差が生じ，電流が流れるとその差が**電気エネルギー**として放出されます。この**電位差**（**電圧**）Vの単位は**ボルト**です。

1ボルト＝電荷1クーロン当たり1ジュールのエネルギー

電位差は，**高い電圧から低い電圧に**向かって**正の「慣習上の電流」**が**流れる**ように定義されています。

紛らわしい慣習

電流のほとんどは**負の電荷をもった電子**の移動であるにもかかわらず，長年の慣習により，**電流**は**正の電荷の移動**として**描かれています**。

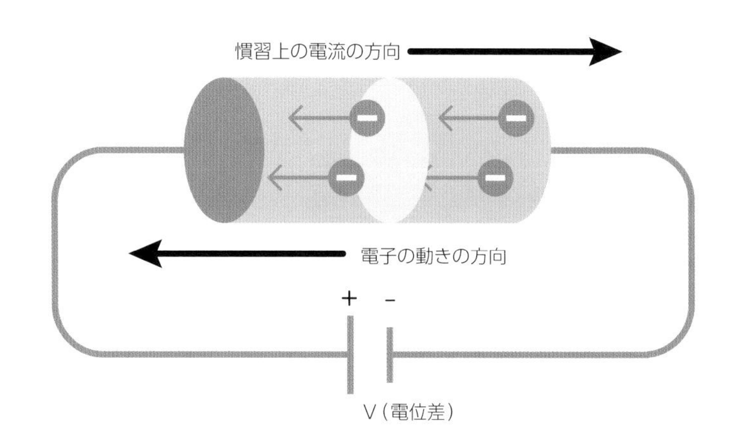

回路

電流が流れるのは，導体が閉じたループとなり，電位差によって動かされるときだけです。回路の構成が異なると，その挙動も異なります。

起電力

電流には**行き場所**が必要です。電流は通常，**孤立した物質**を流れることはありません。電荷が移動すると，**別の場所との間**で**極性の差**が急激に**増大**し，**電位差**が生じて**電流を打ち消そう**とするためです。

電気回路は，さまざまな**導電性の部品**をつなぎ合わせたものですが，一定の電流を**流し続ける**には，**電荷キャリア**（電荷を運ぶ粒子）**を押し動かす力**が必要になります。この力を**起電力**といいます。力といっても**単位**は**ニュートンではなく，電位差のボルト**です。

起電力の発生源

化学電池：**化学反応**によって**液体**や**半液体**の**材料**に**電流が流れ，一方の端**と**他方の端の間**に**電位差**が生じます。**電極**と呼ばれる**固体の導電体**は，電子を**放出する側**（**カソード**）と**吸収する側**（**アノード**）のどちらかになります。個々の**化学電池**（**セル**）の**集合体**をバッテリーといいます。

熱電・光電電池：**熱**や**光**の**エネルギー**で電流を流し，**電位差を発生**させます。

ダイナモ：**磁場を変化させる**ことで**電荷キャリアが移動**するように**誘導**します（100ページ参照）。

回路配置

電流は，つながった**複数の部品を順番に通過**させたり（**直列回路**），分割して**二つ以上の経路を同時に通過**させたり（**並列回路**）できます。

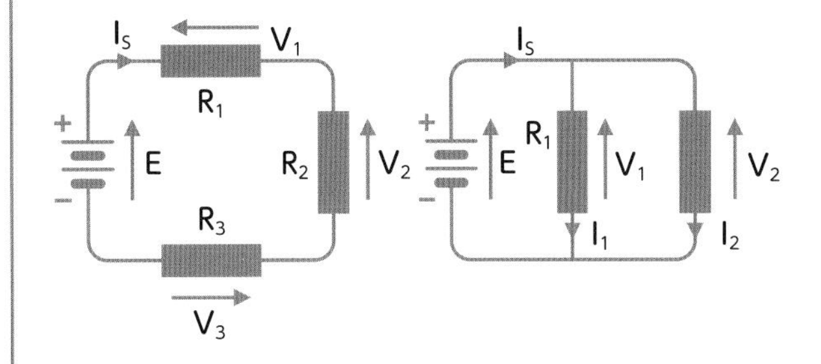

直列回路：

- 電流Iは**すべての部品を順番に通過**するが，**いずれかの部品が故障**すると**完全に停止**する。
- 電流が各部品を通過する際に発生する**起電力の損失**（**抵抗**）により，V_1，V_2，V_3…とそれぞれの部品で**電圧が降下**する。
- **電圧降下**（$V_1 + V_2 + V_3$…）**の合計**は，**供給された起電力**Eと**つりあっている**ので，電流は**また流れ続ける**。

並列回路：

- 電流Iは**枝路**によってI_1，I_2…に**分けられる**。**一つの枝路が切れる**と，残った枝路に多くの電流が流れる。
- 部品の**抵抗が大きい**枝路には**少ない電流**が流れる。
- 各枝路の**電圧降下**Vは**同じ**であり，**供給起電力**Eと**同じ**である。

電気部品

電気回路にはいくつかの異なる部品があります。それぞれの部品は抵抗と呼ばれる効果により，電流の流れを遅らせたり弱めたりします。

抵抗とは？

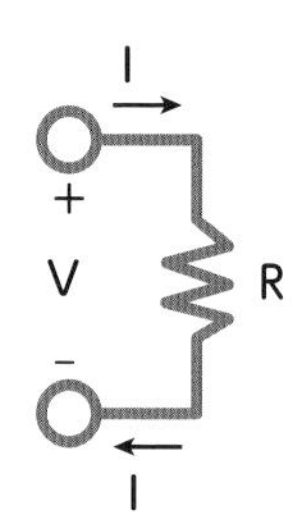

抵抗とは，簡単にいえば，**電流の流れ**に**物質が逆らう**ことです。**導体のなか**を**電荷キャリアが移動する**と，必然的に**周囲**と（および**相互**）の**作用**が生じ，**速度が低下**したり，周囲に**エネルギーが放出**されたりします（**力学**における**摩擦**と同様です）。

抵抗（R）は**オームの法則**（$R = V/I$）によって決まります。Iは**部品を流れる電流**，Vは**抵抗での電圧降下**です。

抵抗の単位は**オーム**です。1オーム＝1ボルト／アンペア。**抵抗値**が非常に**高い**物質は**絶縁体**と呼ばれます。

コンダクタンス（G）は，**抵抗の逆数**で，**物質**の**電流の流れやすさ**を示す指標ですが，あまり使われません。

部品

部品とは，**回路**のなかで**特定の役割**を果たす**電気機器**のことです。たとえば，以下のようなものがあります。

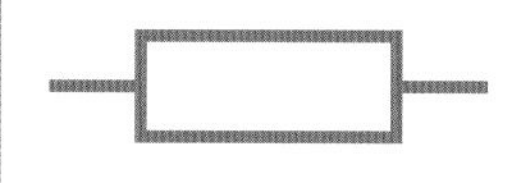

抵抗器：**電流の流れ**や**回路の一部分**の**電圧差**を**調整**したり，**エネルギーを熱として放散**させたりするために配置されます（**電気ヒーター**や**白熱電球**では**高抵抗の材料**を使用して**高温**を生みます。放散される**電力**〈単位：**ワット**〉は$P = VI$で与えられます）。

スイッチ：**電流**を**止めたり**，**流したり**します（オン・オフは**手動**，**タイマー**，**室温**，**光センサー**などで制御できます）。

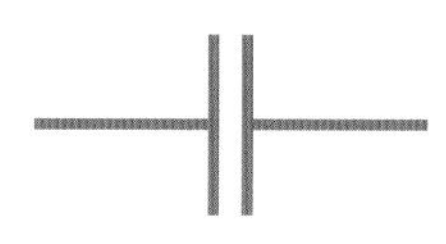

コンデンサ：**絶縁**された2枚の**導電板**に**逆極性**の**静電気**を蓄積することで，電気エネルギーを**電位差**として**蓄え**ます。導電板の間が**つながれる**と**放電**が起きます。

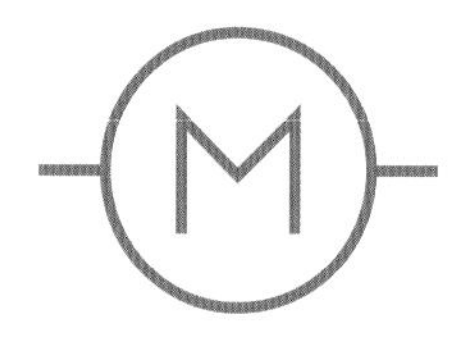

モーター：流れる**電流**の**エネルギー**を**機械的な動き**に**変換**します。

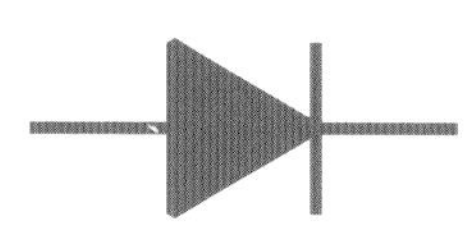

ダイオード：**一方向**にしか**電気**を流せません。

インダクタ：**磁場**のなかに**電気エネルギーを蓄え**ます。

磁気

**身近な磁気は，自然界の基本的な力である「電磁力」の一面にすぎません。
磁力や磁場が生じる原因の一つは，実は電荷が動くことによるのです。**

磁場

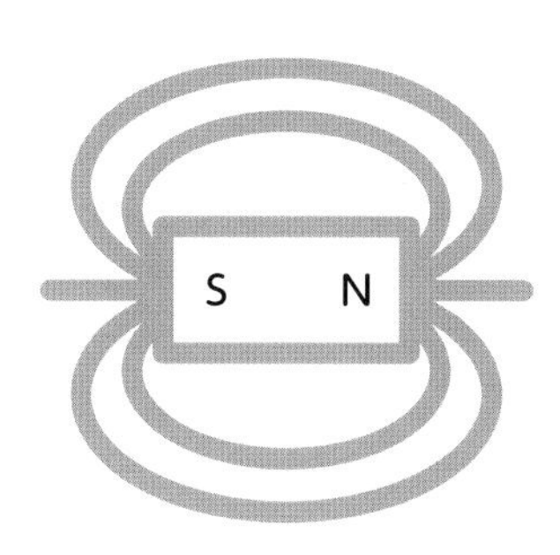

磁場は**電場と似た性質**をもっています。

- **対立する二つの極性**（北と南）。
- **逆の極**との間には**引き合う力**があり，**同じ極**の間には**反発する力**がある。
- ほかの**影響を受けやすい物体**を**磁化**して**引き寄せたり**，時には**永久磁石にしたり**する能力。

個々に動く**電荷**，**電流**は**磁場を発生させ**，電荷の**進行方向**を中心とする**円の接線上**に**力**を及ぼします。磁場の**強さ**（**磁束密度**B，単位は**テスラ**）は

$$B=\frac{\mu_0 I}{2\pi r}$$

で表せます。rは**電流Iが通る電線**からの**距離**です。磁場の**方向**（**南**から**北**へ）は単純な**右手の握り方**で示されます。親指を**慣習上の電流**の方向に向けると，ほかの指の曲がっている向きが**磁場**の方向になります。

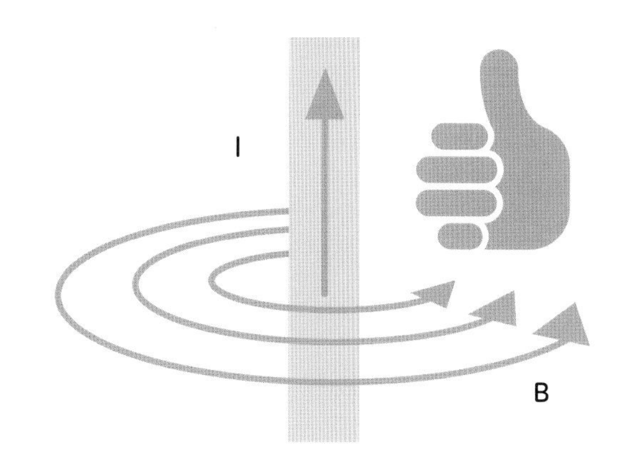

透磁率

自由空間の**透磁率**，あるいは単に**磁気定数**とも呼ばれる**物理定数**μ_0は，**空間**と**電荷**に対する**磁力の関係**を規定します。その値は1.2566×10^{-6}（単位は**ヘンリー毎メートル**）です。

もう一つの定数，**自由空間の誘電率**ε_0は，**電場の強さ**を規定します。

$$\varepsilon_0\mu_0=1/c^2$$

（cは**光速**）という事実は，**電気**，**磁気**，そして**光**（現在では**電磁場の波そのもの**と理解されている）の**基本的な関係**を示しています。

磁場の比較

地球の磁場の**平均的な強さ**：5万ナノテスラ（nT）
冷蔵庫にくっつける磁石：1,000万nT
大きな太陽黒点（太陽上で磁場が集中した場所）：0.3T

磁性材料

何らかの物質の集合体が磁場に反応したり，磁場の影響を受けて永久磁石になったりする能力は，その内部構造の性質，特に内部の微小な電荷の動きによって決まります。

磁気モーメント

磁性や磁場は，**電荷の運動の結果**として生じるものであり，「**磁荷**」は**電荷のように粒子の基本的な性質ではありません**。

物質の磁気特性は，**原子・素粒子レベル**の**微小な電流の流れ**によって生じます。

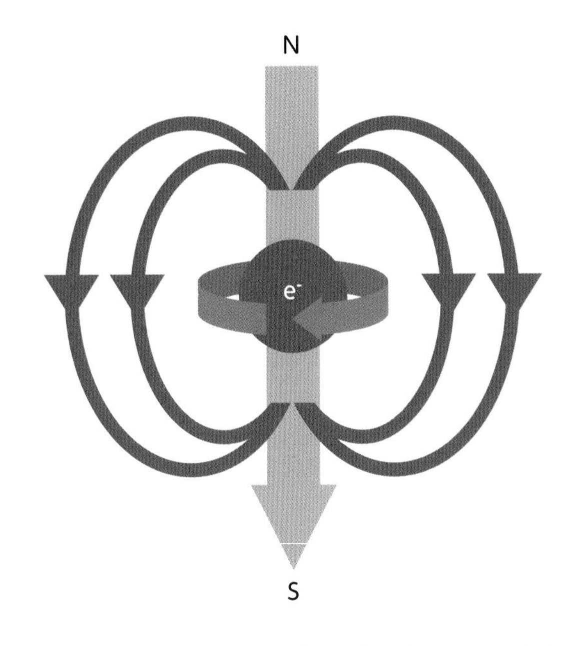

- **原子より小さいすべての粒子**は「**スピン**」という性質をもっている（**力学**でいう**角運動量**のようなもの）。
- **電気を帯びた粒子**（特に**電子**）の**スピン**は，**小さなループ状の電流**とみなすこともできる。
- 電荷がループ状の回転をすることで，粒子の**磁気モーメント**と呼ばれる**微小な磁場**が発生する。

磁性の種類

ほとんどの物質の集合体では，**内部の磁気モーメント**は**ランダムに配置**され，**相殺される**傾向にあります。
しかし，特定の状況では，磁気モーメントが**整列**し，**大規模な磁気効果**を生み出すこともあります。これには次のようなものがあります。

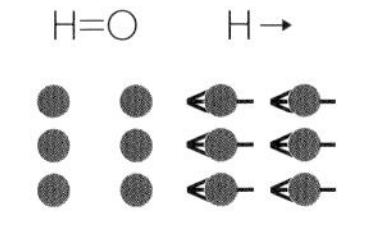

- **反磁性**：個々の粒子の**極性**が**そろって外部磁場に対抗**し，**磁場**と**物体**の間に**弱い反発力**が発生する。

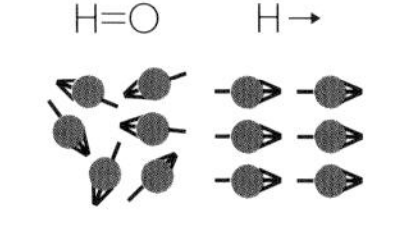

- **常磁性**：物質中の**原子**の**外側の構造殻**(112ページ参照)に含まれる**電子の数が偏っている**場合，**外部磁場**によって「**不対**」の電子が並び，それに応じて**磁場**が発生し，**一時的に**物質が**磁化**される。**外部磁場**が**なくなる**と**内部磁性**はなくなり，**磁気モーメント**も通常は**消滅**する。

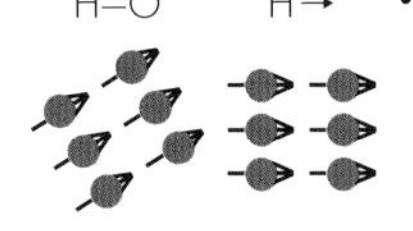

- **強磁性**：ある種の**金属**（**鉄**，**ニッケル**，**コバルト**など）の**不対電子**は，**外部からの磁場**の影響を受けなくなっても**自然に整列したまま**になる傾向がある。このためこれらの物質は**半永久的に磁気**を帯びる。**ほかの磁場**にさらされたり，**キュリー温度以上に加熱**されたりすると，この磁気は消失する。

アンペールの法則とクーロンの法則

同じ電荷をもつ粒子は互いに反発し，逆の電荷をもつ粒子は引き合います。
このような状況で，電荷と電流の間に働く力を表す重要な法則が二つあります。

クーロンの法則

静電気などによって**電荷**をもった**二つの物体**の間に働く**引力**や**斥力**を表す法則。

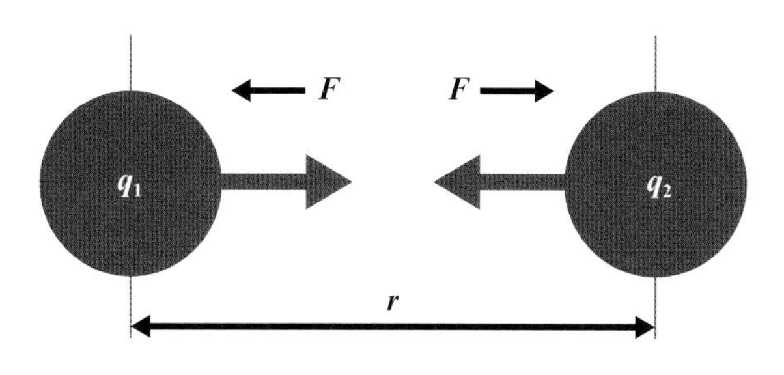

クーロンの法則は，

$$F = k_e \frac{q_1 q_2}{r^2}$$

という単純なかたちをしています。Fは**電荷間に働く力の強さ**，q_1とq_2は**電荷**，rは**電荷間の距離**，k_eは**クーロン定数**で，**電荷の周りの媒体が電場を支える能力**を反映したものです。二つの電荷の符号（極性）が**同じ**場合は正の力（**反発力**）が働き，**逆の**場合は負の力（**引き寄せる力**）が働きます。

これはニュートンの**万有引力の法則**にも似ています。物体間の**力**は，それぞれの**電荷に比例して大きく**なり，物体間の**距離の2乗に比例して小さく**なります。力のもととなる**磁気効果**が**空間に分散する**からです。

クーロンの法則によって，**静電気**を帯びた物体（梱包用の**発泡スチロールチップ**など）がほかの物体に**引きつけられる**ことや，**雷雨**の直前に**髪の毛が逆立つ**ことなどを説明できます。

アンペールの法則

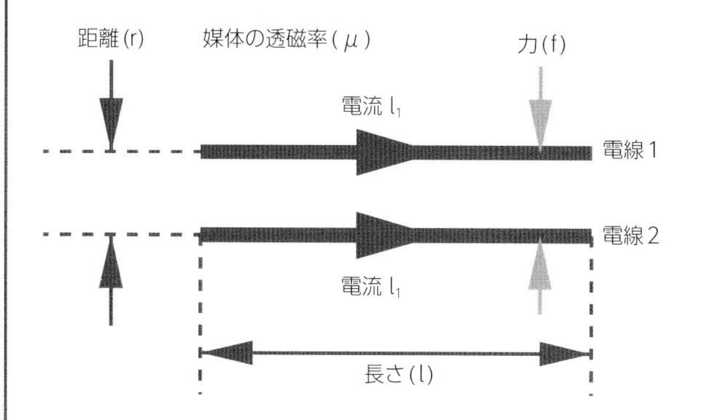

アンペールの法則は，**電流が流れる平行な2本の電線**の間に働く**引力**を説明します。クーロンの法則と同じで，移動する**電荷キャリアの周りに発生する磁場**の**相互作用**ですが，結果として**得られる式**はかなり**違います**。

$$\mathrm{F} = 2k_A \frac{I_1 I_2}{r}$$

力はそれぞれの電線に流れる電流I_1とI_2の**強さ**に**比例**し，**電線間の距離**（2乗ではなく）に**反比例**します。**定数**k_Aは**磁力定数**で，2×10^{-7}ニュートン/アンペア2乗です。

電磁誘導

電荷が動くと磁界が発生してほかの導体に物理的な力を及ぼします。
逆に磁場によって導体の内部に電流が流れることがあります。

誘導のしくみ

厳密には，**電磁誘導**とは，**導体**に**起電力（電圧差）**が生じることであり，必ずしも**電流が流れる**わけではありませんが，この**二つが同時に起きることが多い**です。

起電力は，**外部の磁場（磁性体**や**近くの電流**によって発生する）が，**導体**内の**個々の電子**の**運動**に影響を与えることによって生じます。その**強さ**は，**ファラデーの誘導の法則**で表されます。

$$\varepsilon = \frac{-d\Phi_B}{\mathrm{d}t}$$

閉じた導電路の周りの起電力 ε は，その導電路で囲まれた**磁束** Φ_B **の変化率**と**等しく**，かつ**逆**です。

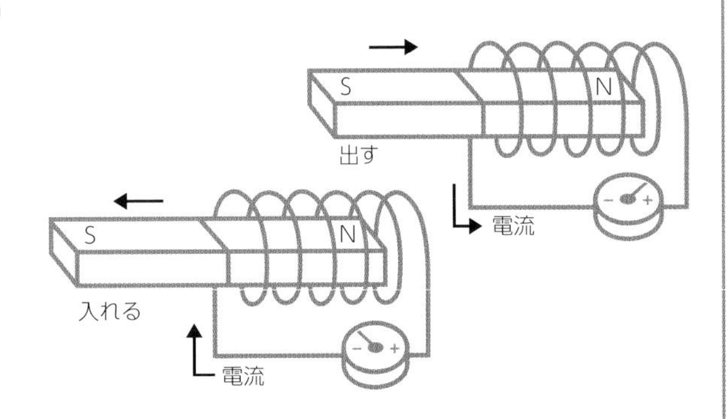

短命な起電力

電磁誘導は，**導体の周囲の磁束が変化**しているときに**しか起こりません。直流回路**では，**スイッチを入れたり切ったり**したときに，**近くの導体**に**短時間**の誘導が発生するだけで，周囲の**磁場**が**安定**すると**起電力は消え**てしまいます。**誘導を持続させる**手段として，**常に変化する交流電流**があります。

変圧器

変圧器は，**誘導**を利用した一般的な電気部品です。単純なものは，**強磁性金属の四角いコア**と，それを**一次回路**と**二次回路**に接続する**ワイヤーコイル**で構成されています。

一次側の回路に電流が流れると，**鉄心**に**誘導磁界**ができ，それが**非電源側の回路**に**起電力**と**二次電流**を発生させます。

変圧器の有用性は，**一次側**と**二次側**の**コイル**の**巻数** N によって，回路間の**電圧**と**電流**の**比率**が決まることにあります。

$$N_p / N_s = V_p / V_s = I_s / I_p$$

なお，$V_p \times I_p = V_s \times I_s$ であるため，**各回路の電力は変わりません。**
ただし，繰り返しになりますが，**誘導**は**一次コイルに流れる電流が変化しているときにしか働きません。**

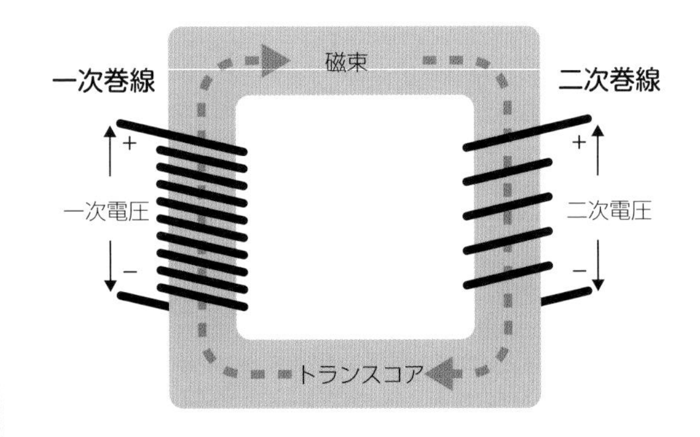

交流電流

初期の実験で，誘導は電流が変化しないと起きないとわかりました。この問題を解決するために，電流が常に変化するシステムが開発されました。

交流とは？

交流（AC）とは，**電流の向き**が**速いサイクル**で**常に変化**しているものです。意外かもしれませんが，これは**電気エネルギーとして利用するのにはほとんど影響しません**。

交流は通常，**電圧** V と**電流** I がともに**正負**の間を**なめらかに変化**し，**電位差**や**起電力**の**強さ**や**方向**が変化するのに伴って電流が反転する**正弦波**として描かれます。

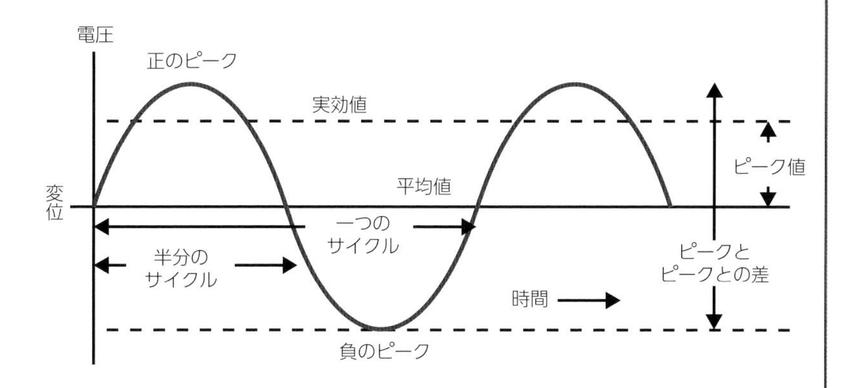

交流では**電流**と**電圧**は**常に変化**しているため，回路に流れる**電力**も常に変化しています。**交流電力**は**通常，電圧の「2乗平均平方根」**と呼ばれる値として**計算されます**。

$$平均電力 P = V_{rms}{}^2/R$$

ピーク電圧が Vpk の正弦波の場合，$V_{rms} = V_{pk}/\sqrt{2}$ となります。

交流の利点

- 交流では，発電した**電気**を，**変圧器**によって**連続的に電圧を上げたり電流を下げたり**できる。**電流が大きく**なると**抵抗による電力損失**が**大きく**なるため，**電圧が高く**，**電流が非常に小さい**ほうが**効率よく送電**できる。**消費者に近い**ところにある変圧器では，**実用性**や**安全性**のために，**電流を大きく**，**電圧を低く**している。
- **タービン**や**ダイナモ**などの**発電機**も**交流電流を発生**させる。一部の**直流部品**で使用するためには「**整流**」する必要がある。

三相交流

大規模な送電システムの多くは**三相交流**を採用しています。**3本の電線**でそれぞれ1/3波長の**ずれた電流を流します**。
これにより，**より多くの電力**を供給でき，実際に供給される**電力**を**ほぼ一定**にできます。

電流戦争

1880～1893年にかけて，**直流**を提唱した**トーマス・エジソン**と，**最初の交流システム**を構築した**ジョージ・ウェスチングハウス**の会社の間で，激しい商戦が繰り広げられました。**ニコラ・テスラ**が発明した**三相誘導モーター**と**長距離送電の簡便さ**により，最終的には交流が勝利を収めました。

6 電気・磁気

電気モーター

電気伝導体と磁性体の間に発生する力を利用して，電力を機械的な運動に変換する装置です。

回転運動

モーターは，**同じ極性の磁場が反発する**という単純な原理で動作します。多くのモーターは，**中心の車軸**を**回転**させるなど，**円運動**または**「回転」運動**を起こすように設計されています。

回転モーターには二つの重要な要素があります。

- **ステータ（固定子）**：運動を駆動するための**磁界**を発生させるが，自身は通常**静止**している。
- **ロータ**：**軸を中心に回転**し，機械的な動きを生み出す。

一方には**永久磁石**（または**電磁石**）が固定されており，もう一方には**巻き線**と呼ばれる**導電性の線材**が**きつく巻かれています**。巻き線に電流を流すと**磁場**が発生し，**永久磁石のついた素子**との間に**反発力**が生じて，**ロータ**が少し**回転**します。

電磁石

モーターのなかには，**永久磁石**ではなく，**鉄芯と電磁石**を使用しているものがあります。これは，**強磁性体**が特に**強い磁場**を発生させる性質を利用したものです。また，**スイッチによるオン・オフ**ができるという利点もあります。

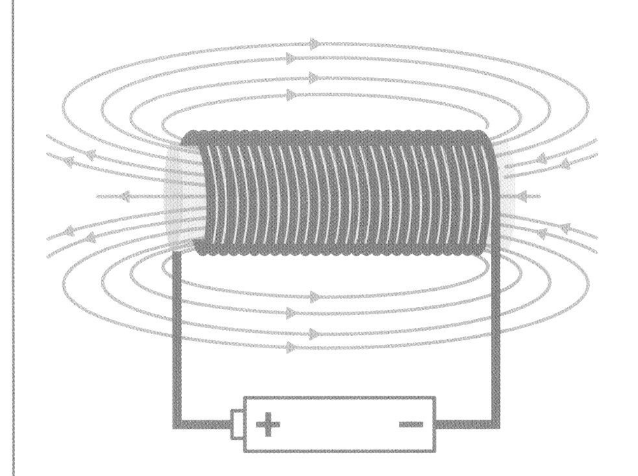

- **鉄芯**の周りに**導電性のコイル**を配置する。
- **コイルには電流が流れ**，**弱い磁場**が発生する。
- **弱い磁場**により，鉄の**磁気モーメント**が**整列**し，**より強い磁界**が発生する。

フレミングの左手の法則

磁界の中を電流が流れたときに発生する**推力の方向**を知ることができます。

- 中指：電流
- 人差し指：磁場
- 親指は推力の方向を指します

発電機

電気はさまざまな方法でつくられていますが，大規模な発電機のほとんどは，機械的な動きを利用して電磁誘導を行うという基本原理を用いています。

運動による発電

ほとんどの発電機はモーターと逆の原理を利用しています。**電流を変化させて回転**させる代わりに，**回転する磁場**を利用して**電流**を発生させているのです。

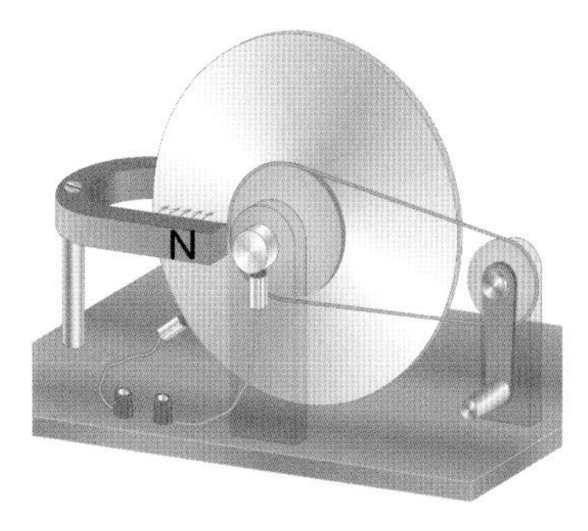

初期の**ダイナモ発電機**は，固定された**容器**の内部に**永久磁石**が取りつけられていました。**容器の中**では，**自由に回転するワイヤーコイルを巻いた電機子**が，外力を受けて**自転**していました。ワイヤーコイルは**常に変化する磁場**に遭遇するため，**誘導によって電流が発生**します。

磁石と**電機子**の関係が変化すると，**半回転**するたびに電流が**逆流**してしまいます。**直流**を維持するために電機子には**整流器**がついており，**半回転するたび**にほかの回路との**接続が逆になる**ようになっています。

交流の普及により，最近では**ダイナモ発電機はほとんど使われなく**なりました。交流の発電は，**磁石**は**回転するコア**に，**コイル**は**静止した容器**に取りつけられている**オルタネータ**で行われます。

動力源

発電機の**駆動に必要な回転**は，**さまざまなもの**から得られます。

- **風車**
- **ダムの落水**
- **潮汐力**（ちょうせきりょく）
- **原子力発電所**や**従来型の発電所**で発生する**蒸気**

フレミングの右手の法則

モーターの**左手の法則**と対になるこの法則を使うと，**導体**が**磁場のなかを移動する**ときに発生する**電流の方向**がわかります。

- 親指：動きの方向
- 人差し指：磁場
- 中指：慣習上の電流の方向を指します

圧電効果

ある物質に圧力をかけると電流が発生する圧電効果という自然現象があります。現代のさまざまな技術の根幹をなす現象です。

圧力による電気

圧電体は，**外見上**は**電気的に中性**ですが，**内部**では**電荷が不均一に分布**しており，**電気双極子モーメント**と呼ばれる量が発生しています。これは，**分子の内部**に**電子が集中**していることや，**結晶格子の構造**に起因すると考えられます。

材料に**機械的な応力**が加わると，**内部構造がミクロのレベルで変化**し，**内部の電場**が変化して**電流が流れます**。

圧電現象には**可逆性**があります。**応力を取り除く**と元の状態に戻り，**外部から電場をかける**とわずかに**伸縮**します。

応用例

時計

正確な時刻を知らせる**水晶時計**にも**圧電振動**が利用されています。電場によって水晶が**圧縮**され，**元に戻る**際に**パルス状の電流**が放出されるのです。この振動の**タイミング**は，水晶の**基本周波数**によって決まります。

ソナー・超音波

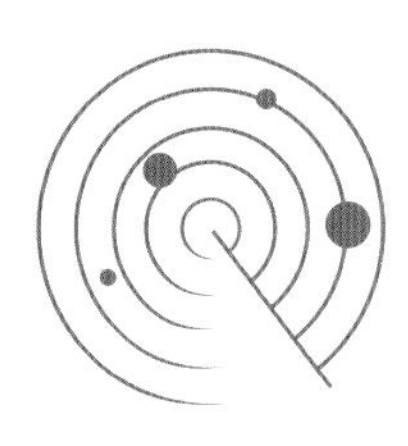

圧電結晶の**形状を変える**と，**音波**が発生します。**高周波の電場**は，透過性のある**超音波**を発生させることができ，**ソナー**や**医療用**機器に活用されています。また，圧電結晶は**返ってきた音波**によって**圧縮されて電気信号**を生じ，**画像に変換**されます。

ガスライター

ハンマーで圧電結晶をたたくことで**火花を発生**させます。圧電結晶と近くの**導電板**の間に**大きな電位差**が生じ，**放電**する際に**火花が生**じます。

圧電性物質

多くの物質が圧電性を示します。

- **水晶**，**トパーズ**，**トルマリン**などの各種**天然結晶**
- **骨**，**木**，**絹**，**タンパク質**，**DNA**などの**天然物質**

半導体

半導体は導体と絶縁体の中間的な性質をもつ特殊な物質で，電気がある方向には流れ，逆の方向には流れない部品をつくれます。

半導体物質

半導体は，**シリコン**や**ゲルマニウム**など，**電子の外殻が半分埋まっている**元素を**ベース**にしてつくられています。

シリコンやゲルマニウムは**結晶格子**を形成しており，**電荷が不均等に分布**しています。**浮遊電子の集まった場所**は**電荷が負に偏り**，**電子がない正孔**は**正に偏り**ます。

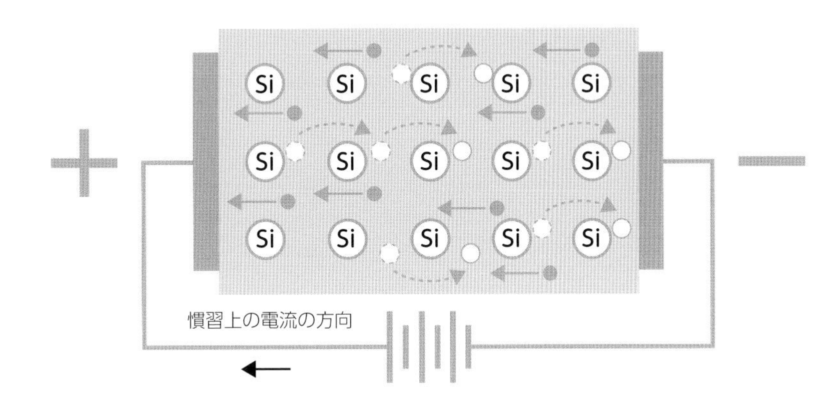

負の「**n型**」と正の「**p型**」の領域は，電荷を**集積させたり抑制させたり**する**ほかの元素**を少量添加することで**人工的に**つくり出せます。これを**ドーピング**と呼びます。

また，**どちらの領域**も材料のなかを**移動させる**ことができます。つまり，半導体は**電荷キャリア**が**どちらの方向にも流れる**ものとして扱えるのです。

ダイオード

ダイオードは，**最も単純な半導体部品**であり，**弁**の役割を果たす部品です。**一方の方向には自由に**電気を流せますが，**もう一方の方向には**電気が流れ**ない**ようにできます。

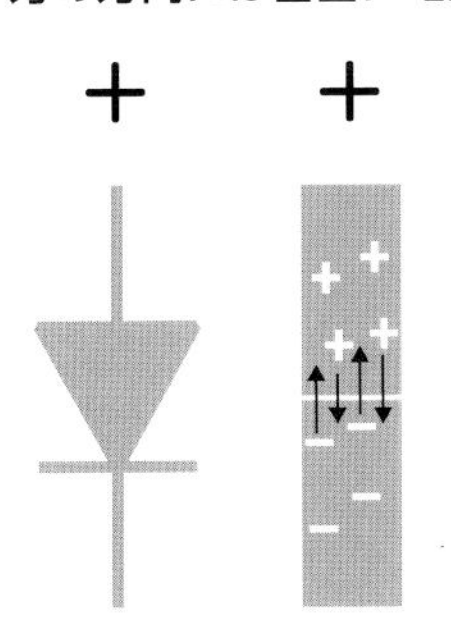

- pn接合は，一方の側に**電子が過剰に存在**（n型）し，もう一方の側に**正孔が過剰に存在**（p型）している状態。
- 電流は**n型**から**p型**へと**自由に流れる**。
- n型に**電子が集中**すると，それ以上の**電子を受け入れられなくなり**，**電流が戻らなくなる**。

ダイオードには，このような「**順方向**」と，**電流の流れる方向を逆にした**「**逆方向**」の設計があります。最も一般的には，**交流を整流して直流回路**にする際に用いられます。

また，**pn接合の両側**に一定の**電位差**が生じたときにだけ，**電流が流れる**ように設計することもできます。

アナログエレクトロニクスと デジタルエレクトロニクス

アナログ電子機器では，電流の強さや方向が連続的になめらかに変化します。
しかし，限られた値の間を行き来するような電流にも，電気技術を応用することが可能です。

データのデジタル化

デジタル電子機器は，**連続的に変化する電流**の振る舞いを**数値の並び**に分解します。

- **元の信号**の**強さ**を**高い周波数**でサンプリングする。
- その値を**特定の範囲の数値**（たとえば0～255の範囲で156）で**正規化**する。
- この数値は，**2進法**による「**0**」と「**1**」の**列**に**変換**される（156は10011100）。0または1の値が**データのビット**で，8ビットが1**バイト**。
- 信号は，1と0の値が明確に分かれた**電気パルス**の流れとして**処理**または**転送**される。
- 信号の**元のアナログ波形**は，**デジタル・アナログ変換（DAC）回路**を使って相手側で**再構成**できる。

2進数

2進法は，**10進法**と同じ**位取り記数法**です。ただし，数字が**10種類**（0～9）ではなく，**2種類**（0と1）しかありません。

10進数		2進数			
10の位	1の位	8の位	4の位	2の位	1の位
	0				0
	1				1
	2			1	0
	3			1	1
	4		1	0	0
	5		1	0	1
	6		1	1	0
	7		1	1	1
	8	1	0	0	0
	9	1	0	0	1
1	0	1	0	1	0

アナログとデジタル

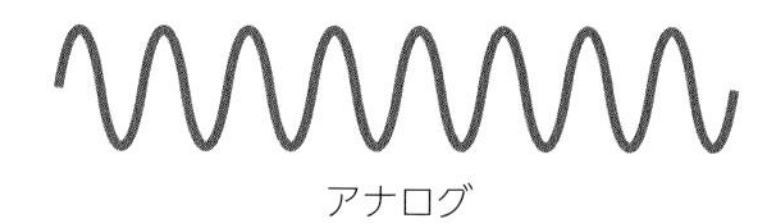

アナログ

デジタル

アナログの電流は，**現実の現象**（音波など）の強さを直接反映できます。

アナログ信号では，**ノイズ**（**ランダムなゆらぎ**）や**干渉**によって，本来の**正確な値**が失**われ**てしまいます。

デジタル信号では，2進法の**0と1の違い**が明確で**混同されない**ため，**ノイズの影響を受けません**。

デジタルの「0」と「1」は，**トランジスタ**や**論理ゲート**などの電子部品で**処理**できます。

サンプルレートと**レンジ**を上げることで，**元のアナログ信号**に**より忠実にコピー**することができます（8ビット＝256通りの値，16ビット＝65,536通りの値）。

電子部品

デジタルデータの処理には，さまざまな電子部品が使用され，
アナログ電気部品の性能を模倣しながら，より複雑な作業を行っています。

トランジスタ

トランジスタは，電子部品の一つです。**一対の端子の間**に電流が**流れたり遮断されたり**しますが，これは**第3の端子の電流**，または**第3と第1の端子にかかる電圧**に依存します。

トランジスタには二つの機能があります。
- **スイッチ**：**電流や電圧**に応じて出力を**オン・オフ**する。
- **アンプ**：入力された**電流を複製し**，**任意の大きさ**にして出力する。

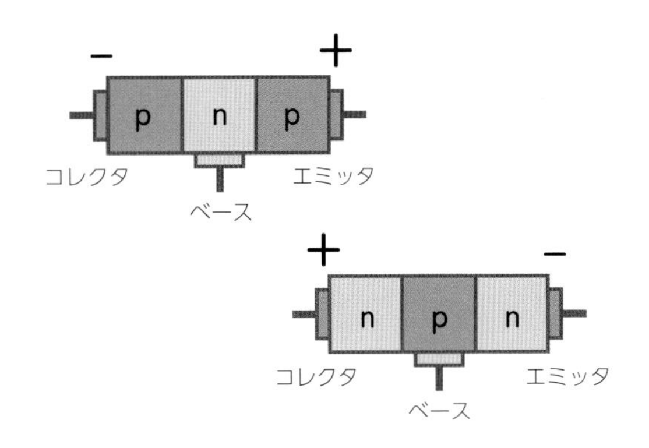

- **バイポーラジャンクション・トランジスタ**：**n型**と**p型**の**半導体材料**を**npn**または**pnp**とサンドイッチ状に配置したもの。

トランジスタの種類

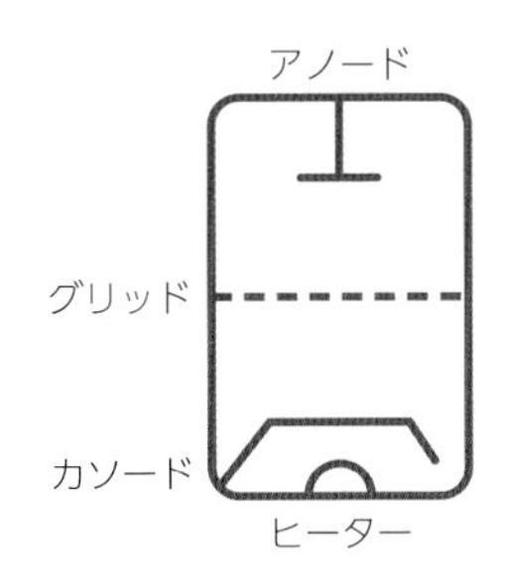

熱電式三極管：**最初に発明され実用化**されたトランジスタです。**ガラス製の真空管**のなかに**アノード**と**カソード**の二つの**電極**を置き，**グリッドを介在**させて**電流の流れを制御**します。

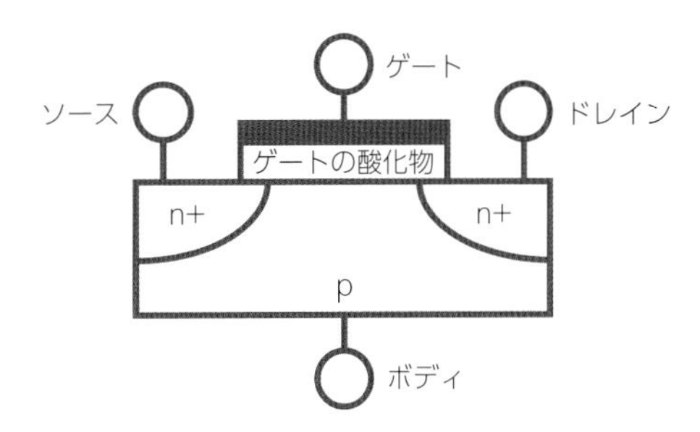

- **電界効果トランジスタ**：**ゲート**と**ボディ**の間の**電界**（**電位差**）によって**ソース・ドレイン端子**間の**電流の流れ**を制御する。

ロジックゲート

トランジスタや**ダイオード**などの電子部品を**組み合わせる**と，**簡単な論理演算**（**入力値**を**比較**して，**簡単な論理テスト**に応じた出力をする）ができます。論理ゲートと呼ばれ，**現代のコンピュータ技術**の中核をなすものです。

AND：**二つの入力電流**がある場合に出力電流を得ます。

OR：**どちらかの入力に電流が流れれば**，電流を出力します。

NOT：**一つの入力端子に電流が流れていない**場合のみ出力します。

NAND：**二つの入力電流がなければ**出力電流を得られます。

NOR：**入力電流がどちらもない**場合にのみ，電流を出力します。

超電導

ある種の物質は，特定の極限状態において抵抗なく電気を流すことができます。これは，低温物質に見られる超流動現象の電気版といえるものです。

超電導のしくみ

超電導物質は，**抵抗のない完全な電気伝導体**であると同時に，**磁場を超電導体の内部から積極的に追い出す**性質をもっています。

多くの物質では，**絶対零度から30℃以内**の**非常に低い温度**で超電導が発生します。

これにはいくつかのメカニズムがあると考えられていますが，最もよく理解されているのは**BCS（バーディーン・クーパー・シュリーファー）モデル**です。

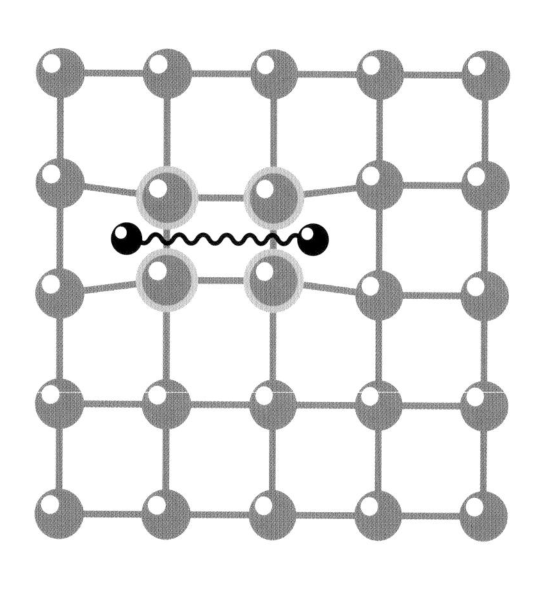

・**低温**では，**電子どうしが弱く結合**して「**クーパー対**」を形成する。
・このペアになった粒子は，**ボソン**（137ページ参照）として振る舞う。ボソンとは，**さまざまな状態が混在**しているのではなく，**すべて同一の状態**になることができる珍しい粒子で，これにより，粒子どうしや周囲の物質とのある種の**摩擦が軽減**される。

応用

超電導体は，**強力な磁場**を発生させることができる**高出力の電磁石**に使用されます。さまざまな**先端技術**に欠かせないものとなっています。

・**MRI（磁気共鳴画像化装置）のスキャン**に必要な**変動磁場**を起こす。
・**粒子線加速器**で**荷電粒子**を**高速**にする。
・日本の**新幹線**で使われる**摩擦のないベアリング**をつくる。
・プロトタイプの**核融合炉**で，**物質を圧縮**するための**強力な磁場を発生**させる。

温度を上げる

0℃以上で**正常に動作**する**常温超電導体**を見つけることは，現代物理学におけるキリストの聖杯のような存在です。そのような材料は，**エネルギーの輸送と生産**，**コンピュータ**などの**エレクトロニクス分野**に**革命をもたらす**でしょう。しかし，実用的な室温超電導の実現は**遠い先**のことです。

・**ランタン水素**（LaH_{10}）：−23℃以下で超電導を示すが，**強い圧力**下でなければ実現しない。
・**銅酸水銀バリウム・カルシウム**（HgBCCO）：**通常の大気圧**で−135℃以下の超電導を示す。

集積回路

現代のコンパクトな電子機器を可能にしたのは，個々の部品をナノメートル（1/10億m）レベルで小型化し，数百万から数十億の素子を一つの半導体材料のチップ上に集積する技術です。

チップの製造

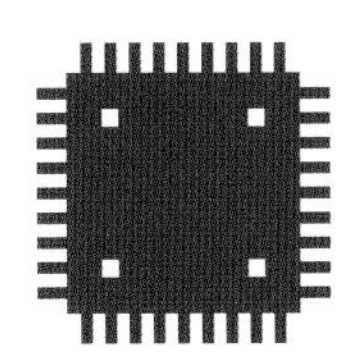

現在のIC（集積回路）は，CMOS（**相補型MOS**）と呼ばれる技術を用いた**電界効果トランジスタ**（107ページ参照）を中心に構成されています。

フォトリソグラフィーと呼ばれる**特殊な印刷技術**を用いて，**下地となる半導体基板**の表面にごく少量の異なる物質を「**ドーピング**」します。**半透明のマスク**を通して**紫外線**を照射し，その光が当たった部分で感光剤の**化学反応**を起こさせます。

下地の半導体基板上には**金属**が配置され，**p型**や**n型**の領域ができます。

その後，**絶縁体**や**アルミニウム**などの**導電性金属**を敷き詰めて**半導体領域**をつなぎ合わせ，**論理ゲート**をつくります。

CMOS回路は，**ノイズが少なく，消費電力も低い**ため，**ICの高密度化**が可能です。

電荷結合素子（CCD）

CCDは，**電子撮像**に使われる特殊なICです。

- **画素**（写真）の**配列**に当たった**光の個々の光子**は，**光電効果**によって**電子**を発生させる。
- **光子の数**に比例して**負の電荷**が蓄積されるが，その電荷は**下部にあるコンデンサ**の「**井戸型ポテンシャル**」に**捉えられる**。
- **設定された露光時間**が終了してCCDが**読み込まれる**と，配列の**最初の画素**は，**電荷を増幅回路に流して電圧に変換し**，**残りの画素**は**電荷を連鎖的に隣の画素に渡す**。
- **これを繰り返す**ことで，**画素の明るさ**を**一連の電圧パルス**に変換し，**電気的に処理**できる。

ムーアの法則

1965年にインテル社の共同創業者である**ゴードン・ムーア**が提唱しました（10年後に修正されました）。**技術の進歩**に伴い，**集積回路のトランジスタ密度**が平均して**2年ごとに2倍になる**という法則です。
20世紀後半から21世紀初頭にかけて，ICの高性能化に伴う計算能力の**飛躍的な向上**を正確に予測しました。しかし，2010年代に入ってからは，部品の大きさが数ナノメートルと**製造技術の限界に近づいている**ため，**その傾向は弱まっています**。

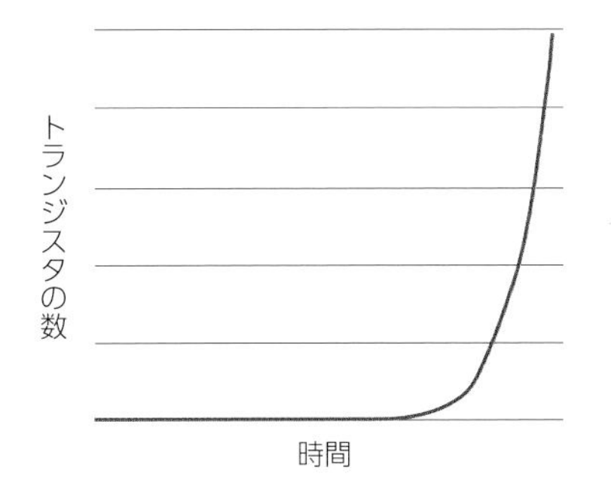

真空管

真空管は，真空ガラス管のなかに一対の電極を入れて大きな電位差を生じさせ，電流を操作するさまざまな機器の総称です。その用途は多岐にわたります。

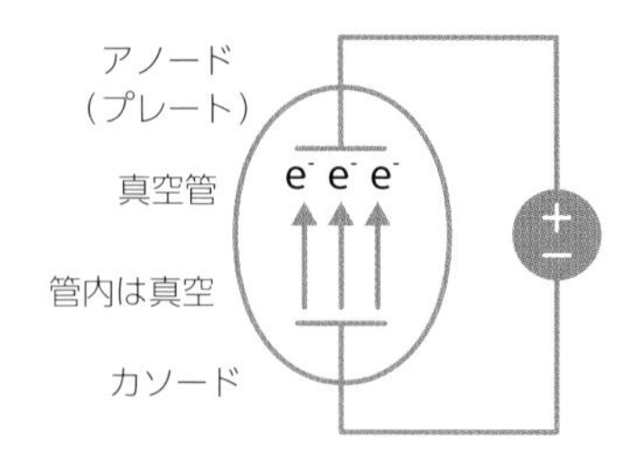

動作の原理

真空管は一般的に，完全に近い**真空**で**隔てられた負の電極**（**カソード**）と**正の電極**（**アノード**）で構成されています。真空であるため，**電極の間の空気が**イオン化して**火花で電気を通すことなく**，**高電圧**を発生させることができます。**電子**は**カソードから直接放出**され，**アノードへ**と流れていきます。

熱電子管

- 熱電子管では，**カソードが加熱される**と**電子の流れ**が生じ，**さらに熱すると電子が放出**される。
- 三極管では，**カソード**と**アノード**の間に**第3の格子状の電極**があり，その**相対的な電圧**によって**電流の流れを制御**する。
- **陰極線管**（CRT）は，**電場**や**磁場**を利用して，「**電子銃**」と呼ばれるカソードからの**電子の流れ**を**蛍光体ドット**が塗布された**スクリーン**上に導き，ドットを光らせる。**CRTディスプレイ**や**旧式のブラウン管テレビ**に見られるように，**高速で変化する電場**を利用して，人間の目が**認識できる以上の速さ**で**画像の描画や再描画**が行える。
- 特定の**不活性ガス**（**ネオン**など）を少量入れることで，**光り輝く放電管**がつくれる。

光電管

光電管は，**負電荷を帯びた光カソード上の原子**から，**光の光子**の**エネルギー**で**電子**を**押し出す光電効果**により，**カソード**から**電子**を発生させます。

- **光電子増倍管**では，**電子を集束してビーム状**にした後，**ダイノード**と呼ばれる**電極の「回廊」**で**跳ね返す**。各ダイノードの**正電圧**は**一つ前のものよりも高く**，その結果として**生じる電場によって電子がバラバラ**になり，光カソードで放出された**1個の電子**が**雪崩を起こして正のアノードに到達**する。
- **真空光電管**には**増幅機能はない**が，**光カソードに当たった光**に比例して**アノード**に**電流**を流すことができる。現在ではほとんど使われていないが，光カソードの材質によって**特定の周波数に調整**することができる。

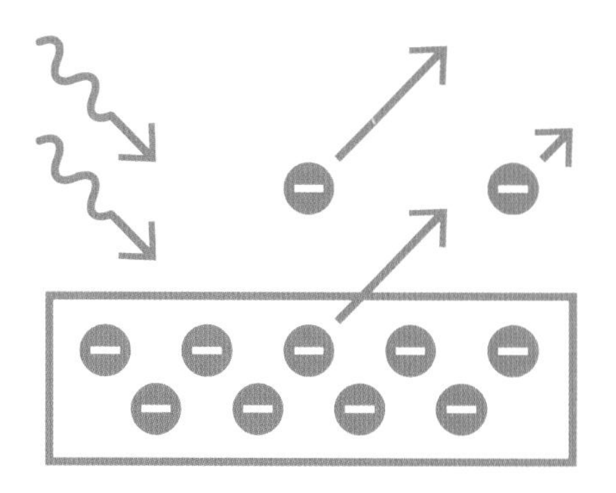

原子と放射能

19世紀後半まで，多くの科学者は，自然界で最も小さい存在は原子であると考えていました。しかし，いくつかの発見によって，原子はさらに小さい素粒子でできていることがわかりました。

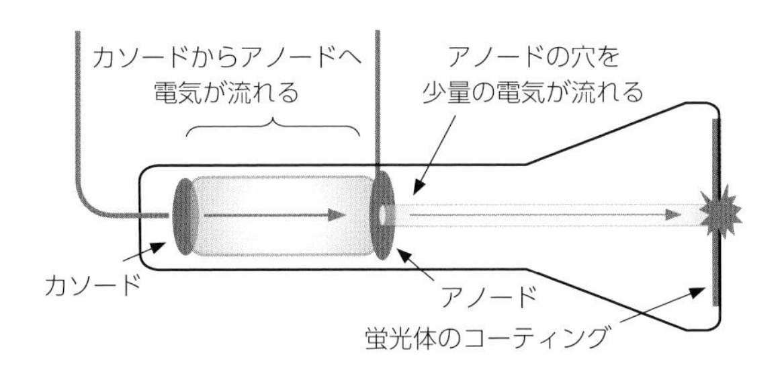

陰極線

1897年，**J・J・トムソン**は，陰極線（**ガラス製真空管**の**大きな電圧差**のある**負極**から発生する未知の光線）の謎に取り組みました。

- 陰極線は**当たった物体**を**加熱する**ことから，**運動エネルギー**を伝える**粒子**であると考えられた。
- 陰極線が空気で**止まるまでの距離**から，**原子よりも**はるかに**小さい**とトムソンは判断した。
- 陰極線の**電場**や**磁場**による**ゆがみ**を測定することによって，**負の電荷**をもつことを示し，**電荷と質量の比**を推定した。
- 光線は，**カソード**に使われている**元素**に関係なく，**同じ性質**をもっていた。

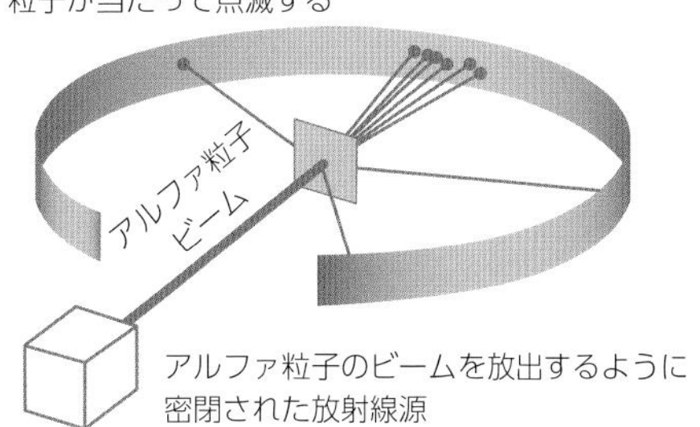

原子核の発見

1908年，**アーネスト・ラザフォード，ハンス・ガイガー，アーネスト・マースデン**の三人は，**放射性アルファ粒子**（120ページ参照）を使って原子の**内部構造**を調べた有名な「**金箔**」**実験**を行いました。

プラムプディングのモデルが**正しければ**，シートはアルファ粒子に対して**一様に障壁のように**なるはずです。しかし実験の結果はそうはなりませんでした。

- ほとんどの粒子は**まっすぐ**通過した。
- 一部の粒子は**大きな角度**で屈折した。
- いくつかの粒子は，**発生源に向かって跳ね返され**た。

原子の**質量と正電荷**は，**中心の原子核に集中**しているとしか考えられません。

トムソンは，「**電子**」と呼ばれるものは，**原子**のなかにある**質量の小さい粒子**であると結論づけました。

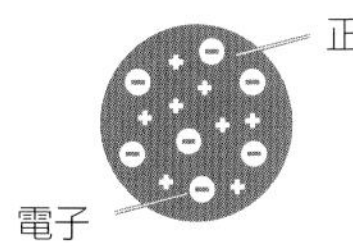

プラムプディングモデル

初期の原子モデルでは，プラムプディングのプラムのように，**正電荷を帯びた**原子**本体**のなかに**電子**が**バラバラに**散らばっていると考えられました。

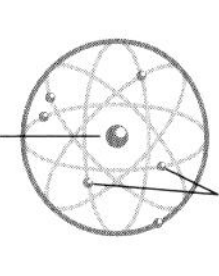

惑星モデル

ラザフォードは，実験をもとに**惑星モデル**を考案しました。このモデルでは，**電子**は**太陽系の惑星**のように，**中心の原子核**の周りをさまざまな**軌道**でまわり，原子の大部分は**空虚**な状態です。

ボーアモデル

1913年，ニールス・ボーアは三つの論文を発表し，原子を理解するための強力なモデルを確立しました。その後，原子の実態はもっと複雑であることがわかってきましたが，ボーアのモデルは現在でも広く使われています。

リュードベリの式

ボーアのモデルは，1880年代の**分光学**で確立された**法則**に基づいています。
広く研究されていた**バルマー系列**を一般化すると，**水素が発するスペクトル線のパターン**は，**リュードベリ式**で表されます。

$$\frac{1}{\lambda_{\mathrm{vac}}} = R_H \left(\frac{1}{n_1^2} - \frac{1}{n_2^2} \right)$$

- λ_{vac}は，放出される光の波長。
- R_Hは定数で，水素のリュードベリ定数。
- n_1，n_2は二つの整数列（1，2，3……）。

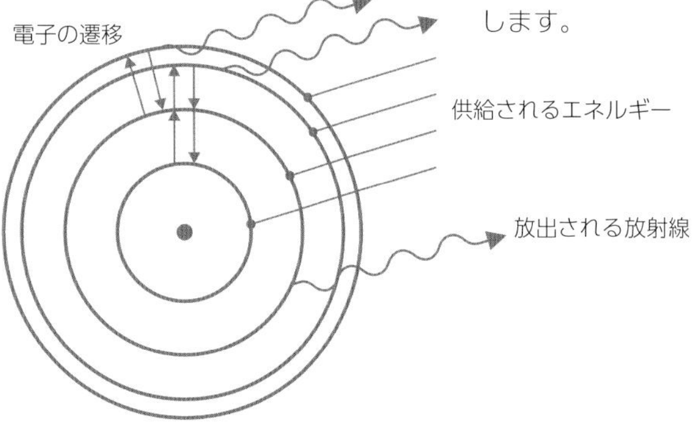

エネルギー準位

ボーアは，**電子**の**角運動量が特定の値に制限され**，そのために**原子核からの距離が特定の値に限定される**ことから，**リュードベリ系列**が生じたと考えました。

- 電子は，その**動き**と**原子核からの距離**に応じた**エネルギー**をもっている。
- **原子核に近い軌道**は**遠い軌道**よりも**エネルギーが低い**ため，電子はできる限り**近い軌道**に向かって「**落ち**」ようとする。
- しかし，各軌道には**電子の最大収容量**がある。
- 原子に**熱**や**光**などの**外部エネルギー**が与えられれば，電子は**より高い軌道**に**飛び込む**ことができますが，すぐに**最も低いエネルギーレベル**に戻ってしまう。

このため，**原子**は特定の**エネルギー**や**波長の光**を**吸収**したり**放出**したりします。

遷移

ボーアのモデルでは，**電子**が**二つのエネルギー準位の間を移動する**ことによって**放出・吸収**される**光**は，次の簡単な式に従います。

$$\Delta E = h\nu$$

- ΔEは遷移時に**必要なエネルギー**または**放出されるエネルギー**。
- νは**放出される光**（またはほかの**電磁放射**）の**周波数**。
- hは定数（**プランク定数**）。

初期の成功

ボーアのモデルは，**非常に高温な星の光**に見られる暗い部分である「**吸収線**」の説明に**成功**し，その価値が証明されました。この「**ピッカリング系列**」は，星の**大気**中で**ヘリウムイオン**（He^+）に**残った1個の電子**が，**星の発光面**から放出されるさまざまな**周波数**の**高エネルギー放射線**を吸収して生じるものであることを，ボーアは示したのです。

原子核

原子核は，陽子と中性子という２種類の素粒子で構成されています。この二つの粒子のバランスによって，原子の核の性質が決まります。

陽子

陽子1個の質量は，およそ

$$1.67 \times 10^{-27}\,\mathrm{kg}$$

で**1原子質量単位（amu）**ともいいます。**電子1,836個分**とほぼ同じです。

陽子の直径は

$$1.7 \times 10^{-15}\,\mathrm{m}$$

（1.7フェムトメートル。フェムトメートルは1/1000兆m）です。

陽子には

$$+1.602 \times 10^{-19}$$

クーロンの**電荷**があります。これは，**電子の電荷**とは等しい大きさの逆の正の「**素電荷**」です。

陽子は**クォーク**と呼ばれる**粒子**で構成されています。陽子には**二つのアップクォーク**と**一つのダウンクォーク**が含まれています。

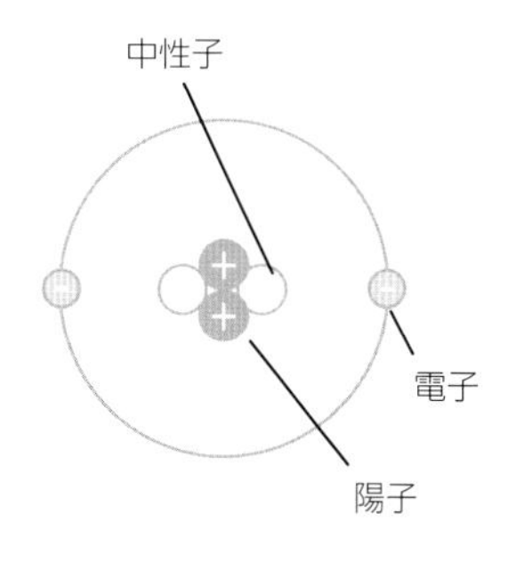

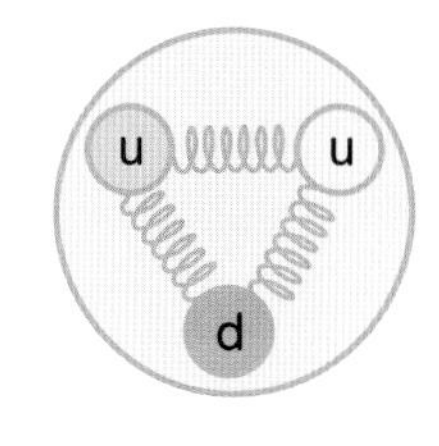

陽子の発見

1917年，**アーネスト・ラザフォード**は，さまざまな**元素の原子**のなかに**水素原子核と同じ性質**をもつ**正電荷を帯びた粒子**があることを発見しました。ラザフォードは，この粒子を「**陽子**」と名付けました。

中性子

中性子は，**最も単純なかたちの水素**以外の**すべての原子の原子核**に存在します。中性子は**陽子と同じ質量**をもつ粒子ですが，**電荷をもたない**ために**検出されにくい**です。

原子は通常，**陽子**とほぼ**同数の中性子**を含んでいますが，異なる場合もあります。

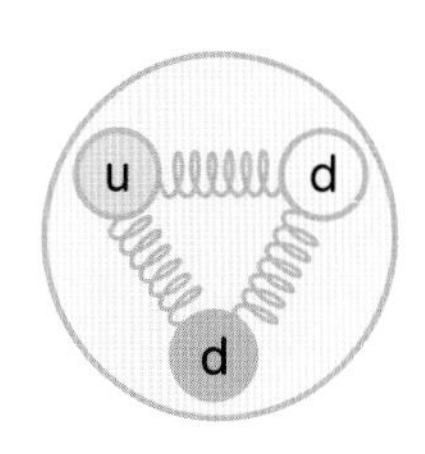

中性子は，**陽子**と同様に**クォーク**で構成されています。中性子には**二つのダウンクォーク**と**一つのアップクォーク**があります。

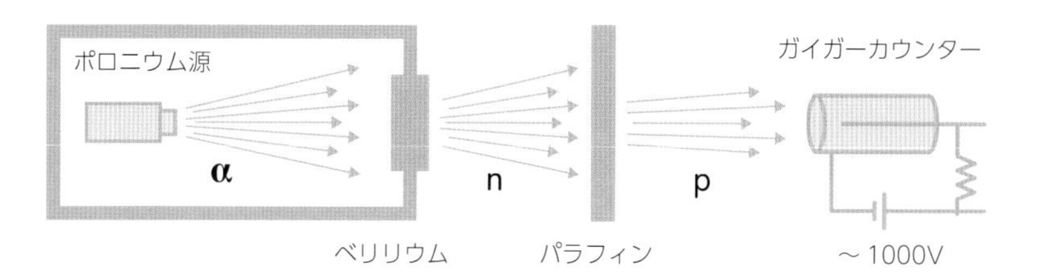

中性子の発見

1932年，**ジェームズ・チャドウィック**は，**アルファ線**が**ベリリウム**などの**軽量金属**に衝突すると，**陽子に似た質量**をもつが**電荷をもたない未知の粒子**が**次々と**生成されることを明らかにしました。この粒子自体は**検出できません**が，**水素を多く含むパラフィンワックスのスクリーン**に当たると，**高エネルギーの陽子**が飛び出してきたのです。この**新しい粒子**は「**中性子**」と名付けられました。

同位体

同位体とは，同じ元素で質量の異なる原子のことです。
原子核内の陽子の数（や原子番号，基本的な化学反応）は変わりませんが中性子の数が異なり，
物理的性質も異なる場合があります。

アイソトープの例

同位体は通常，**元素名**の後に**原子質量**を加えたもの，または記号の**前に上付き**で**質量**を加えて識別されます。たとえば放射性同位体である**ウラン238は238U**と表記されます。**最も軽い元素**の同位体もあります。

水素同位体

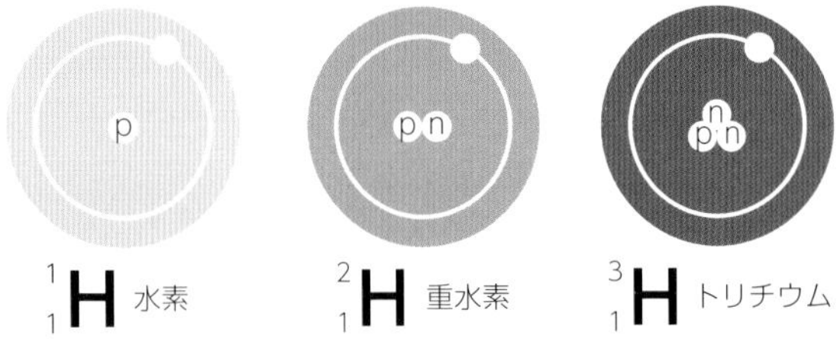

p　pn　pnn

$^{1}_{1}$H 水素　$^{2}_{1}$H 重水素　$^{3}_{1}$H トリチウム

水素1（^{1}H）：「普通の」水素
水素2（^{2}H）：重水素
水素3（^{3}H）：トリチウム
ヘリウム3（^{3}He）：ヘリウムの軽い同位体
ヘリウム4（^{4}He）：「普通の」ヘリウム

同位体の科学

同位体はさまざまな科学分野で利用されています。同位体の**含有割合**は，通常，**質量分析**によって算出されます（57ページ参照）。

どのような混合物でも，**重い同位体**は**下降**し，**軽い同位体**は**上昇**する傾向があります。つまり，重い同位体が**環境中の特定の場所に蓄積する**ことが多くなります。**寒冷な環境**では，**海**から**水が蒸発する**際に**「重い」酸素18**を含む**希少な分子**が海水中に残りやすいです。この水の一部が最終的に**極地の氷床**で年々**層になっていく**ため，**同位体の比率**によって何千年も前の**気候の変化**を知ることができます。

植物は**重い同位体である炭素13**よりも**軽い炭素12**を好むため，**石炭**などの**植物由来の化石燃料**に含まれる**13C**の割合は，**一般的な環境**に比べて低いです。過去100年の間に**大気中の炭素12の比率**が増加したことは，**地球の大気中の二酸化炭素の増加**が主に化石燃料に由来することを示す強力な証拠となっています。

同位体をつくる

同位体は，**自然界**では主に三つの方法でつくられます。

- **恒星の活動**や**超新星爆発**の際の**核融合**（**小さな原子核の融合**で**大きな**原子核ができるが，なかには**不安定**なものもある）。
- ほかの同位体の**放射性崩壊**（**不安定な原子核**が**分裂**して**小さい原子核**ができる）。
- **太陽**などから放出された**高エネルギー粒子**が**原子核**に衝突して変形する「**宇宙線照射**」。

また，以下の方法で**人工的**に**同位体**をつくることもできます。

- **誘導崩壊：原子核**にほかの粒子を**衝突**させて**放射性崩壊**を起こすこと。
- **原子炉**のなかで，**特定の原子核に中性子を大量に照射し，中性子を吸収させる**方法。
- **粒子加速器**でつくられた**高エネルギー粒子を元素にぶつける**こと（**重元素の合成**に使われる）。

蛍光・燐光

自然界のほとんどの物質は光を反射してしか見ることができませんが，一部の元素は自ら光を発しています。蛍光と燐光は，特定の原子のなかでの素粒子の振る舞いに関連する二つの効果です。

蛍光

蛍光物質は，**高エネルギーの可視光や紫外線**を照射すると，**特定の色**に**輝いて**見えます。

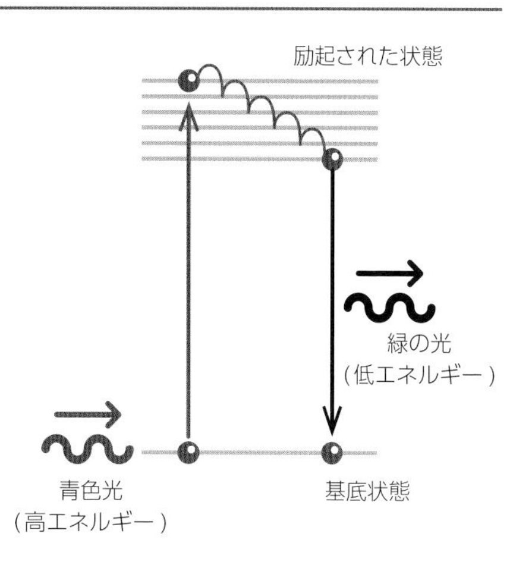

- **青**や**紫**の高エネルギーの光は，物質の**外殻にある電子**を**より高いエネルギーレベル**に引き上げたり，励起したりする。
- 電子は，**空の軌道**を通って，**小さなエネルギー**を放出しながら**元の状態**まで**降りて**いく。
- この**小さなエネルギー放出**は，**最初に**励起された光よりも**周波数が低く**，**波長が長い光**に相当する。

燐光

燐光体は，**ほかの光が存在するときには見えないほど弱く光り，すべての光源を取り除いた**後にも**かすかに光り**続けることで，その秘密が明らかになります。**光で励起された**物質の**電子**は，**元の状態に戻るのに時間がかかり**ます。

これは，**エネルギーの低い状態**に戻るためには，**「禁制遷移」**と呼ばれる**エネルギージャンプ**が必要なためです。起こり得ないわけではありませんが，**量子物理学**（127ページ参照）の法則では**非常に起こりにくい遷移**で，発光が数分から数時間に及ぶのです。

蛍光灯

蛍光灯は，**空気を抜き**，代わりに**少量の水銀蒸気**を入れた**管**に**電流**を流します。電流を流すと，**水銀原子**が励起されて**紫外線が放出**されます。

紫外線は，**ランプの内側**にある**蛍光体**と呼ばれる**膜**に，**目に見える蛍光**を発生させます。

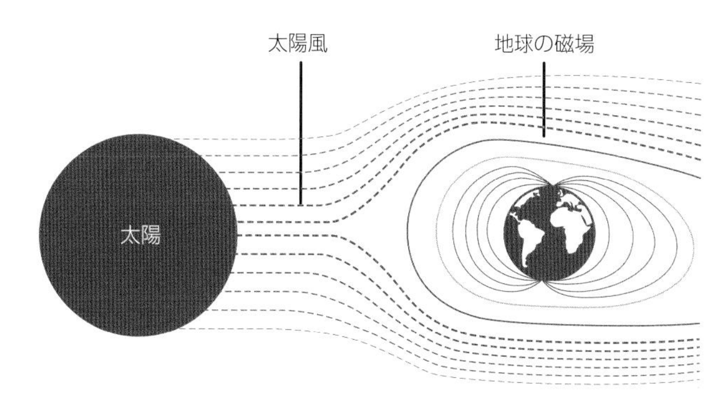

大気中の蛍光

美しい**オーロラ**は，**放射線**ではなく**宇宙から降り注ぐ高エネルギー粒子**によって**大気中の気体**が**励起される**ことで生じる**自然の蛍光現象**です。地球の**磁場**に捕捉された電子は，**極近くまで流され**てきます。そこで**大気上層部の気体に衝突**して電子が一時的に励起され，**元の状態に戻る際**に**特徴的な光を放つ**のです。

レーザー

誘導放出による光増幅放射（Light Amplification by Stimulated Emission of Radiation）の略で，原子の性質を利用して強い光を発生させるレーザー光線は，さまざまな用途に利用されています。

誘導放出

電子は外部から**エネルギーを注入**されて**高い軌道に励起**されてから，元の**エネルギーが低い状態**に**急速に戻り，特定の色の光を放出**します。**誘導放出**は，この変化を自然にではなく，**強制的に起こす**ものです。

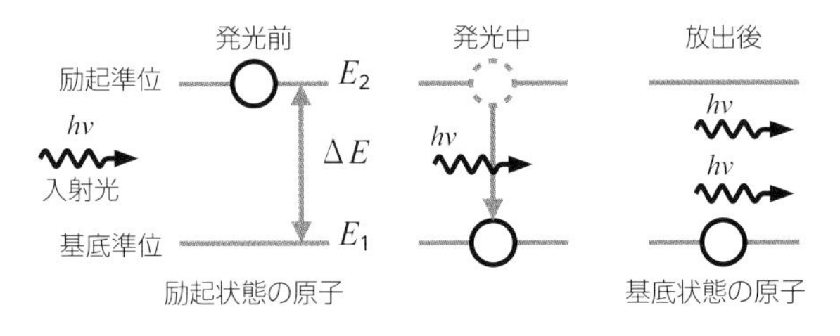

$$E_2 - E_1 = \Delta E = h\nu$$

- **遷移と同じ波長の光子**が原子にぶつかると，励起された電子は**元の状態**に押し戻される。
- **二つ目の光子**が放出され，**一つ目の光子**は**残る**。
- 二つの光子は，**エネルギー（色）**だけでなく，その**波の動きも同じ**。二つは「**コヒーレント**」であるといわれる。
- **コヒーレントな光線**は，**通常の光**よりもはるかに**集中した正確なエネルギー**をもつ。

実際のレーザー

レーザーは，**誘導放出**の**連鎖反応**を引き起こすように設計された装置です。一つの**光子**が**コヒーレントなペア**をつくり，それがさらに**四つのコヒーレントな光子**をつくり出す**放出を引き起こす**，といった具合です。実際には，以下のようなしくみが必要です。

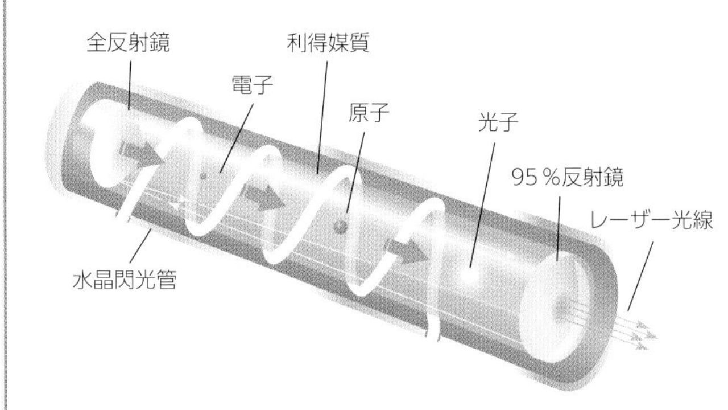

- **レーザー媒体**：原子を励起させて発光させる物質のこと。**発光材料の種類**によって，得られる**光の波長が異なる**。
- **外部からの励起：強い光や強力な電場**によって，レーザー媒体の原子を**励起**する。
- **光共振器**：両端の**鏡で光子を反射させて**レーザー媒体のなかを**行き来させ，連鎖反応**を起こさせる。片方の鏡は**半透明**になっており，**コヒーレントな光線**の一部を**逃がす**ことができる。

レーザーの応用

レーザーの用途は多岐にわたります。**集中した光エネルギー**の**光線**として，物質を**燃やしたり，切ったり，加熱したり**できます。ほかにも以下のような用途があります。

- **原子の遷移**を引き起こすのに必要な**エネルギー**を**正確に調整して供給**する。
- **精密な測定**。
- **ホログラフィー**（80ページ参照）。
- **光ファイバー**で**信号**を送る。
- **光データストレージ**（**CD**など）や**バーコードリーダー**などの**スキャン機器**に使用される**精密光源**。

原子時計

電子は，エネルギーの低い軌道から一時的に高い軌道に移った後，急速に元の状態に戻ります。この速度は非常に正確で，宇宙で最も正確な時計をつくるために使われています。

原子時計のつくり方

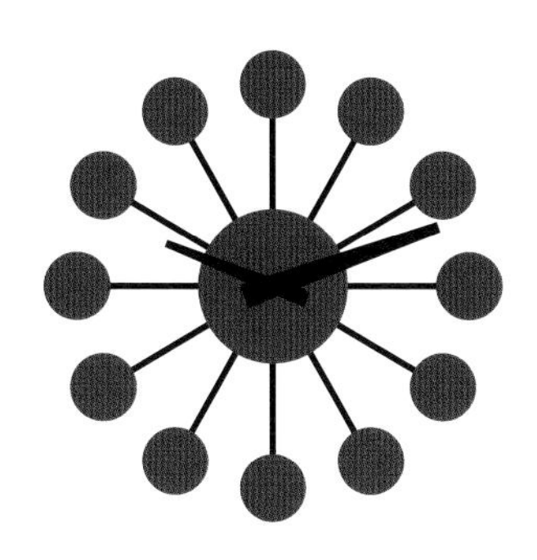

- **原子時計**では，**原子の遷移**を利用して**高周波の振動電流**をつくり，その**振動を数える**。
- **気化した原子**を**マイクロ波空洞**と呼ばれる**空洞に注入**する。
- **空洞**に**レーザー光を照射**する。レーザーの**光子**は**電子の遷移に必要なエネルギー**が得られるように，**精密に調整**されている。
- **励起**された原子は**基底状態**に**戻り**，すぐに**再び励起**され，小さいながらも**高速で変化する電磁場**がつくられる。
- 空洞は**電磁場**を**閉じ込めて増幅**させ，**振動を同期**させて**音波**のような**共振波**を発生させる。
- この**共振波**を利用して，「**計時回路**」に**高速で変化**する電流を流す。

GPS

現代社会が頼りにしている**衛星航法システム**は，**原子時計の精度に大きく依存**しています。

- 地球の周りを**衛星群**が周回し，**いつどこから見ても**，地平線より上に**複数**の衛星が浮かんでいる。
- 人工衛星に搭載されている**原子時計**が，発信する**時刻信号を調整**している。
- **複数の衛**星から送られてくる**信号**を**受信機**が検出し，自らの**高精度な時計**と**比較**する。
- **各衛星からの時刻信号の遅れ**によって，観測者からの**相対的な距離**がわかる。
- 受信機に**内蔵された人工衛星の軌道情報**を用いて，その時点での**人工衛星との距離**から**正確な位置を算出**する。

時を計る元素

原子時計には，**水素**，**セシウム**，**ルビジウム**，**ストロンチウム**といった**元素**が使われます。

時間の再定義

1967年以降，**1秒**は，**セシウム133原子**における**電子遷移の励起と放出**の**サイクル9.192631770回分の時間**と**公式に定義**されています。

チェレンコフ放射

「光より速いものはない」というのは誰もが知っていることですが，これは厳密には真実ではありません。真空中で光より速く進むことはできませんが，光そのものを遅くすると，光を超えられるのです。その結果，チェレンコフ放射と呼ばれる現象が起こります。

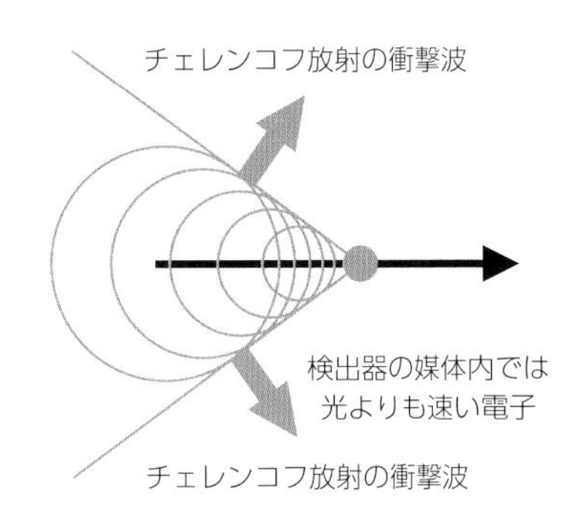

しくみ

飛行機が**音速の壁**を越えたときに聞こえる**ソニックブーム**に**相当**するのが，光におけるチェレンコフ放射です。粒子が**電荷**を帯びていて，粒子が**通過する媒体**（**誘電体**）が**電場**の影響を受けやすい構造をしている場合に**のみ発生**します。

- 粒子の周りの**電場**は，粒子の周りの**誘電体**を**一瞬だけ分極**させ，その後，**移動**する。
- **誘電体**が**元の状態**に戻るときに**エネルギーが失われ，光が放出**される。
- 粒子の**速度が速い**ため，衝撃波の前面の**発光部**は**円錐状**になり，そこに沿って**発光**が**コヒーレント**になる。**光の波**は互いに**干渉して消えてしまう**のではなく，**強めあって**，通常は**青みがかった光**として見える。

発見

この現象は，1934年に**パベル・チェレンコフ**が**水フラスコに放射性粒子を浴びせる実験**で発見しました。**ベータ粒子（電子）**の一部はフラスコの**ガラスを通り抜け，秒速22万5,000km**（水中の光速）**以上**で**水を通過し，青く光った**のです。

核の輝き

原子炉の炉心周辺で見られる特徴的な青い光もチェレンコフ放射です。**高速の粒子**が**周囲の水に逃げ込む**ことによって生じます。

エキゾチックな粒子の検出

天文学者や**素粒子物理学者**は，**チェレンコフ放射**を利用して，**宇宙で最も観測の困難な粒子**を追跡しています。

- 水などの液体が入った**密閉タンク**は，**光の速度を下げる**。
- **高速の粒子**は光速cに近い速度で影響を受けずに液体を通過し，**チェレンコフ放射**を起こす。
- タンクの端に設置された**センサー**が**光の通過**を感知する。
- **ニュートリノ**（145ページ参照）のような**最も深いところまで通過する粒子**については，**検出器を入れた容器を地中に埋めて**（たとえば，廃鉱を再利用して）**遮蔽**することができる。

宇宙線観測所

世界で最も奇妙な**天文台**のいくつかでは，**チェレンコフ放射検出器**が数百平方キロメートルにわたって**並んで**います。**深宇宙**から飛来する**謎の高エネルギー宇宙線**が**大気中**に入り，**空気分子と衝突**して発生する**粒子の「空気シャワー」**を検出するためのものです。

粒子のシャワーは広い範囲に広がり，**別の検出器**で**粒子が検出**されるまでの**時間差**から，天文学者は**元の粒子の軌跡**を計算することができます。

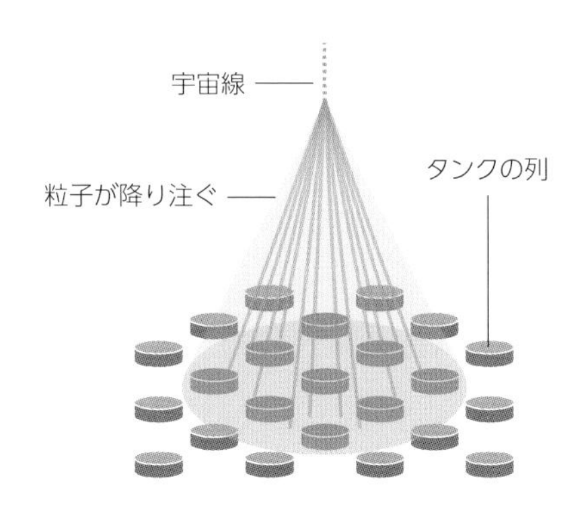

核物理学

原子核の複雑さを解明する最初の手がかりは，19世紀後半に発見された奇妙な放射線でした。数十年のうちに，核科学の新しい世界が開かれ，想像をはるかに超える結果をもたらしました。

放射能の発見

1896年，**ヴィルヘルム・レントゲン**が**透過性の高いX線**を**発見**したという事実を知り，**アンリ・ベクレル**は，**重元素ウランの塩**などの**燐光体**が**同様の光線**を発生するかどうかを調べました。

ベクレルは，重元素ウランの塩が，**固体を透過**したり，**写真フィルムを曇らせ**たりする**光線を放出**することを発見しました。さらに実験を進めると，**燐光塩は外部からのエネルギーに依存しない**ことがわかりました。長期間暗所に置いたままにしても光線を発し続けたのです。さらに，**燐光を発しないウラン化合物も光線を発する**ことがわかりました。

マリー・キュリーは，**ウラン塩が周囲の空気をイオン化する**こと，そして**その量が化合物の量だけ**で決まることを発見しました。キュリーは夫の**ピエール**とともに，**ウラン**よりもはるかに**活性の高い**新しい放射性元素を発見しました。

1899年，**アーネスト・ラザフォード**は，新しい放射性物質の**透過力**と，**電場や磁場**の影響を調べました。これにより，ラザフォードは，現在**アルファ，ベータ，ガンマ**として知られる**3種類の放射線**を発見したのです。

限界への挑戦

アルファ線，ベータ線，ガンマ線は**自然に発生**するものですが，20世紀初頭，物理学者は**人工的に原子核を変化させられる**ようになりました。

- **中性子放出：軽い金属**に**ほかの放射性粒子を衝突**させ，**中性子を放出**させる。
- **核分裂：重く不安定な原子核**を**自然に放射性崩壊する**のではなく，適切な状況下で**分裂**させると，二つの大きな「**娘同位体**」核と大量の**エネルギー**を生成する。1938年，**オットー・ハーン**と**リーゼ・マイトナー**は，**ウラン原子を分裂**させて**クリプトン**と**バリウム**を生成することに成功した。
- **人工放射能：安定していた同位体**に**アルファ粒子を照射**して**放射性物質**に変えることもできる。1934年，**イレーヌ**と**フレデリック・ジョリオ・キュリー**は，**ホウ素**や**アルミニウム**などの**安定した**元素の**原子核**に**中性子**が吸収されると，**不安定になり崩壊**しやすくなることを発見した。

放射能の種類

放射能をもつ原子は，（ギリシャ語のアルファベットの最初の３文字から）アルファ線，ベータ線，ガンマ線の３種類の放射線を発します。この３種類の放射線は，放射性同位体との関連性を除いて，ほとんど共通点がありません。

アルファ線，ベータ線，ガンマ線

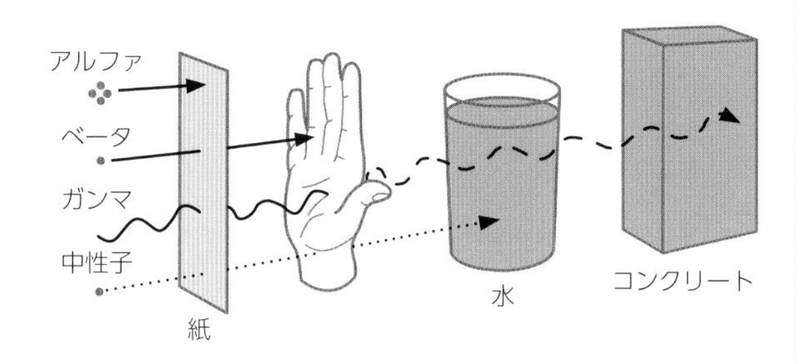

3種類の**放射線**は，その**透過力**や**ほかの物質への影響**，さらには**根本的な性質**までもが異なります。

- **アルファ（α）粒子**は，**標準的なヘリウム原子の原子核**と同じ。**陽子2個**と**中性子2個**を含み，比較的**重く**，**動きが遅く**，**紙**でも**止められる**。
- **ベータ（β）粒子**は，アルファ線よりも**軽く**，**動きが速く**，**透過性が高い**。**負**または**正の電荷**をもつ。**負の電荷をもつもの**（β^-）は，おなじみの**素粒子**である**電子**，**正の電荷をもつもの**（β^+）は，**電子の反物質**である**陽電子**。
- **ガンマ（γ）**線は，その名の通り**粒子ではなく**，**非常に高いエネルギー**をもつ電磁放射線（69ページ参照）。ガンマ線は**光の速さで移動し**，**最も透過力が高い**ため，**遮蔽**には**重い鉄や鉛**，**コンクリート**などが必要となる。

アルファ粒子の応用

アルファ粒子が発見されて以来，**予想外の用途**が次々と見つかっています。**射程が短く**，**遮蔽が容易**なため，**人間の近く**で使用することができるのです。

煙感知器は，**アメリシウム241**のアルファ線を利用して**空気をイオン化**し，**煙の粒子を遮断**して**電流**を流します。

放射性同位体熱電気転換器（RTG）は，**アルファ崩壊**で放出される**熱**を利用して**発電**する装置です。太陽電池パネルが使用できない**宇宙船**や**人工衛星**の**電源**として使用されるほか，過去には**心臓のペースメーカー**の電源としても使用されていました。

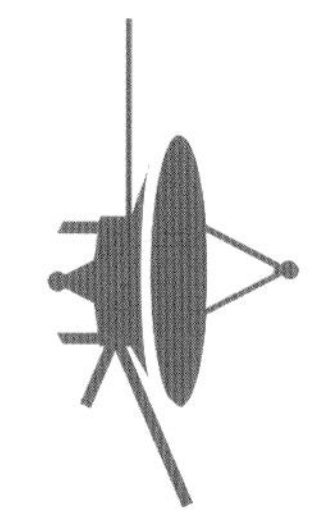

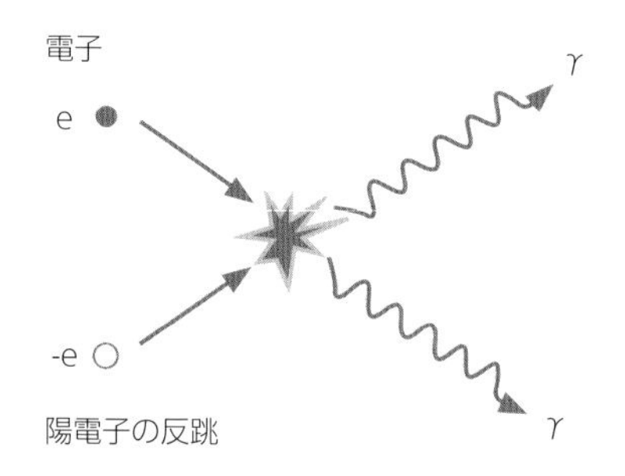

陽電子の反跳

反物質の自然発生源

反物質の粒子が**通常の物質**と接触すると，通常はガンマ線の放出というかたちの**エネルギー爆発**とともに**消滅**します。**炭素11**，**窒素13**，**カリウム40**などの**放射性同位体**から放出される**陽電子**は，通常，**生成後すぐに破壊**されますが，**線源を遮蔽**して**隔離**すれば，**実験**や**医療用**の**反物質**として利用できます。

放射性崩壊（系列・曲線）

放射線は，不安定な原子核が長期的に安定した状態になるまで出続けます。3種類の放射線は，原子核がより安定した状態に到達するための手段を表しています。

崩壊系列

不安定な原子核では，**陽子と中性子のバランスが崩れ，陽子よりも中性子のほうが多く**なりがちです。**原子核**がより**バランスのとれた状態**になるのに，三つの**崩壊メカニズム**があります。

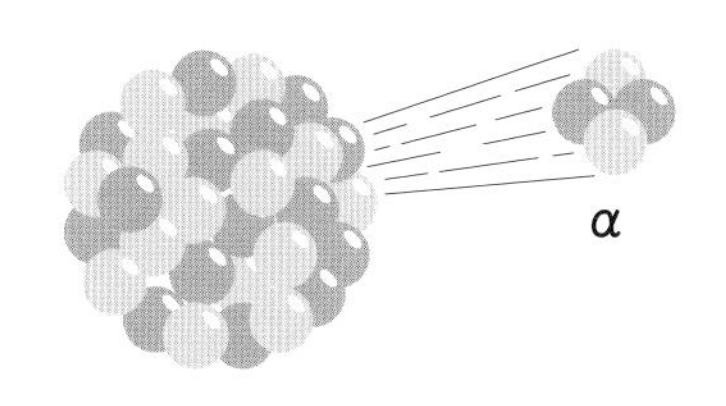

- **アルファ崩壊：「量子トンネル効果」**により原子核が**2個の陽子**と**2個の中性子**を放出し，**高エネルギー**の**原子核のクラスタ**が**原子核全体を結合する力**から**解放**される。
- **ベータマイナス（β^-）崩壊**：**原子核内の中性子**が**プラスの電荷をもつ陽子**に変化し，その際に**マイナスの電子**が生成されて**全体の電荷**に**バランス**がもたらされる。
- **ベータプラス（β^+）崩壊**：**同位体内で陽子が多い**場合に，**陽子**が**中性子**に**変化**することがある。この場合，**陽電子（陽電荷を帯びた「反物質の電子」）**が**放出**されることで**全体の電荷が均衡**する。

これらの変化の後，原子核は**可能な限り低いエネルギー状態**に**再編成**され，**ガンマ線**によって**余分なエネルギー**が**放出**されることになります。

崩壊曲線

放射性崩壊現象は，本質的に**予測不可能**です。ある原子は**ある時間内に崩壊するかも**しれませんし，**しないかも**しれません。しかし，試料が十分多い場合は，**統計的な法則**に従うと考えられます。

- 試料中の**原子**の**一定割合**が，ある時間内に**崩壊**する。
- 一定の時間が経過すると，**元の放射性同位体の量は半分**になる。
- これを放射性同位体の**半減期**という。
- **さらに半減期を経る**と，**放射性同位体の量は元の1/4**になる。

しかし，**ある放射性同位体が崩壊**すると，**崩壊系列の下位**にあるほかの放射性同位体と**（一時的に）入れ替わる**ことがあります。

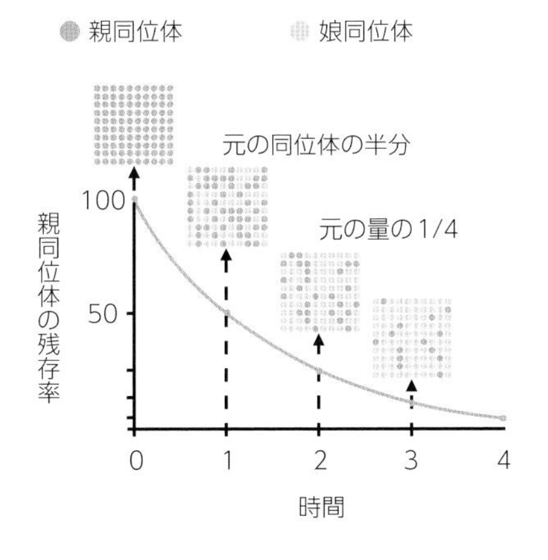

ウラン238の崩壊連鎖の例

同位体	崩壊の種類	半減期
→ウラン238	α	44.7億年
→トリウム234	β^-	24.1日
→プロタクティニウム234	β^-	1.16分
→ウラン234	α	24万5000年
→トリウム230	α	7万5400年
→ラジウム226	α	1600年
→ラドン222	α	3.82日
→ポロニウム218	α	3.10分
→鉛214	β^-	26.8分
→ビスマス214	β^-	19.9分
→ポロニウム214	α	164.3マイクロ秒
→鉛210	β^-	22.2年
→ビスマス210	β^-	5.0日
→ポロニウム210	α	138.4日
→鉛206	-	安定

注：これが主な崩壊連鎖ですが，少量の親同位体はいくつかのポイントで異なる崩壊経路をとることがあります。

放射年代測定

放射性崩壊の理解が深まったことで，岩石や生物のできた年代を測定する独創的な方法が開発されました。そのなかでも最も有名なのが，考古学で広く使われている放射性炭素年代測定法です。

放射性炭素年代測定法

すべての生物は環境中の**炭素**を取り込みますが，そのなかには**大気中，海洋，地表**に存在し，**半減期5,730年**の**弱い放射性同位体**である**炭素14**が少量含まれています。

- 大気中の炭素14は，**宇宙線が二酸化炭素の分子にあたる**ことで着実に生成されるため，14Cと12Cの**比率**は**ほぼ一定**に保たれる。
- 生物は**常に**環境と**炭素を交換**しているため，**同じ割合の炭素14**を含んでいる。
- 生物が**死ぬ**と，炭素14の交換は**止まる**。**放射性崩壊**により，**死骸**の**炭素14の割合**が徐々に**減少**していく。

地球の年代測定

炭素年代測定法は**最近生まれた有機物**に有効ですが，ほかの**放射性崩壊系列**は**古い自然物質**の年代測定に有効です。そのなかでも最も重要なのが**ウラン・鉛年代測定法**です。これは，**ウランの崩壊系列**（121ページ参照）を利用したものです。**ウラン238の半減期**は44.7億年です。

- **地質学者**は，形成時に**ウラン**を取り込み，**化学的**には**鉛**を拒絶する**ジルコンの結**晶を探す。この結晶は，**何十億年もの間，自然の破壊に耐え**られる。
- 結晶に**含まれる鉛**は，**ウランの崩壊**によって生じたと考えられる。**現在の鉛とウランの比率**によって，試料がどのくらいの**割合**で**崩壊**したかがわかる。
- 238Uなどの**同じ崩壊系列の同位体**の**半減期**は**正確にわかっている**ので，数十億年前の**岩石**であっても**1%**以下の誤差で**年代を推定**できる。

炭素年代の欠点

- **半減期**を重ねるごとに**炭素14の割合**が減っていくため，**古い物質の測定値**は**統計的に正確ではなく**なる。
- 炭素年代測定は**約6万年前までの有機物にしか有効**ではなく，**古い試料**ではその**精度は低下**する。
- 環境中の炭素14の割合は，**地球の気候，宇宙線の強さ**，その他の現象（**現代の技術**を含む）に影響される。
- そのため測定値は，**氷床に閉じ込められた古代の大気**から得られる**数値と照らし合わせる**必要がある。

地球の内部エンジン

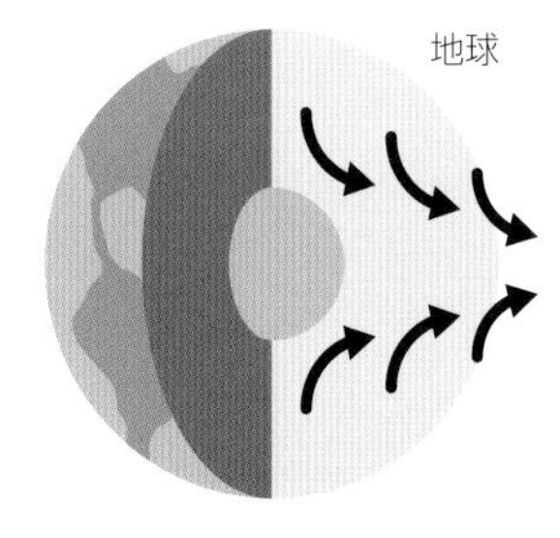

45億年以上前に地球が誕生した際，**岩石**が**激しく衝突しあって発生した熱**が一部まだ残っています。ただ，地球の**地質活動**の多くは，奥深くにある**ウラン**や**その他の放射性同位体**の**ゆっくりとした崩壊**が**エネルギー源**となっています。
これらの放射性同位体は，太陽系誕生より前に爆発した星の核融合によって生まれたものです。

7 原子と放射能

核エネルギー

放射性物質の崩壊によって放出されるエネルギーは，原子核を結合させる「結合エネルギー」と関連しています。そのため，原子核からエネルギーを得るには，原子核を分裂させる方法と，強制的に結合させる方法の二つがあります。

原子核の結合エネルギー

複数の粒子を**結合**させて**原子核**をつくるのは，**液体が凍ったり蒸気が凝縮したり**して**原子や分子**が結合するのと同じです。**個々の粒子**が**以前の状態**よりも**少ないエネルギー**しか**必要**としないため，**余分なものを排出**することができます。ある原子核の**結合エネルギー**とは，その**原子核**を**陽子と中性子に分離**するために（理論的に）必要なエネルギーのことです。

- **アルバート・アインシュタインの有名な方程式** $E=mc^2$ により，**エネルギーと質量は等価**であるため，**ある原子核が「捨てた」結合エネルギー**は**質量の差**となって表れます。
- **原子核の質量**と，**同じ数の核子**（陽子と中性子）**の質量**との差を「**質量欠損**」といいます。
- たとえば，**6個の陽子**と**6個の中性子**を**合わせた質量**は，**12個の炭素**を**合わせた原子核**の**質量**よりも**約0.8％大きい**です。

核分裂か核融合か？

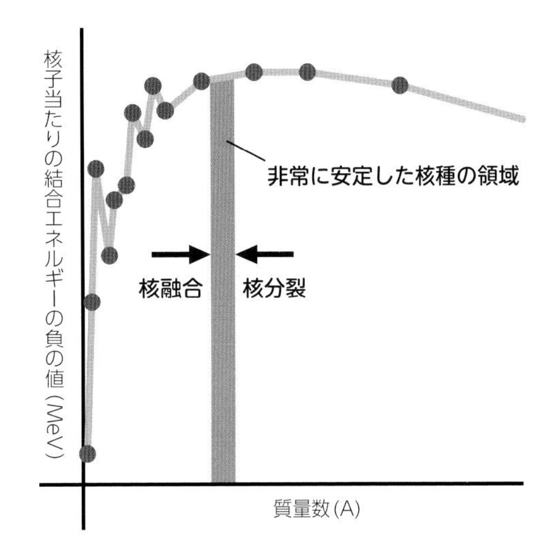

原子核の**結合エネルギー**は**さまざま**で，単純に**核子数**を計算しただけではわかりません。**核子当たりの結合エネルギー**のグラフで表すことができます。

鉄（原子番号26）**までの元素**は，結合エネルギーが**大きく**なっていきます。ここまでは，**軽い原子核を融合**して**重い原子核**をつくれば，必ず**エネルギーが放出**されます。

しかし，**鉄より**も重い元素では，核子当たりの結合エネルギーが**小さく**なっていきます。これは，**原子核が大きく**なると，ごく**短距離で原子核**どうしが引き合う**強い核力**に比べて，その**周辺**にある**陽子**どうしの反発が**強く**なるためです。一般的には，**重元素を融合させる**と**エネルギーを吸収**してしまい，**エネルギー源にはなり得ません。**一方，**重元素を分裂**させて**軽元素**にすると，**エネルギーが放出されます。**

核融合エネルギー

星のエネルギー源が核融合です。重元素の原子核を分裂させるのではなく，軽元素を結合させることでエネルギーを放出します。また，地球上で無限のクリーンエネルギーを生み出す可能性も秘めています。

星の中の核融合

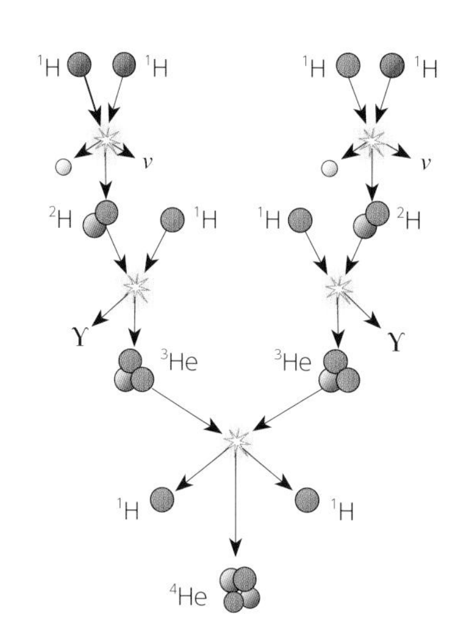

ほとんどの星のエネルギー源は，**水素の原子核**（陽子）が**結合**して**ヘリウムの原子核**になるという，**最も単純な核融合**です。

- **太陽**のような**星の中心部**では，温度は1,500万℃，**圧力は地球の大気**の25万倍にも達する。このため**電子がはぎ取られ**，**正電荷を帯びた原子核**が**相互の斥力を打ち消すほどの速さ**で**衝突**している。
- **水素の融合**には**二種類のプロセス**がある。一つは**太陽**のような比較的**小さな星**の**単純な陽子・陽子（PP）連鎖**，もう一つは**核の温度がさらに高い重い星**の**CNOサイクル**。どちらも最終的には**ヘリウム**が生成される。
- **ヘリウム原子がつくられる際**に放出される**核融合の量**は同じだが，**より重い原子核**のなかでヘリウム原子が**つくられてから**放出される「**CNOサイクル**」のほうが，**PP連鎖より**もはるかに**早く行われる**。
- **重い星**は**より明るく輝き**，**太陽**のような星では**数十億年**かかるところを，**数百万年**で**核の水素**を「燃やし尽くす」ことになる。
- **太陽のような星**の**核の水素**が**使い果たされる**と，星は**いくつかの変化**を経て，**核の温度と圧力をさらに高める**。これにより，**ヘリウムの核を融合させる**ことができるようになる（星が枯渇するまでに，さらに融合のレベルが進むこともある）。

地球上での核融合

地球上で核融合を起こそうとすると，**太陽に近い状態をつくり出す**必要があります。

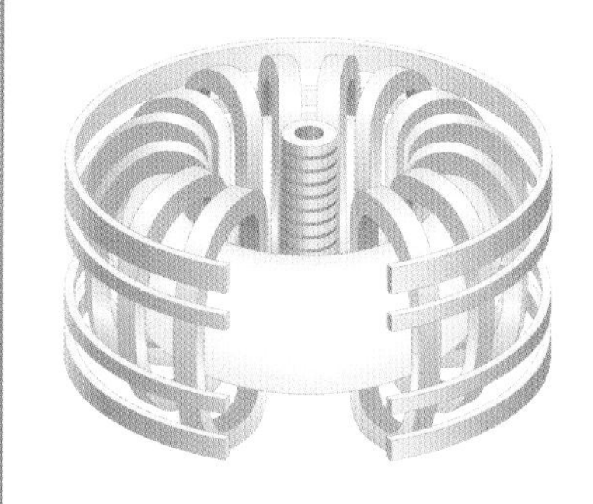

- 核融合炉は，**ドーナツ型の容器**。
- 強力な**電磁石**で荷電イオンを壁に触れないように**圧縮**して容器内に**閉じ込める**。
- **レーザー**，**磁石**，**電場**などで**核融合物質**を**数百万℃**に加熱する。
- **個々の陽子を融合**させるような**極端な条件**は現実的ではないため，**PP連鎖のさらに下**に現れる「**重い**」**水素同位体**である**重水素**と**三重水素**の融合を目指している。

核分裂エネルギー

原子炉は，原子核を人工的に分裂させることによって放出されるエネルギーを増加させるために，制御された方法で核の連鎖反応を利用しています。

連鎖反応

原子力発電所では，**誘導崩壊**と呼ばれるプロセスを利用しています。**一つの放射性同位体が自然に崩壊**する**正確なタイミング**は予測できませんが，**不安定な原子核に別の素粒子**（多くは**中性子**）を**衝突させる**ことで，**強制的に崩壊させる**ことができます。しかし，その結果，**通常の崩壊**ではなく，**核分裂反応**が起こり，「**娘同位体**」と呼ばれる**二つの軽い原子核**が生成され，時には中性子などの**ほかの浮遊粒子**も放出されます。

連鎖反応では，**核分裂**のたびに**娘同位体**に加えて**中性子**が放出されます。中性子は，**近くにある元の親同位体のほかの原子にぶつかり**，**崩壊が連鎖**していきます。

中性子が1個以上放出されると，**連鎖反応**が起こり，**危険な**量の**熱**，**エネルギー**，**放射線**が放出されます。**減速材**は，**核分裂性物質を取り囲む**ように配置される物質（**黒鉛**や**重水素同位体を含む重水**など）のことです。中性子を**吸収したり減速させたり**して，連鎖反応の**速度を抑え**ます。

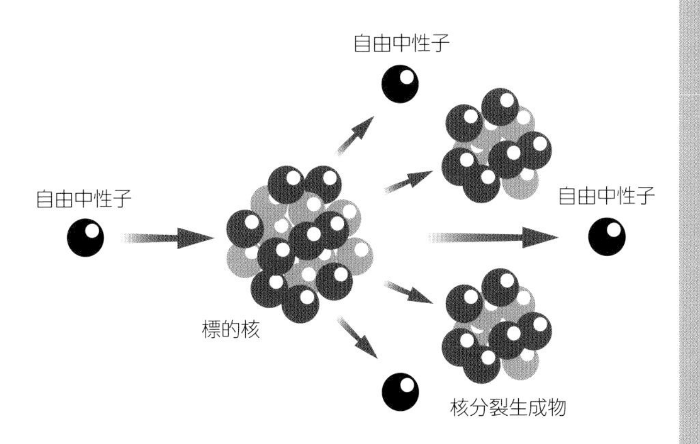

発電所

原子力発電所では，**核分裂によって放出されたエネルギー**を利用して，**冷却装置**に送られた**水を加熱**します。この水が**蒸気**になると，**タービンが回転して電気が発生**します。1948年に**テネシー州オークリッジ**で**最初の原子力発電所**が運転を開始して以来，以下のようなタイプの設計が行われてきました。

- **加圧水型原子炉**：現代の原発では多数派で，**通常の水に圧力**をかけて**炉心に送り込む**。水は**中性子の減速材**として，また**蒸気を発生させる**ための**冷却材**としての役目を担う。
- **増殖炉：使用する燃料よりも多くの燃料を生成**することができる。**核分裂性燃料**から発生する**過剰な中性子**を「**肥沃な**」**物質**（**ほかの原子力発電所からの廃棄物**を含む）に照射し，**使用可能な放射性同位体に変換**する。
- **溶融塩型原子炉：冷却材**に**液体の塩**を使用し，**燃料**にはウランではなく**トリウム**を使用したコンパクトな原子炉。**従来の原子力発電所**のような危険性はない。

7 原子と放射能

核兵器

発電所とは異なり，核兵器は核分裂や核融合で発生した膨大なエネルギーを一瞬にして放出し，質量をエネルギーに変えて破壊的な効果をもたらします。

原子爆弾

最も単純な核兵器は，暴走する核分裂反応から直接エネルギーを得ます。核分裂性物質の「臨界量」を形成し，単一の崩壊事象が連鎖反応の開始のきっかけとなるようにするのです。

・核分裂反応を起こせるほど高密度に集積できるのは，一部の放射性同位体（代表的なものはウラン235とプルトニウム239）だけ。原料は加工したり，濃縮したりする必要がある。
・原子爆弾の臨界量を達成するためには，二つの方法がある。最も単純な方法は，銃のような機構を使って二つの臨界量以下の質量を一つにまとめる方法。より洗練された方法は，臨界密度以下の燃料を兵器に搭載し，通常の爆発物である「レンズ」を爆発させて圧縮するというもの。
・核分裂兵器で難しいのは，核分裂反応が完了する前に爆発しないようにすること。高密度の物質で囲むことにより，炉心をより長く保持し，逃げようとする中性子を反射させることができる。

熱核爆弾

核融合を利用した兵器は，核分裂だけを利用した兵器に比べて桁違いの威力をもちます。
比較的小さな核分裂の爆発の熱と圧力を利用して，周囲の核融合燃料の層で核融合を起こします。

・核融合物質は重水素とトリチウムの水素同位体の混合物（そのため「水素爆弾」と呼ばれている）。
・核融合爆発のエネルギーによって，本来ならば核分裂反応を起こさないような物質でも，核分裂反応を起こすことができる。たとえば核分裂性の高い同位体を取り除いた後に残る「劣化ウラン」など。
・複数の核融合層と干渉層を入れ子にすることで，理論的には任意の出力の熱核兵器をつくることができるが，2段以上の大きさになると運搬が困難になる。
・核融合では放射性物質は発生しないが，核分裂では危険な放射性降下物が大量に発生する。

リトルボーイとファットマン

第二次世界大戦末期に広島と長崎に投下された爆弾は，それぞれウラン製の銃型起爆装置とプルトニウム製の爆縮装置を使い，TNT火薬1万5,000トンと2万1,000トンに相当するエネルギーを放出しました。

ツァーリ・ボンバ

1961年10月，ソ連は史上最大の熱核爆弾の実験を行いました。西側ではツァーリ・ボンバと呼ばれた多段式爆弾で，1億トンのTNT火薬に相当するエネルギーを放出しました。

量子革命

原子より小さいレベルでは，粒子はニュートン力学的な古典物理学ではなく，量子の不思議な性質に支配されています。量子物理学の発見は，20世紀初頭の科学を大転換させました。

量子化された光

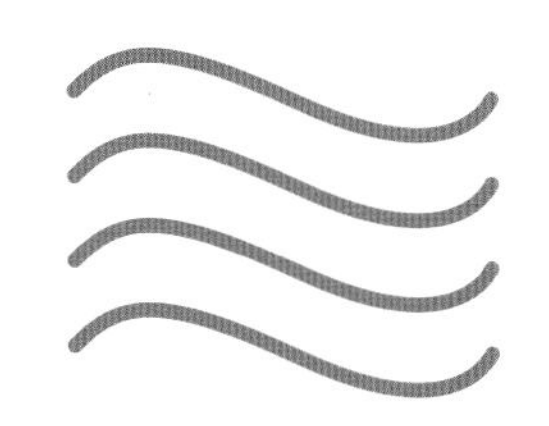

1900年，ドイツの物理学者**マックス・プランク**は，**黒体放射**（62ページ参照）の問題を説明する新しい試みを行いました。完全な発光体の**波長ごと**の**出力**を予測する**数学的法則**は，**短波長**と**長波長**のどちらか一方には有効ですが，**両方**には使えませんでした。

そこで，プランクは**数学的な解決策**として，何らかの理由で黒体が**エネルギーを放出**するときは，**小さくてはっきり**とした**光の束**（**量子**）になると考えました。それぞれの光の束は，

$E=h\nu$　または　$E=h(c/\lambda)$

という方程式で与えられる**エネルギー**をもっています（hは**プランク定数**，νは**光の周波数**）。

プランクは，この方程式を**実験結果を説明できるようにつくりました**が，量子が黒体に特有の**不思議な発光方法**であるという以上の意味はないと考えていました。

光電効果

1905年，**アルバート・アインシュタイン**はプランクのアイデアを用いて，**別の不可解な現象**を説明しました。**光電効果**とは，**ある種の金属**に**光を当てる**と，その金属の**表面**から**電流が流れる**現象です。しかし，**光を当てる**と電子が発生して**電流が流れる**という**関係**は不可解なものだと思われました。

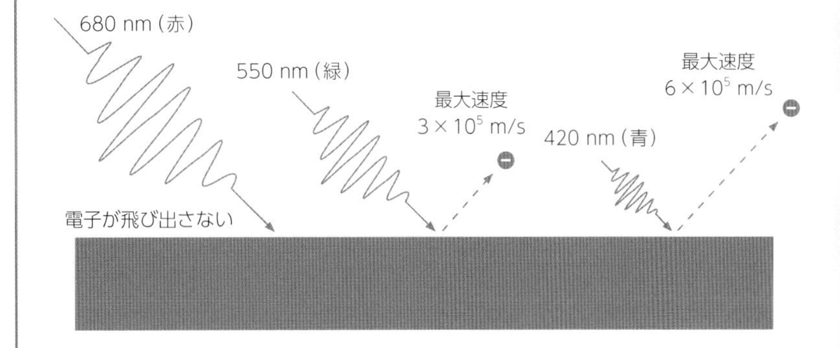

- 赤い光：どんなに強くても電流は流れない
- 緑色の光：強さに応じて電流が増加
- 青い光：強さに応じて電流が増加

アインシュタインは，**電子**が**連続した波**ではなく，**個々の光の束**から**エネルギーを得て**いれば，この効果が説明できることを示しました。

- **原子**に与えられる**エネルギー**は，**プランクの法則**によって支配されている。
- **光の強さ**は，**表面に当たった光の束**（**量子**）**の数**に依存する。
- **波長が短い**ほど光の束一つがもつ**エネルギーは大きく**なる。
- **波長の長い**光は，どんなに強くても，**個々の光の束**（**量子**）には**それ以上のエネルギー**はない。

のちの物理学者は，**光の束**（**量子**）を**光子**と呼びました。

波動と粒子の二重性

アインシュタインは，光の波が個別の粒子のように振る舞うことを示しましたが，1920年代の物理学者たちは，逆に粒子が波のような振る舞いをすることもあるのではないかという疑問をもち始めました。

ド・ブロイの仮説

アインシュタインが**光子の存在**を示唆したことにより，光子には**測定可能な質量**がないにもかかわらず，何らかのかたちで**運動量**があるはずだと考えられました。この運動量p，**周波数**nと**波長**λの関係は以下の式で表されます。

$$p = h\nu/c \quad \text{または} \quad p = h/\lambda$$

（hは**プランク定数**，cは**光速**）

ルイ・ヴィクトル・ド・ブロイは，1924年の博士論文のなかで，なぜ**従来の物質粒子**に光子と同じ方程式が当てはまらないのかを問いかけました。たとえば，**動いている電子**に**運動量**があるならば，それに**伴う波長**があるはずではないでしょうか。

この**ド・ブロイ波長**と呼ばれるものは，

$$\lambda = (h/mv) \sqrt{(1-v^2/c^2)}$$

という式で与えられます。mは粒子の**質量**，vは粒子の**速度**を表します。

ド・ブロイの式から次のことがわかります。

- **最も小さい素粒子**を除いて，たいていの粒子の波長は**無に近いくらい小さい**（**可視光の波長**よりはるかに小さい）。
- 粒子の**速度を上げる**と，その**波長は短く**なる。
- 粒子の**質量を増加**させると**波長が短く**なる。

したがって，この**波のような性質**は，**最小の素粒子**の間でのみ見られます。

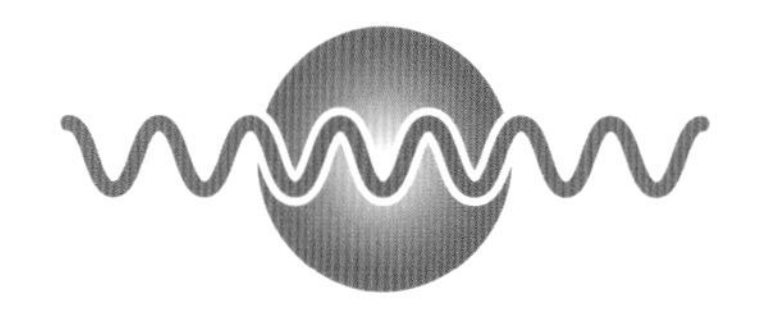

粒子の二重スリット実験

1800年に**トーマス・ヤング**が行った**有名な二重スリット実験**は，光が**波のような干渉縞**を生み出すことを示し，1世紀にわたって光の性質についての考え方を決定づけました。1920年代半ば，**クリントン・デイヴィソン**と**レスター・ガーマー**は，**電子**が**ニッケルの表面**で**反射**して**回折**すると**同じような効果**が得られることを示しました。

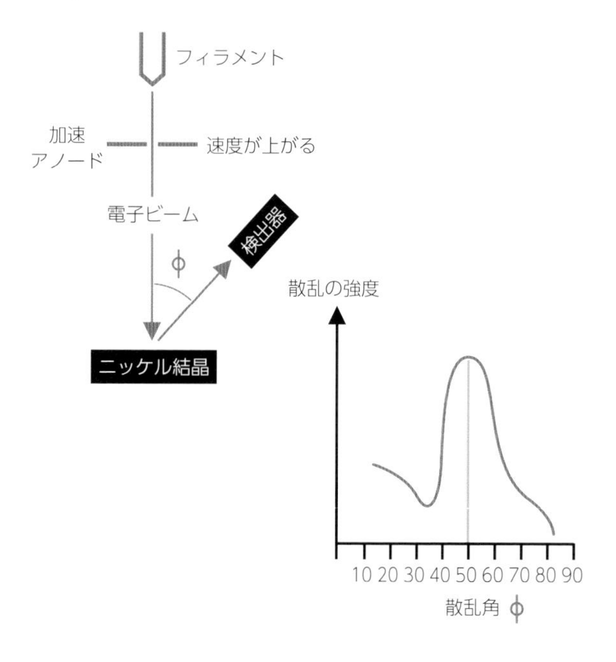

- **電子銃**（**ブラウン管**のようなもの）は，**二つの細い平行なスリット**をもつ**障壁**に向けて，**広がる電子ビーム**を発射する。
- 電子は**複雑な干渉縞**を形成する。電子の波は，**光の波**と同様に**回折**され，互いに**干渉**する**波紋**が生じる。
- **二重スリット実験**の**干渉効果**は，**小さくて質量が非常に小さな素粒子**にしか作用しない。

電子顕微鏡

素粒子は光よりもはるかに小さい波長をもっています。
電子顕微鏡はこの性質を利用して，可視光では得られない倍率で対象物を高精細撮影します。

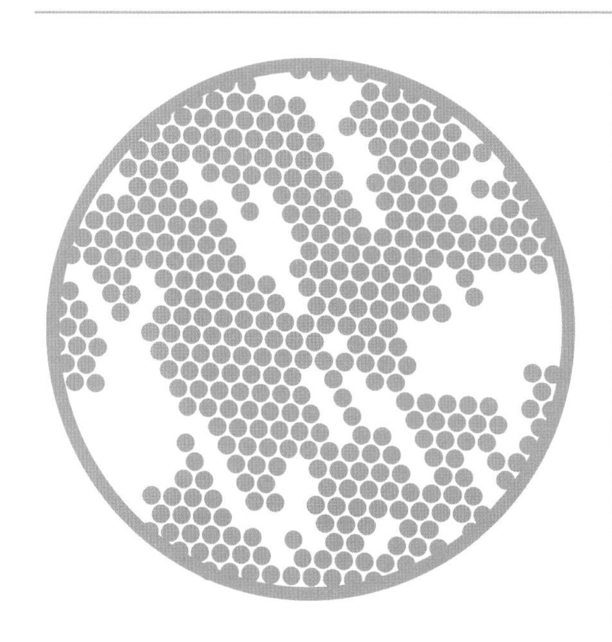

透過型電子顕微鏡

最もシンプルな**透過型電子顕微鏡**（TEM）は，1930年代初頭に開発されました。**非常に薄い試料**に**電子線**を照射して観察します。

- **電子**は，**陰極線**から**試料**に向かって発射される。
- 電子は試料を通過する際に，**散乱**や**回折**など，**ほかの波**と**同様の現象**の影響を受ける。
- 電子は，**蛍光体でコーティングされたスクリーン**上に**画像**を生成したり，**写真フィルム**の表面で**吸収**されたりし，**光によるものと同様の化学的変化**を引き起こす。
- **結果として得られる画像**は，最大で**1,000万倍**の**倍率**になる。

走査型電子顕微鏡

より使いやすい**走査型電子顕微鏡**（SEM）は1950年代に開発されました。**電子が反射面で跳ね返る**様子を検出して画像を形成するため，**立体**やより**大きな試料**を**詳細に撮影**できます。

- 電子ビームを**高速**で試料上を**往復**させる。
- 電子は表面で**跳ね返り**，**散乱**や**回折**を起こす。
- **検出器**はその**試料から出てくる電子**を拾い，表面の**画像を構築**する。
- SEMの**拡大率**は最大約**100万倍**。

量子の波動関数

**量子物理学で粒子が波のような側面をもつならば，
その波の正確なかたちを知ることができれば当然役立ちます。
1925年，エルヴィン・シュレーディンガーは，この波のかたちを表す式を考案しました。**

波動方程式

シュレーディンガーは，量子の波の**大きさ**，**かたち**，**強さ**が変化することを表す“**波動関数**”という言葉をつくり，ギリシャ文字のΨ（プシー）で表しました。
シュレーディンガーは，波動関数の**性質**や**関係**を記述するためにいくつかの「**波動方程式**」を作成しました。そのなかでも最も理解しやすいのは，**1次元の空間**における波動関数の**時間変化**を記述する方程式です。

（注：**波動関数**は**3次元**の**空間にまで展開**し，**はるかに複雑な数学的表現**が必要です）

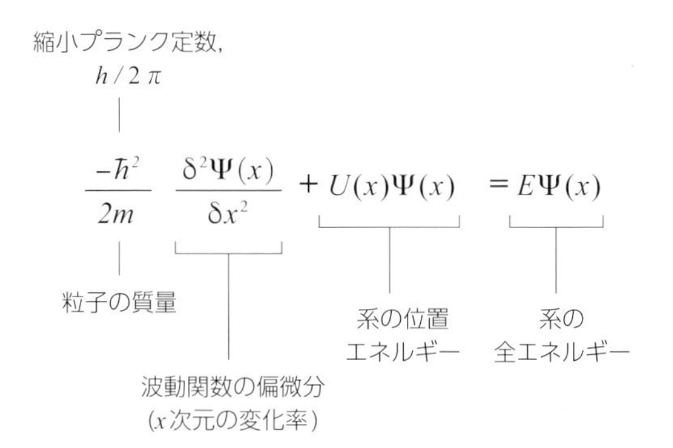

その意味は？

波動関数の本当の意味については，現在でも物理学者の間で**議論**が続いており，いくつかの**対立する解釈**があります。しかし，実用的には次のようにいえます。

- 波動関数とは，**波のような性質を示す**ように設計された**実験**によって，**粒子の性質**が**空間に広がっていく**様子を表したもの。
- 波動関数は，**特定の場所**で，または**特定の性質**をもった**粒子が“古典的”に観測**される可能性を予測する。

古典力学

量子トンネリング

シュレーディンガーの方程式は，量子物理学の多くの分野で用いられています。**古典物理学**では**説明できない放射性崩壊などの過程**を説明するのにも重要な方程式です。

- **古典的なイメージ**：**原子核**は**エネルギー障壁**（**ポテンシャル井戸**）に囲まれており，**限られたエネルギーの粒子は外に出られない**ようになっている。
- **量子論的なイメージ**：**アルファ粒子**や**ベータ粒子**が**原子核内**に存在する。ある瞬間，**波動関数**が**障壁を越えて広がり**，そこで**粒子が観測される可能性が小さいながらも存在**する。

量子力学

8 量子物理学

量子力学

量子力学は，粒子の量子的な振る舞いを記述するための道具です。1920年代半ばから後半にかけて発展し，「波動力学」「行列力学」とも呼ばれています。

波動と行列

量子物理学の発展の初期には，**二つの異なるアプローチ**がありました。

- **波動力学**は，**波動関数**と**シュレーディンガーの波動方程式**を**数学的に操作**するもの。
- **行列力学**は，**行列と呼ばれる数学的な値の集まり**を操作して，**量子の性質**を予測する。

1927年，**ポール・ディラック**は「**変換理論**」を展開し，**波動力学**も**行列力学**も，**同じ基本的な問題**に対しての**異なるアプローチ**であり，**数学的に同じ**ものであることを示しました。

$$f_{m,n} = \sqrt{\frac{h}{2\pi}} \begin{bmatrix} f_{11} & f_{12} & f_{13} & f_{14} & f_{15} & \cdots \\ f_{21} & f_{22} & f_{23} & f_{24} & f_{25} & \cdots \\ f_{31} & f_{32} & f_{33} & f_{34} & f_{35} & \cdots \\ f_{41} & f_{42} & f_{43} & f_{44} & f_{45} & \cdots \\ \vdots & \vdots & \vdots & \vdots & \vdots & \vdots \end{bmatrix}$$

波動関数の崩壊

原子のなかの**電子**のような実際の量子系の**振る舞い**を記述することは，**現実に対する二つのまったく異なる捉え方**を**つなぐ**ことを意味します。

- **波動関数**による**量子の記述**では，**粒子**とその**特性**が，空間的に広がった**幅広い位置とエネルギー**を占め，**統計的確率**の観点からの説明が最もうまくいく。
- **局所的な粒子**，**正確な特性**，そして**私たちが日常的に経験している特定の結果**についての**大規模**な，あるいは**巨視的**な**見方**。

物理学者は波動関数を**異なる波長の波が干渉**するように互いに「重なりあう」**粒子の起こりうるさまざまな状態**の**記述**として捉えます。これらの重なりあった状態は，**量子的な世界から巨視的な世界へと移行**する際に，何らかの方法で**必ず単一の観測結果になります**。

この**変容**は，**波動関数の崩壊**として知られています。しかし，**波動関数の解釈**や，**本当に波動関数が崩壊するかどうか**については，いまだ疑問が残されています。これらは，さまざまな**量子的解釈**によって，ある程度答えられています。

コペンハーゲン解釈

最も有名で広く受け入れられている量子解釈であるコペンハーゲン解釈は，観測者とその測定値を重視することで，量子波動関数の崩壊をモデル化しようとするものです。

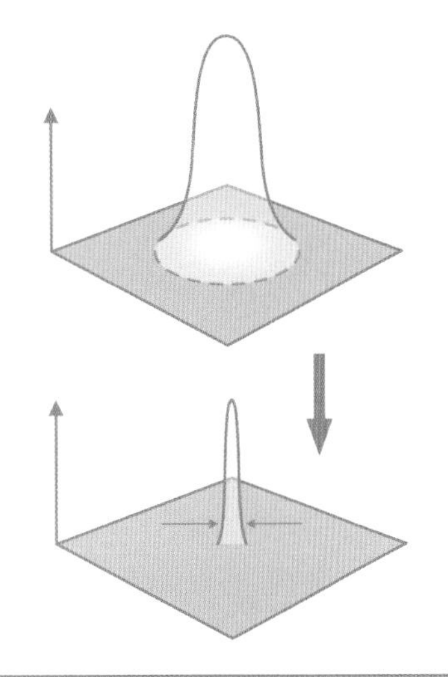

コペンハーゲン解釈とは

波動関数の崩壊に対する**最もシンプルで有名な**アプローチは，**ニールス・ボーア，ヴェルナー・ハイゼンベルク**らが1920年代に発展させた**コペンハーゲン解釈**です。**正式に定義されたことはありませんが，**いくつかの**指針**に基づいており，そのなかでも最も重要なものは以下の通りです。

- コペンハーゲン解釈では，**波動関数の客観的な実在性に関する疑問をひとまず無視し，古典的に系を測定したときに異なる結果になる確率を予測するためのツール**としてのみ扱う。
- **観測されていない量子系**は，波動関数によって記述された**不確定な状態**で存在しているが，**測定または観測された瞬間**に，波動関数が**崩壊して確定的な結果**が得られる。

測定の意味

波動関数が崩壊する原因については，コペンハーゲン解釈の支持者の間でも**意見が分かれて**います。次のような**説**があります。

- **デコヒーレンス**：**測定器**のような**巨視的な物体**は，**それ自体が波動関数**をもっているとする考え方。測定器が**量子系と接触する**と，両者の**干渉**により，測定される波動関数の**安定性**や**コヒーレンス**が**失われ，単一の確定した状態**に崩壊する。
- **自発的崩壊**：この理論では，量子波動関数が**自発的に崩壊**し，**もつれ**（140ページ参照）によって周囲に影響を与えることがあるとされている。**一つの粒子では非常にまれ**な現象だが，測定器には**非常に多くの粒子**が含まれているため，**量子系が測定器と接触する**（**もつれる**）とすぐに，測定器内にある**粒子の自然崩壊**による影響を受けてしまう。
- 「**意識が崩壊を引き起こす**」：これは，波動関数の崩壊が実際に起こるためには，**意識をもって考える観察者の存在**が不可欠であるとする，賛否のあるアイデアである。

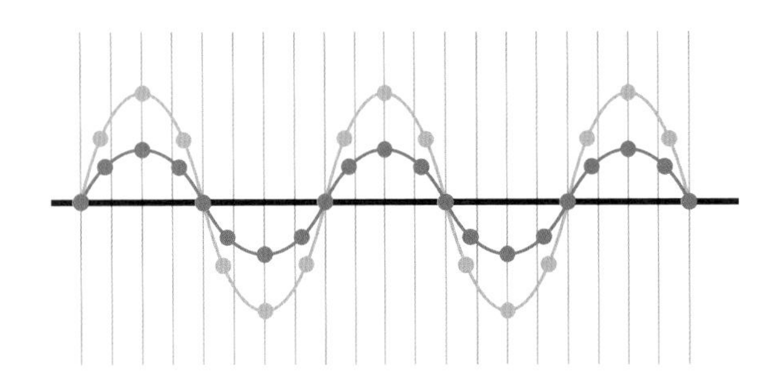

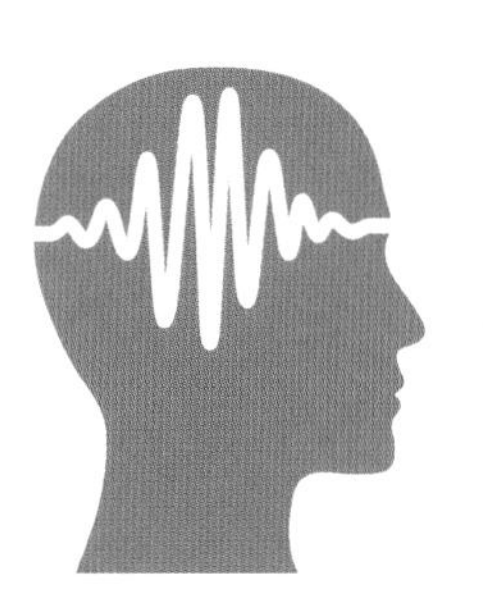

ハイゼンベルクの不確定性原理

ハイゼンベルクの「行列力学」による量子論の重要な成果の一つは，ある特性が測定と本質的に結びついていることを明らかにしたことです。このことから，量子の世界に関する我々の知識には本質的に限界があることになります。

相補的な性質

ハイゼンベルクの原理は，**単純な式**で表されます。

$$\Delta x \, \Delta p \geq h$$

Δxは**位置の不確かさ**
Δpは**運動量の不確かさ**
hは**プランク定数**

プランク定数は**非常に小さい**ため（標準単位では6.626 × 10^{-34} m^2 kg/s），実際には，**位置と運動量の値を正確に測定して**この限界に達することは**非常にまれ**であり，また非常に難しいことでもあります。

とはいえ，**二つの相補的な測定値を同時に絶対的な任意の精度で測定することは，理論的には不可能です。一方をより正確に限定すると**，もう一方の**不確かさが大きくなります。**

測定か現実か？

1. 位置の不確かさ：対象物の波長/運動量が正確にわかるほど，その位置を正確に決定することができなくなります。

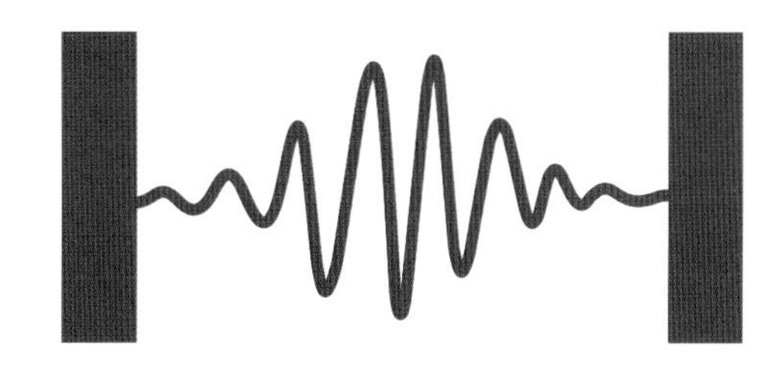

2. 波長の不確かさ：物体の位置が厳しく限定されるほど，その波長と運動量を正確に把握することが難しくなります。

不確定性原理の**解釈の一つ**として，「**量子力学的特性の測定の限界**を反映したもの」というものがあります。**ハイゼンベルク**自身も当初は不確定性原理をこのように捉えていました。しかし，のちの物理学者たちは，**相補的な特性間の不確定性**は**量子の振る舞いの基本的な側面**であるという結論に達しました。

さらなる不確定性

位置と運動量の関係が不確定性原理の**最も有名**な側面ですが，量子物理学の方程式はそれだけではありません。なかでも重要なのが，**時間（t）とエネルギー（E）の不確定性関係**です。

$$\Delta E \, \Delta t \geq h$$

これは，**ある瞬間**の**系のエネルギー**を**任意の精度**で**特定することは不可能**であるというものです。そのため，短時間スケールでは**系のエネルギーレベル**は**劇的に変動**し，仮想粒子の自発的な生成など，**予想外の重要な効果**をもたらすことがあります。

シュレーディンガーの猫

**量子波動関数の発見者であるエルヴィン・シュレーディンガーは，
コペンハーゲン解釈の還元的なアプローチに異議を唱えました。
シュレーディンガーは批判のために，物理学で最も有名な「思考実験」を考案しました。**

猫と箱と毒薬の小瓶

シュレーディンガーの思考実験は，**量子の世界に内在する不確実性**を，**巨視的なスケール**に変換するものです。

1匹の猫が外部から**見えないように箱に入れられています**。

箱のなかには**毒の入った小瓶**が入っていて，毒が出ると**猫は死んでしまいます**。

箱のなかに封印された**小さな放射性物質**からの**アルファ粒子**をガイガーカウンターが検出すると**毒が放出される**ようになっています。

放射性物質の**崩壊現象**はミクロで量子物理に従い，**確率的**です。崩壊した場合，**毒が放出**され，**猫は死んでしまいます**。

不条理な結果

シュレーディンガーの指摘は，「**波動関数は観測された瞬間に崩壊し定義された結果になる**」というコペンハーゲン解釈が，**奇妙な結果**をもたらす可能性があるというものでした。コペンハーゲン解釈によれば，**放射性物質の状態は**，箱が**開けられる**までは，**ありうる結果**の「**量子重ね合わせ**」の状態にあります。しかし，それでは**系のほかの部分**も**同じように不確実な状態**に置かれるのでしょうか？　箱が開けられるまで，猫は**生と死の中間をなんとなくさまよっている**のでしょうか？

あくまで議論のため

シュレーディンガーの猫は有名ですが，**実際に実験を行う**ことは**無意味**であり，残酷でもあります。もし波動関数が**観測される**まで本当に**宙に浮いた状態**なのであれば，定義上，**それを知るための実験を考案することはできません**。**箱を開ける**ことでも，**量子の不確定性が確定して具体的な現実になる**ためのほかの**効果**であっても，**確定の瞬間**を捉えることはできません。箱のなかを見て**結果**がわかるだけです。

8 量子物理学

多世界とその他の量子解釈

コペンハーゲン解釈は，波動関数の働きに関する標準的な説明としてよく知られていますが，この問題はまだ決着がついていないため，多くの物理学者が別のアプローチを考え出しています。

多世界解釈

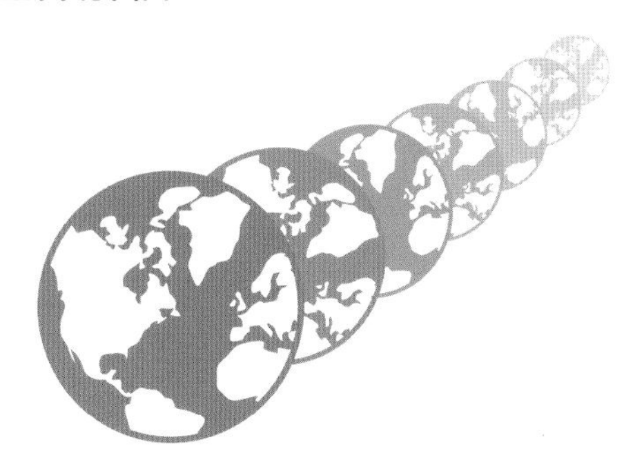

1957年に**ヒュー・エヴェレット3世**によって提唱された**多世界解釈**は，量子波動関数の解釈としては最も**大胆な**ものです。多世界では，

- **波動関数は決して崩壊しない。**
- それどころか，量子系を「**測定**」するたびに（言い換えれば，**量子現象が大規模な宇宙と相互に作用する**たびに），**ありとあらゆる結果**に対して**分岐した現実**がつくられる。
- つまり，**私たちが見ている宇宙**は，**無限に存在する多世界のうちの一つ**であるということである。
- したがって，**量子現象の結果**は，**私たちが多元宇宙の特定の枝に存在している**という事実を反映しているにすぎない。

デコヒーレンス

いくつかのコペンハーゲン解釈と別の解釈は，**デコヒーレンス**という概念を採用しています。波動関数の「**崩壊**」が**幻想**であるという考え方で，特定の視点からは**崩壊したように見え**ても，**実際には崩壊していない**というものです。

無矛盾歴史解釈

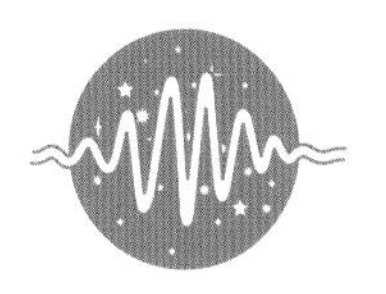

この解釈は，**複雑な数学**を用いて，事実上，**コペンハーゲン解釈を拡張**したものです。この解釈では，**波動関数の本当の目的**は，**個々の量子的な事象に限らず，系全体の取り得る結果**，つまり，**宇宙全体に匹敵するほどの大きさ**の**量子スケール**と**古典スケール**の**事象**の組み合わせを記述することだとしています。

無矛盾歴史解釈は，**異なる結果がすべて起こる**ことを主張するものではなく，また，特定の系で**どの結果が起こるかを予測するツール**でもありません。**波動関数の崩壊という問題を回避**しつつ，**我々が観測する宇宙を記述**するための**数学的手段**にすぎません。

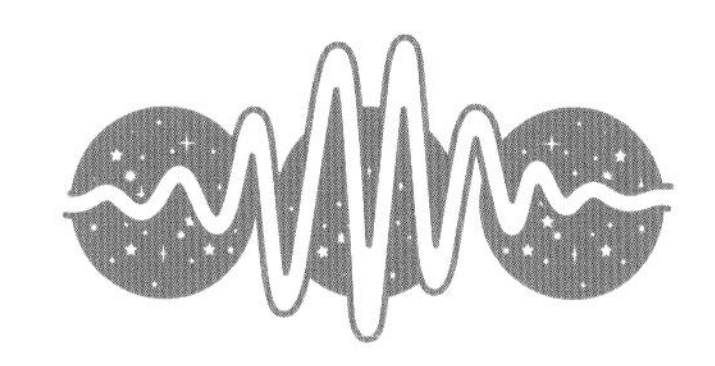

アンサンブル解釈

アインシュタインが好んだこの見解では，波動関数は**同一の系の巨大な配列またはアンサンブルの結果を記述する**と考えられています（**エヴェレットの多世界**にやや似ています）。波動関数は，**私たちがどの世界にいるのかを決定しますが**，この理論は**予測を行うための道具にはなりません**。

量子数とパウリの排他原理

私たちの日常的な経験とは対照的に，素粒子の特性の多くは「量子化」されています。連続的に変化するのではなく，「量子数」で表される離散的な値しかとることができません。

量子化された性質

量子数とは，**量子化された素粒子の特性の値**を表す**数**のことです。**電荷**などの**基本単位の倍数**である場合もあれば，何らかの**区別**をするための**単位のない数**である場合もあります。たとえば，**原子のなかで軌道を回る電子**の**位置**や**エネルギー**は，**四つの主要な量子数**で表されます。

- 主量子数：n
- 方位量子数：ℓ
- 磁気量子数：m_ℓ
- スピン投影量子数：m_s

パウリの排他原理

ヴォルフガング・パウリの原理とは，**電子**のような特定の粒子系において，**二つの粒子**がまったく同じ**量子数**をもつことはないというものです。

たとえば，**原子を周回する電子**が，**原子核**に近い**最もエネルギーの低い状態**に単純に落下するのではなく，**複雑な軌道殻**を形成していることもこの原理によって説明できます。

量子原子

電子の四つの量子数によって，**原子**の周りの**軌道殻の構造**が決まります。

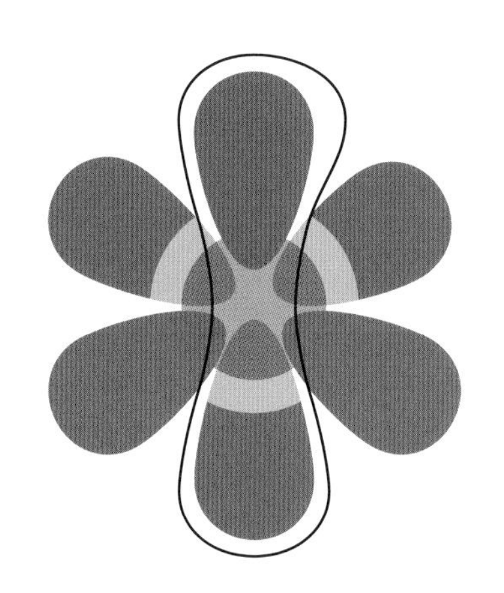

- **主量子数n**は，**全体の殻**を定義する。
- **方位角量子数ℓ**は「**亜殻**」を定義する。
- **磁化量子数m_ℓ**は，特定の**電子**の「**軌道**」を定義する。

nが大きくなると，**ℓの取り得る値**の範囲も大きくなり，**ℓが大きくなる**と**m_ℓ**の取り得る**値**の範囲も大きくなります。一方，**スピン量子数m_s**は，**二つの値**しかなく，**変化しません**。

n=4までのn，l，m_ℓの値の関係

n	lの値	亜殻の指定	m_ℓの取り得る値	亜殻の軌道数
1	0	1s	0	1
2	0	2s	0	1
	1	2p	1, 0, −1	3
3	0	3s	0	1
	1	3p	1, 0, −1	3
	2	3d	2, 1, 0, −1, −2	5
4	0	4s	0	1
	1	4p	1, 0, −1	3
	2	4d	2, 1, 0, −1, −2	5
	3	4f	3, 2 ,1 ,0, −1, −2, −3	7

結果として，**周期表**に見られるように，**原子核**から離れた**亜殻**の数が増えるごとに，**電子軌道の範囲が広がっていきます**。それぞれの**軌道**は，異なる**スピン値**をもつ**二つの電子**によって占有されます。

スピン

スピンとは，素粒子の量子力学的性質で，古典力学における粒子の自転角運動量に相当します。スピンには不思議で有用な特性があり，粒子の基本的な区分を定義するのに役立っています。

スピンとは何か？

スピンは一般的に，**素粒子がその軸を中心に時計回り**または**反時計回り**に**回転する**こととされます。しかし，これはあくまでもたとえで，**スピン**は**古典的な意味**での**物理的な回転ではありません**。「**量子化**」されているため，粒子は（**連続的に変化する**のではなく）**一定量のスピン**しかとることができません。

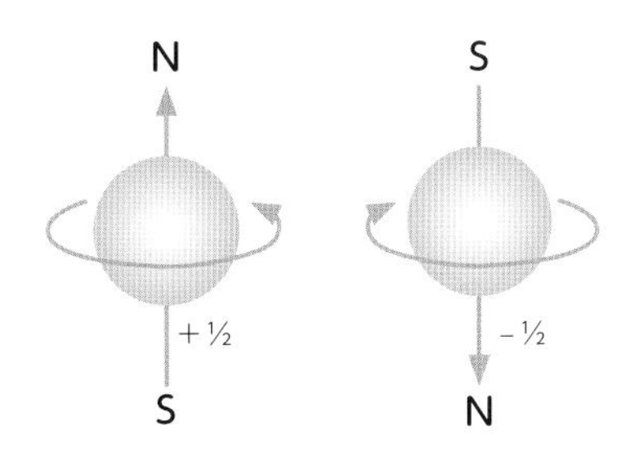

スピンは，**粒子**の**磁場**との関係によって**正**または**負**に分類されます。**電子のスピン**には**二つの値**（+1/2と−1/2）があるため，**パウリの排他原理**を破らずに**二つ**の電子が**同じ原子軌道を共有**することができ，これが**原子構造**を決定づけるのに重要な役割を果たしています。

フェルミオンとボソン

自然界では，**スピンの値**が，**粒子**の**二つの基本的な種類**の区別にかかわります。

- **電子**のように**半整数のスピン**をもつ粒子は「**フェルミオン**」と呼ばれ，**整数**または**ゼロのスピン**をもつ粒子は「**ボソン**」と呼ばれる。
- **フェルミオン**だけが**パウリの排他原理**の影響を受け，**ボソンとはまったく異なる振る舞い**をすることになる。
- **自然界の素粒子**のうち，**物質を構成する**とされる粒子はすべて**フェルミオン**であり，**ボソン**は**力を伝達する**「**メッセンジャー粒子**」を含む。

スピンの実用

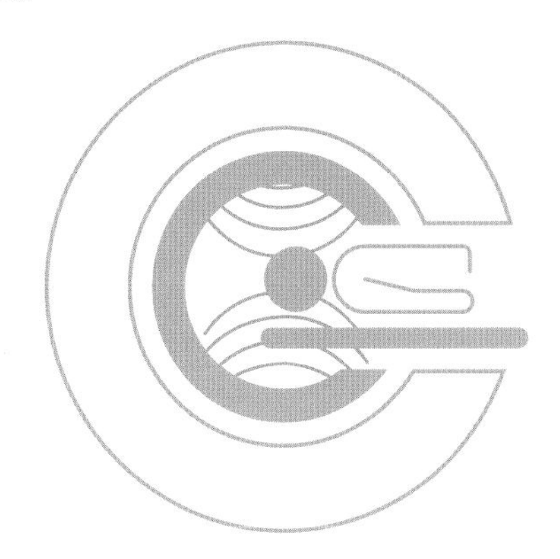

磁気共鳴画像化装置（MRI）は，**人体の軟部組織**を調べるための非常に重要な医療技術です。**電波**と**磁場**を使って，プロトン（体内の水分に多く含まれる**水素原子核**）の**スピンをある方向に向けます**。原子核が**元のスピンの方向に戻る**と**電波が出てくる**ので，それを利用して**体内の臓器を撮影し**ます。さまざまな部位の原子核が元に戻るまでの**時間**は，それぞれの**組織の特性**と関連しており，**強力な診断ツール**となります。

超流動体と超電導体

すべてのフェルミオン（物質の素粒子）に適用される「パウリの排他原理」は，物質の構造そのものに大きな影響を与えます。まれにこの原理が働かなくなり，不思議な現象が起こることがあります。

超流体

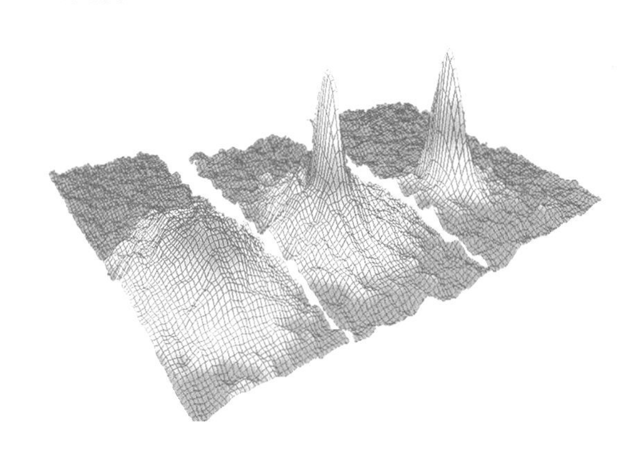

物質の素粒子はすべてフェルミオンですが，排他原理が働かないボソンという粒子があります。ボソンとは，整数またはゼロのスピンをもち，ボース・アインシュタイン統計と呼ばれる別の量子法則に従う粒子です。

自然界に存在する単一粒子のボソンは，主に光子のような質量のない力の伝達物質ですが，物質粒子からなる複合ボソンもあります。

複合ボソンは，偶数個のフェルミオンが結合したときに形成されます。スピンは電荷と同じように合算されるので，同じスピンまたは反対のスピンをもつ二つのフェルミオンを結合すると，全体のスピンはそれぞれ1または0になります。

スピン + 1/2 + スピン − 1/2 = スピン 0

スピン + 1/2 + スピン + 1/2 = スピン 1

何組のフェルミオンを連結しても同じ原理が適用されるため，ヘリウム4のような原子（2個の中性子，2個の陽子，2個の電子をもち，すべてがフェルミオン）はボソンとして振る舞うことができます。

- 常温では，複合ボソンでできた粒子は十分なエネルギーをもち，さまざまな状態を保てる。しかし，臨界レベル以下に冷却されると，すべての原子がボース・アインシュタイン凝縮（BEC）と呼ばれる新しい状態に落ち込む。
- BECは，あたかも一つの巨大な粒子のように振る舞い，内部の摩擦がまったくないために「超流体」として非常になめらかに動けるなど，不思議な挙動を示す。

超電導体

ある種の物質を極低温に冷やすと，電子が集まって弱く結合した「クーパー対」が形成され，複合ボソンのように機能します。超流体と同様に，同一の量子特性を共有して周囲との相互作用が軽減され，電子が摩擦なく流れることで，電気抵抗がなく，超効率的な「超電導体」となります。

量子縮退

パウリの排他原理は非常に強力です。
極端な状況では，物質が可能な限り低いエネルギー状態に完全に崩壊してしまうのを防ぐ唯一の手段となります。

縮退物質

極端に小さい空間に物質が**圧縮**されると，**量子縮退**が起こります。密度が高いと，**物質が集中**してその**位置が制限**されるため，（**不確定性原理**の結果として）その**運動量**と**運動エネルギー**がますます**不明確**になるのです。その結果，**わずかな動きの範囲**内で**粒子**どうしが**非常に高速**で**ぶつかり合い，さらなる圧縮に抵抗**する「**縮退圧力**」が発生するのです。

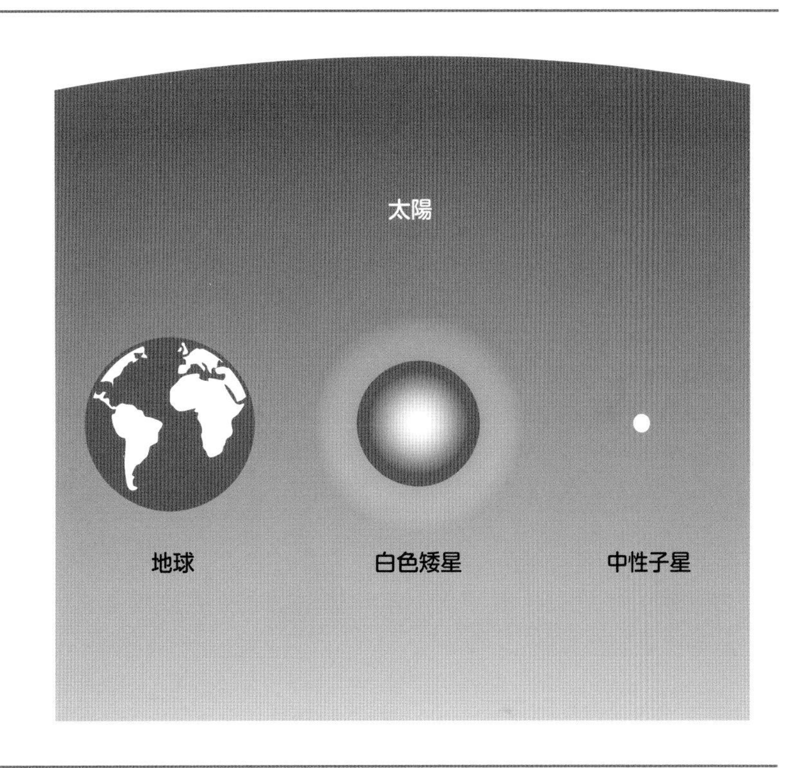

縮退した星

縮退物質は，**死んだ星の中心部**に多く存在します。星が死ぬと，**放射による外向きの圧力が停止し**，核は**自らの重力に引きずられて内側に落ち**始めます。この崩壊は，**太陽**のような星の場合は**ゆっくりと安定して**いますが，**大質量の星**の場合は**ほぼ瞬間的**で**非常に激しい**ものになります。

- 太陽のような星では，**核**のなかで**自由に飛びまわっている電子**が**縮退**した時点で**崩壊が止まる**。
  このとき，太陽は**地球程度の大きさ**まで崩壊し，**非常に高温でゆっくりと冷却する白色矮星**（わいせい）になっている可能性がある。
- **質量の重い星**では，**核が最後まで使い果たされる**と，**急激に内側に向かって崩壊**し，**電子縮退圧力を克服するほどの衝撃波**が発生することになる。**排他原理**のために**電子**は**陽子**と**合体**し，**電荷をもたない中性子**となって**狭い空間**に詰め込まれる。
- 核の大きさが**数キロメートル**になると，**中性子**どうしの**縮退圧力**によってついに**崩壊が止まり**，**中性子星**と呼ばれる**小さな恒星の残骸**が残る。
- 理論的には，星の崩壊が**あまりにも激しく**，**中性子の縮退さえも乗り越えて**しまう可能性があるといわれている。中性子星が崩壊すると，その粒子は**構成要素であるクォーク**に**分解**される。クォークは数キロメートル程度の**小さなサイズ**で**縮退圧力を発揮**する。

8 量子物理学

もつれ

量子の不確定性の影響は，単一の粒子だけでなく，関連性のある相互依存性の高い物体の系全体にも及ぶことがあります。そして，量子効果のなかでも最も奇妙な現象を起こします。アインシュタイン自身が「不気味な作用」と呼んだものです。

結びつき

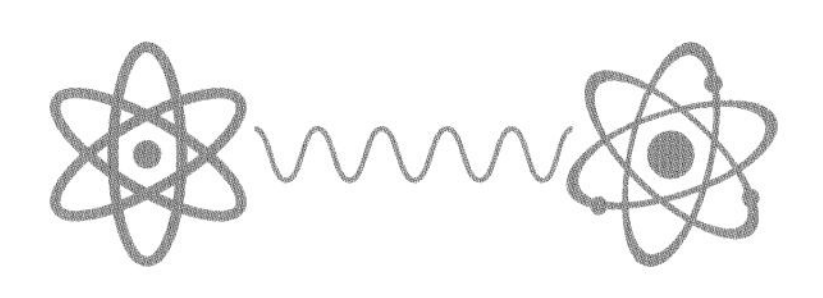

もつれとは，**微小な粒子の状態を本質的に結びつける**ことで，それらが**瞬時に情報を共有**することを可能にするものです。**粒子がどんなに離れていても，もつれによって結びついている**ため，見かけ上，**情報が光速を超えて粒子間を行き来する**ことができるようにすら思えます。

もつれは，**二つの素粒子**の**量子特性を互いに関連させる特別な手順を踏む**ことで生じます。

- 典型的な例は，**二つの電子を同じ量子状態にする**こと。**パウリの排他原理**に従うために，二つの電子は+1/2と−1/2の**逆のスピン**をもつことになる。
- この関係は，**どちらかの粒子のスピンを直接測定しなくても**成立するので，二つの粒子の**波動関数は崩壊しない**。
- **一方の粒子のスピンを測定**すると，**もう一方の粒子の波動関数**は**瞬時に反対の状態**に**崩れる**。ただし，**両者の間を信号が行き来することはない**。

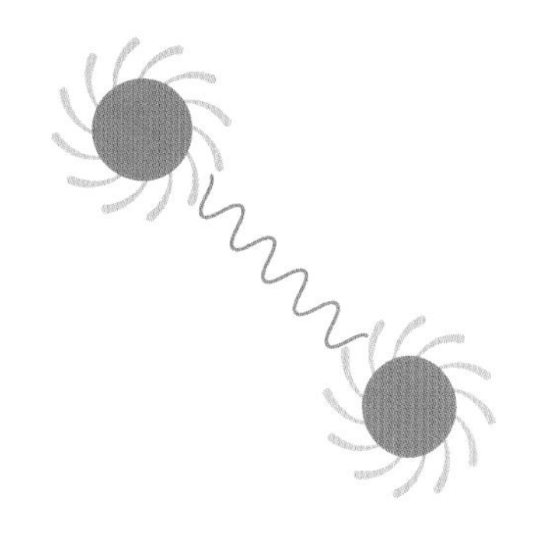

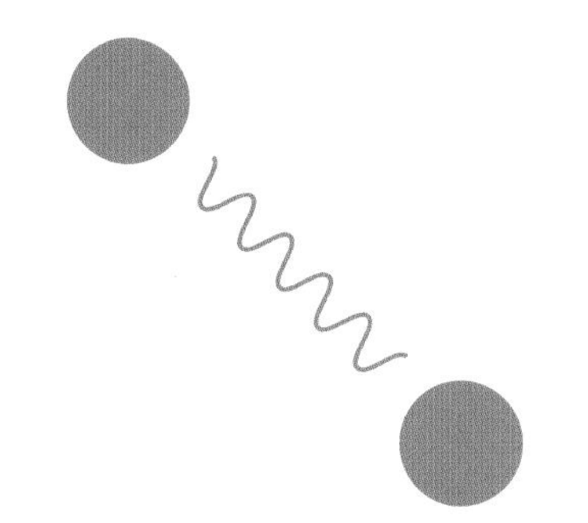

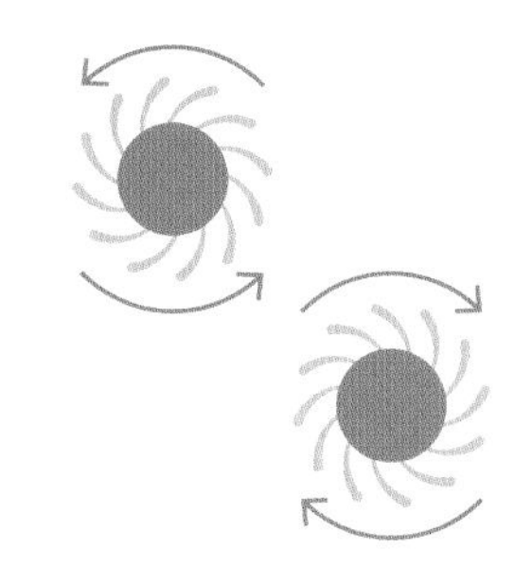

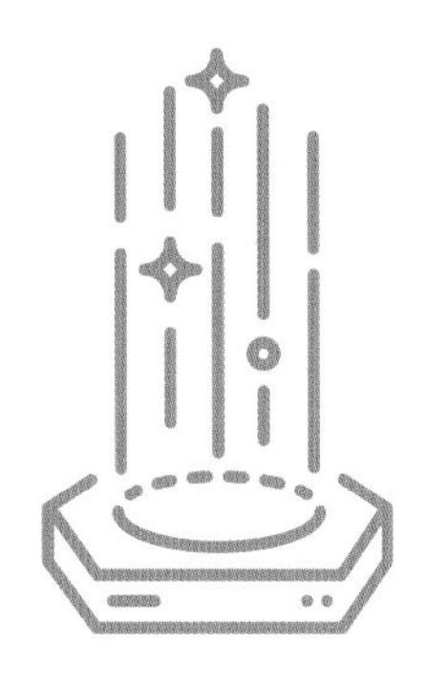

量子テレポーテーション

『スター・トレック』に登場するような**テレポーテーション**には程遠いですが，物理学者たちは**もつれ**を利用して，**光子**や**素粒子**，さらには**原子全体**の状態の**完全なレプリカ**を転送することに成功しています。このプロセスでは，**もつれた量子粒子ペアの片方**を使って対象となる粒子を「**スキャン**」します。これにより，**もつれのパートナー**に**変化を与え**，オリジナルの**複製**を作成できます。理論的には，**物体を瞬時に長距離をテレポートさせる**ことが可能になりますが，唯一の問題は，元の対象がプロセス中に**原理的に破壊されてしまう**ことです。

量子コンピュータ

量子物理学を利用して，不可能とも思える問題を解決できるコンピュータをつくるという夢は，最近になって現実のものとなりました。

量子ビットによる処理

量子コンピュータは，**さまざまな量子効果**を利用して**データを操作**する装置です。具体的には，データを**量子ビット**（**2進法の量子ビット**）に**格納**します。量子ビットとは，**波動関数**によって記述される，**すべての可能な状態の重ね合わせで保持される粒子系**のことです。

量子ビットは，**すべての可能な状態を同時に表せ**ます。ビットは**デジタルの「0」か「1」の単純な選択**にすぎませんが，一つの量子ビットは**同時に二つの値を表現でき**，**より多くの量子ビットを結合する**と，**可能な状態の数が指数関数的に増加する**ことを意味します。

1量子ビット＝二つの状態
2量子ビット＝四つの状態
3量子ビット＝八つの状態
n個の量子ビット＝2^n通りの状態

たとえば，64個の量子ビットが結合したシステムは，1.84×10^{19}通りの状態を同時に表せます。**測定を行う**と，システムの**結合波動関数**が**瞬時に崩壊**して**解が確率的に得られ**ます。**膨大な数の解の可能性が存在するやっかいな問題を解く強力な手段**となり得るのです。

未成熟な技術

量子コンピュータは，**理論的には非常に大きな可能性**を秘めていますが，**実用化**するには大きな**課題**があります。

量子ビットは，**原子**，**イオン**，**光子**，**個々の電子**など，**量子的な重ね合わせが可能なあらゆる粒子系が候補**ですが，その**波動関数が「崩壊」しないように，周囲の系**から**十分に隔離されて**いなければなりません。

そのため，量子コンピュータの**開発**は**遅れて**います。複数の量子ビットをもつシステムを実現することは非常に困難であり，**2,000量子ビットまで実現できる**とされていますが，一般的な用途のコンピュータではなく，**非常に特殊な用途のもの**に限られます。

粒子の動物園

素粒子物理学とは，宇宙の基本構成要素である物質を構成する素粒子と，それらを結びつける力を研究する物理学の一分野です。

素粒子

現在の考え方では，**素粒子**とは，**それ以上小さな粒子に分割することができない**ものです。

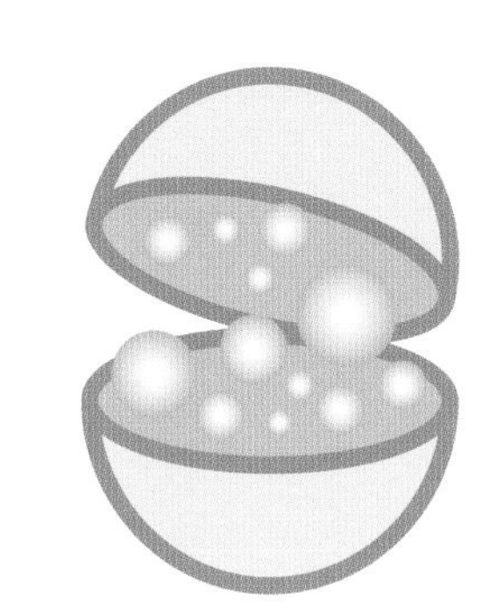

- **すべての原子**に含まれる**負電荷を帯びた**電子は素粒子である。
- **原子核**の**陽子**と**中性子**は，**クォーク**と呼ばれる**三つの小さな粒子から構成されている**ので，**素粒子ではない**。
- **光子**（**光の波の粒子**）も素粒子である。

粒子の種類

物質の粒子は，さまざまな基本的な力の影響を受けているかどうかによって，多様な方法で**区別されます**。

電荷をもつ粒子は，**電磁力**の影響を受けます。

質量をもつ粒子は**重力**の影響を受けます。

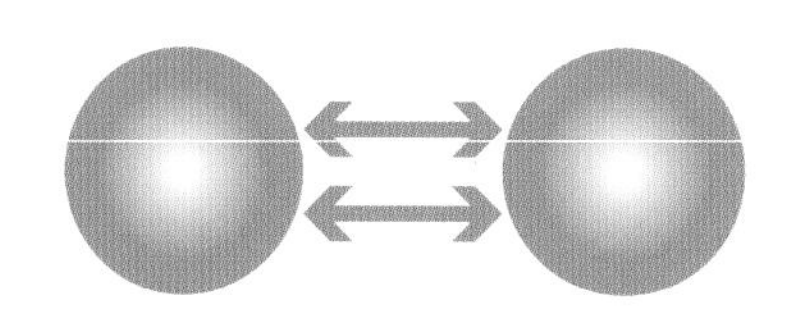

クォークは**強い核力**と**弱い核力**の影響を受けます。

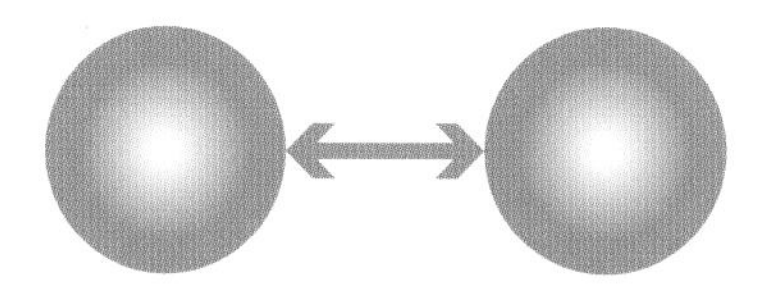

レプトン（**電子**など）は**弱い核力**のみの影響を受けます。

物質を構成する素粒子（**クォーク，レプトン**を含む）は「**フェルミオン**」で，素粒子間の力の伝達を担う素粒子は「**ボソン**」です。

反物質

反物質とは，**通常の物質とは逆の電荷**をもつ**素粒子で構成された物質**です。

反物質は，**通常の物質と接触すると消滅し**，**エネルギーの爆発**（通常は**ガンマ線**として放出されます）とともに消滅するため，宇宙では**まれ**な粒子です。

標準モデル

素粒子物理学の標準モデルは，科学者たちが存在していると考えるさまざまな素粒子について説明しています。ただし，すべての疑問を解決するものではなく，これから新しい素粒子が発見される可能性もあります。

標準表

標準モデルでは，粒子が**閉ざされた系でどのように振る舞うか**（137ページ参照）を決める**量子特性**である**スピン**によって，粒子を**フェルミオン**と**ボソン**に分けています。フェルミオンは**スピン**1/2（**どちらかの方向に**）をもつ粒子で，ボソンは**整数またはゼロのスピン**をもちます。

素粒子の標準モデル

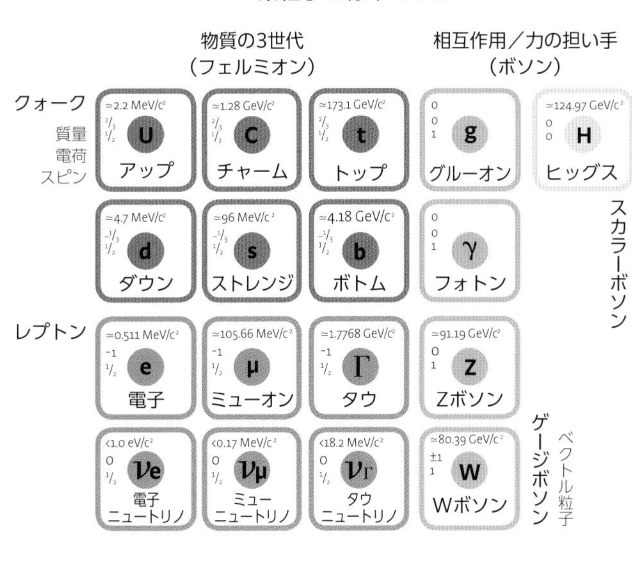

- **クォーク**は6個あり，**質量とエネルギー**が大まかに**異なる**三つの「**世代**」に分かれてペアになっている。それぞれのクォークの**電荷**は，一つが+2/3，もう一つが－1/3である。
- 6個の**レプトン**も同様に，－1の**電荷**をもつ粒子と，**電気的に中性の粒子**（**ニュートリノ**）のペアで構成されている。
- 一方**ボソン**は，スピン1の**四つの粒子**：
  - **光子**（**フォトン**）（電磁力の伝達）
  - **グルーオン**（強い核力の伝達）
  - W^+とW^-（**弱い力**の**伝達**）
  - Z^0（**弱い力**を**伝える中性粒子**）

  と，もう一つ，スピン0の6番目の粒子，有名な**ヒッグス粒子**で構成されている。

粒子の質量

科学者は，アルバート・アインシュタインの有名な方程式$E=mc^2$に基づいて，**素粒子の小さな質量**を**エネルギー換算**して測定します。

エネルギーの単位は**電子ボルト**（eV）で，**真空中で1ボルトの電位差のなかを1個の電子が移動するときに得られるエネルギー量**を表します。

1電子ボルト=1.602×10^{-19}ジュール

アインシュタインの方程式を逆転させると，$m=E/c^2$という解が得られます。

したがって，粒子の質量は**電子ボルト**$/c^2$で表されます。

実際には，**標準モデル**に含まれるほとんどの粒子の質量はこの**数百万から数十億倍**で，***MeV***（**メガ電子ボルト**）$/c^2$や***GeV***（**ギガ電子ボルト**）$/c^2$と表記されます。

クォーク

クォークは，陽子や中性子などの重い素粒子に含まれる素粒子で，単体では見られませんが，さまざまな実験でその存在が証明されています。

クォークの世代

実験では，3世代のクォークが確認されており，アップ・ダウン，ストレンジ・チャーム，トップ・ボトムの6種類の「フレーバー」があります。現在の宇宙のありふれた物質に含まれるのは，アップとダウンのクォークだけです。ほかのクォークは，粒子加速器で大量のエネルギーを放出したときに，一時的に存在することができるだけです。

電荷＋2/3のクォーク：アップ，チャーム，トップ
電荷−1/3のクォーク：ダウン，ストレンジ，ボトム

クォークの結合

クォークは二つ，三つ，またはそれ以上のグループで結合することができます。クォークが結合してできる粒子はハドロンと呼ばれ，メソンとバリオンに分けられます。

・メソンは，偶数個のクォーク（通常は2個，クォークと反クォークのペア）を含み，非常に短命で，消滅する前にほかの粒子を生成して崩壊する。

最も一般的なメソンは三つのパイオンです。

π^{+}＝アップ＋反ダウン

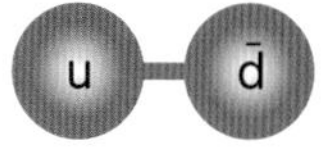

π^{-}＝ダウン＋反アップ

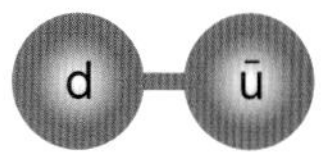

π^{0}＝アップ＋反アップまたはダウン＋反ダウン

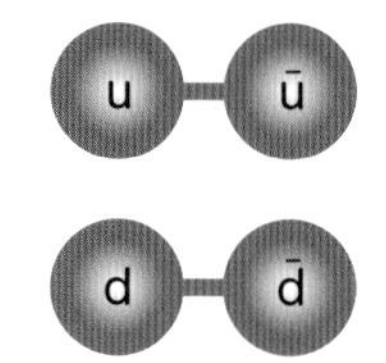

・バリオンは，奇数個のクォーク（3個以上）を含む。ありふれた物質である陽子（アップクォーク2個，ダウンクォーク1個）や中性子（ダウンクォーク2個，アップクォーク1個）などがこれにあたる。

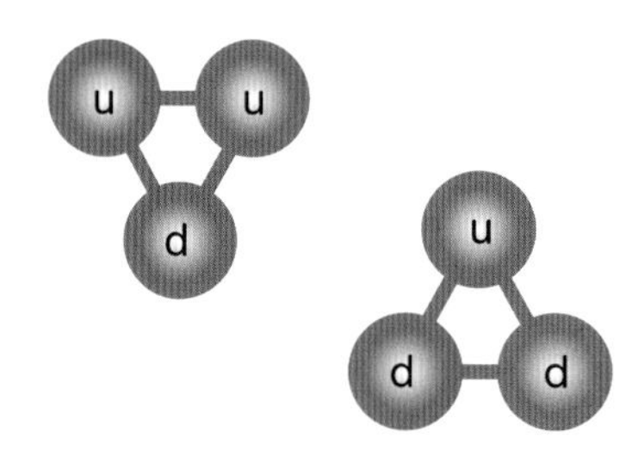

クォークをつなげる

クォークを結合する最も重要な力は強い核力であり，非常に強い力ですが，非常に近い距離にしか働きません。

バリオンやメソンの内部では，グルーオンと呼ばれる粒子の交換によってクォークが結合しています。

バリオンやメソン自体は複合メソン粒子のやりとりによってより弱く結合しています。陽子と中性子はパイオンの交換によって結合しています。

クォークの命名について

ジョージ・ツワイクとマレー・ゲルマンはそれぞれ，1964年に重いハドロン粒子の分類を解決するために，クォークの存在を提唱しました。当初は観測結果に合わせて三つのクォークだけが想定されていました。クォークという名前は，ジェイムズ・ジョイスの『フィネガンズ・ウェイク』に出てくるナンセンスな言葉「Three quarks for muster mark」からゲルマンがつけました。

レプトン

レプトンは，強い核力の影響を受けない比較的軽いフェルミオン粒子です。クォークと同様に，レプトンにも三つの世代がありますが，それぞれの世代において，パートナーとなる二つの粒子はまったく異なります。

電子とその仲間たち

最もありふれた**レプトン粒子**は，**電子**（e^-と表記）です。電子は陽子の1/1836の**質量**と**負の電荷**をもつフェルミオンで，**原子の外殻**を**周回**しています。

高エネルギー状態では，**ミューオン**（μ^-）や**タウレプトン**（τ^-）と呼ばれる，**より質量の大きい負電荷粒子**が，**電子と同様の働き**をすることがあります。

電子，ミューオン，タウレプトンは，それぞれ**ニュートリノ**と呼ばれる粒子と**ペア**になっています。ニュートリノは**質量**が非常に**小さく，電荷をもちません。**

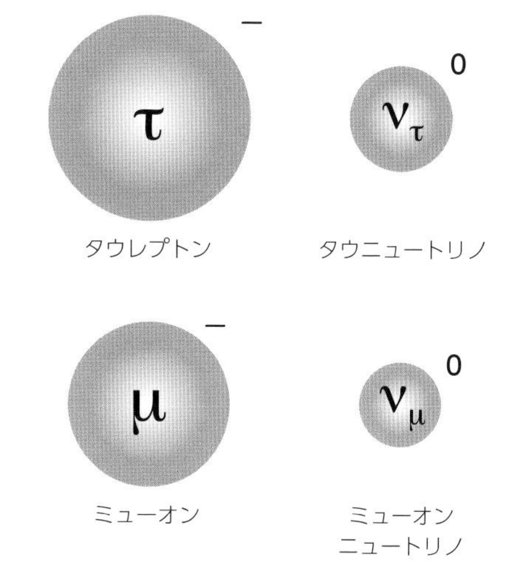

ニュートリノは，ほとんどの形態の**物質のなかを相互作用なしにまっすぐ通過します**。ニュートリノは，ギリシャ文字のν（ニュー）と下付き文字で表されます。

レプトンの相互作用には，（**負の電子**や，それに**相当する正の反物質**である**陽電子**のかたちで）**電荷の消失や獲得**を伴うことがよくあります。ニュートリノの消失や獲得は，**システム全体のスピンのバランスをとる**のに不可欠です。

ニュートリノを捕捉する

ニュートリノは，**太陽**のエネルギー源である**核融合反応**（124ページ参照）によって**大量に生成**されます。**二つの陽子**（**水素原子核**）を**融合させる**と**重水素原子核**になり，**一つの陽子は中性子になり，電荷**と**スピン**を**失います。**

$$p^+ + p^+ \rightarrow {}^2\mathrm{H}(p^+ + n^0) + e^+(\text{陽電子}) + \nu_e(\text{電子ニュートリノ})$$

毎秒数え切れない量の太陽ニュートリノが地球を貫通しています。天文学者は，**ほかの粒子から遮蔽する**ために**地下深く**に設置された巨大な**チェレンコフ検出器**（118ページ参照）を使って研究しています。**ニュートリノ**は**太陽からの旅**の途中で**かたちを変えて振動しており**，これらの装置で**直接測定**できるのは**電子ニュートリノ**だけです。

粒子を検出する

物理学者は，自然界に存在する素粒子や，粒子加速器で製造された素粒子を，さまざまな方法で検出しています。

初期の検出器

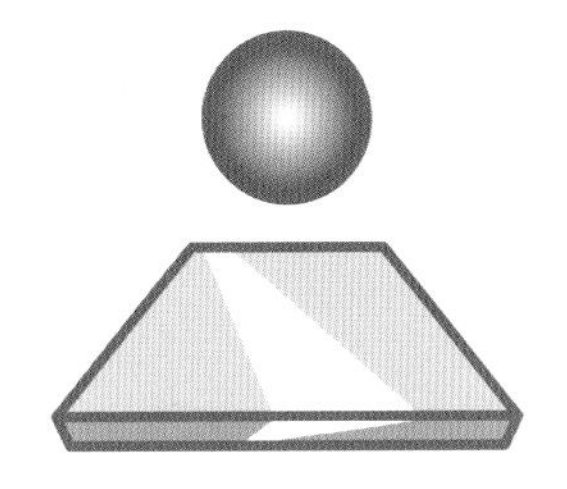

- **写真フィルム**：特定の粒子が，さまざまな**電磁波**と同様に**化学反応**を起こし，**フィルムを黒く**する。1911～1919年に，**ヴィクトール・フランツ・ヘス**が**写真プレート**を使って**宇宙線**（宇宙からの粒子）を発見した。

- **霧箱**：**蒸気で過飽和状態**になった**空気で充満させた密閉された箱**のなかを粒子が通過すると，**軌跡**が観測できる。**箱の周囲の磁場**を利用して，**粒子の電荷の極性**や**電荷と質量の比**を測定することもできる。

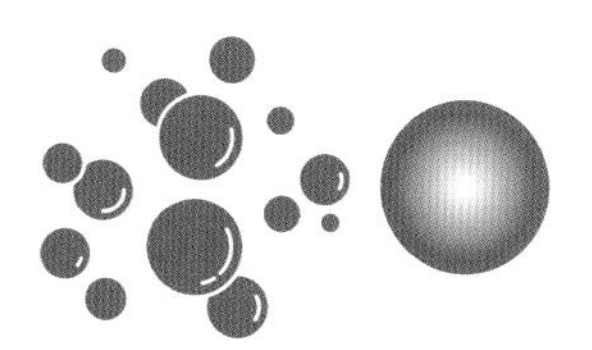

- **泡箱**：**沸点以上に加熱**された（沸騰はまだしていない）**透明な液体**中に**粒子を通過**させると，**気泡**が発生する。

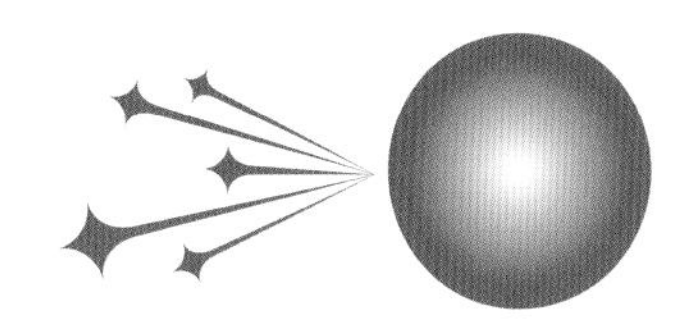

- **火花検出器**：**ガイガーカウンター**のように，粒子が通過する際に**気体をイオン化**して**電気的な火花を発生**させる装置。

現代の検出器

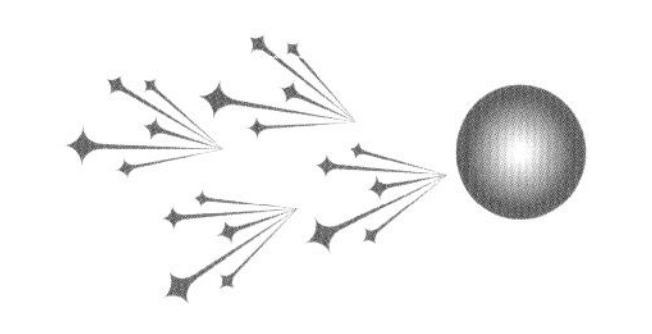

- **ドリフトチューブ**：**火花検出器の原理**をより洗練させたもので，**複数**の**線**を**わずかな間隔を空けて格子状に並べ**，粒子の通過を**3次元的**に追跡する。

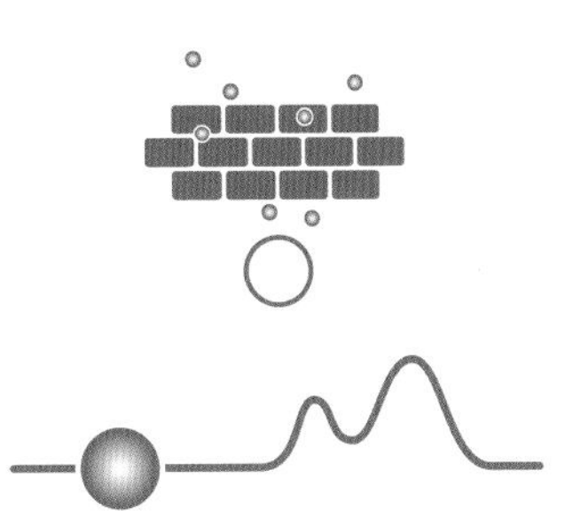

- **電子検出器**：**カメラのCCD**のような**シリコン固体回路**を**衝突室**の周りに**何重にも巻きつけ**，そこを**通過する粒子**を記録する。

- **チェレンコフ検出器**：**屈折率が高く，光の内部速度が遅い**媒質を使用する。媒質を通過した粒子は**媒質の光速を超えてチェレンコフ放射**を発生させ，媒質を囲む**光検出器の配列で捉えられる**。

粒子加速装置

粒子加速器は，素粒子などの性質を研究するための装置です。
大型ハドロン衝突型加速器（LHC）などがあり，地球上で最も大きな装置です。

加速器の原理

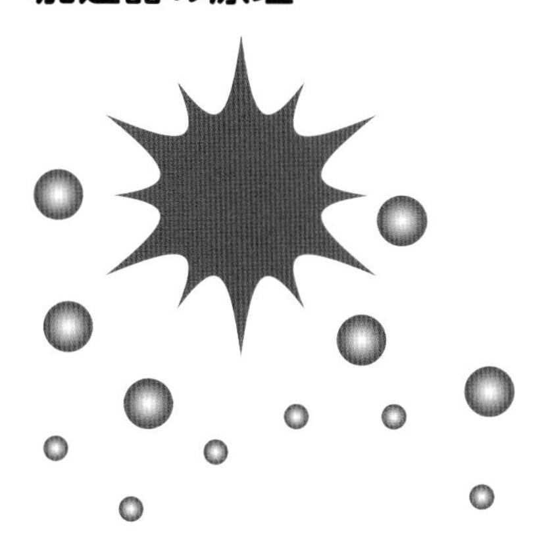

粒子加速器は，「**原子核破壊装置**」と呼ばれることもありますが，**単に原子をバラバラにして**中身を見るわけではありません。

- **電荷を帯びた粒子**を**強力な電磁場で高速化する。**
- 粒子は**大きな力で標的**や**お互い**に衝突して，アインシュタインの $E=mc^2$ に従って質量の変化分が**純粋なエネルギーに変化**する。
- この**エネルギーは急速に凝縮され，通常の低エネルギー宇宙**に**存在**する粒子よりも**高いエネルギーと質量**をもつ粒子に戻る。
- この**不安定な粒子**は急速に**崩壊**し，**よりありふれたかたち**に変化していく。

大型ハドロン衝突型加速器

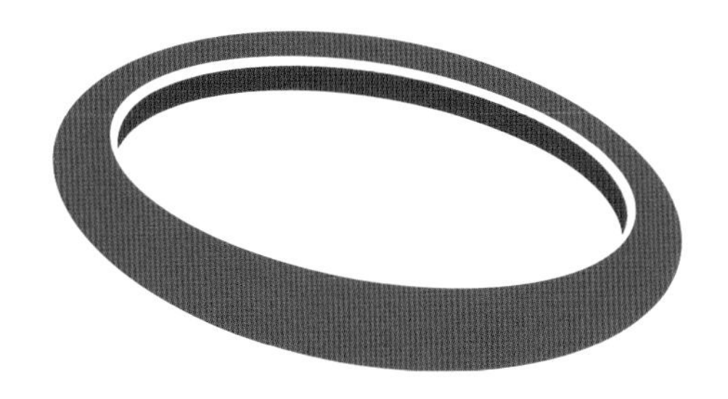

- 所在地：フランスとスイスの国境
- 周囲：27 km
- 深さ：最大 175 m
- 衝突エネルギー：陽子で最大13テラ電子ボルト，鉛イオンで最大574テラ電子ボルト
- 主な検出器：CMS，ATLAS，ALICE，LHCb
- 稼働開始：2010年

代表的な加速器

1927年　アーヘン大学のロルフ・ヴィデローが最初の線形加速器を建設。高電圧の電界で荷電粒子を50キロ電子ボルトまで加速。

1931年　カリフォルニア大学のアーネスト･ローレンスが，陽子を1.1メガ電子ボルトまで加速させる最初のらせん型加速器（サイクロトロン）を製作。

1953年　ブルックヘブン国立研究所の72 mのコスモトロンで陽子を最大3.3ギガ電子ボルトまで加速。

1966年　スタンフォード線形加速器（SLAC）：3 kmのトンネルで電子と陽電子を50ギガ電子ボルトまで加速。

1983年　テバトロン：イリノイ州のフェルミ研究所に建設された円形加速器で，超電導磁石を使って陽子を980ギガ電子ボルトまで加速。

2008年　大型ハドロン衝突型加速器：27 kmの円形加速器で陽子を6.5テラ電子ボルト（6500ギガ電子ボルト）まで加速。

基本的な力

自然界の四つの基本的な力が，物質のすべての相互作用をコントロールしています。重力は独自のルールに従っているように見えますが，電磁力，弱い力，強い力には共通の特徴があり，同じような働きをしていることが示唆されています。

四つの力

基本的な力には，それぞれ特徴的な性質があります。

強い核力

クォークにのみ作用します。
有効範囲 10^{-15} m
（中型原子核の直径）
強さ*：1

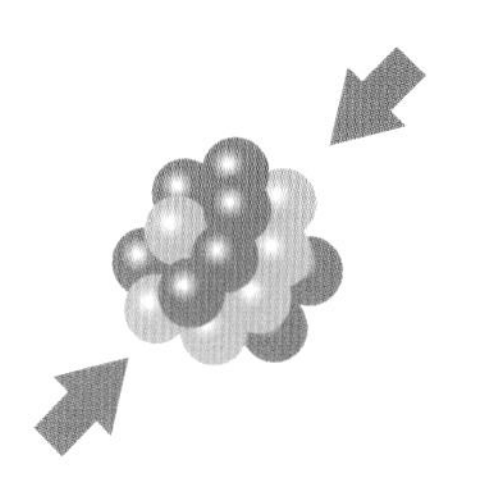

弱い核力

すべてのフェルミオンに影響を与えます。
有効な範囲 10^{-18} m
（陽子の直径の1/1,000）
強さ*：1/1,000,000（10^{-15} mで）

α

電磁力

電荷をもつすべての粒子に作用します。
有効範囲 無限
強さ*：1/137

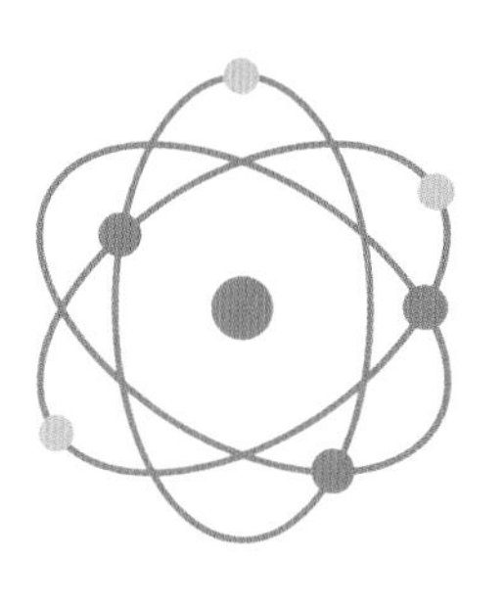

重力

質量のあるすべての粒子に影響を与えます。
有効範囲：無限大
強度*：6×10^{-39}（大きな質量が積み重なったときにのみ発生します）

＊簡単に比較するために，強い核力を規準に強さを示しています。

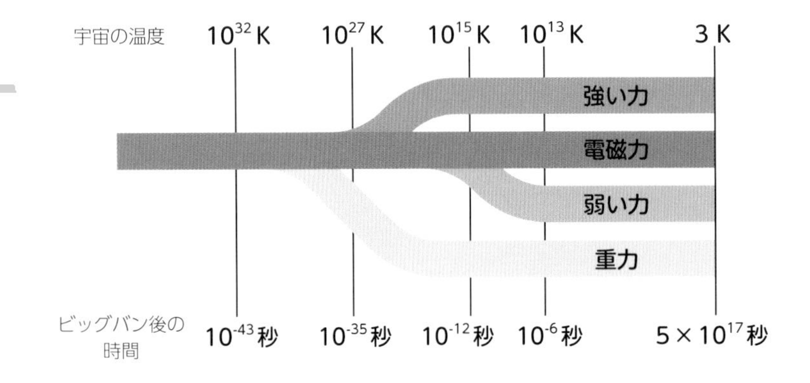

統一された起源

理論物理学者たちは，**ビッグバン**の**高エネルギー環境**では，**四つの力**はもともと「**統一**」された力として振る舞っていたと考えています。**若い宇宙が冷えて**いく過程で**分裂**していったと考えられていますが，現在の力それぞれの**類似性**から，**その順番を知る**ことができます。

ゲージ理論とQED

素粒子間で力はどう伝わるのでしょうか？
1950年代以降，物理学者たちは重力以外の三つの力を説明するために
いくつかの「ゲージ理論」を発展させました。

ゲージボソン

ゲージ理論では，**フェルミオン（半整数のスピンをもつ物質粒子）**間の**相互作用**を，**ボソンの交換**で説明します。

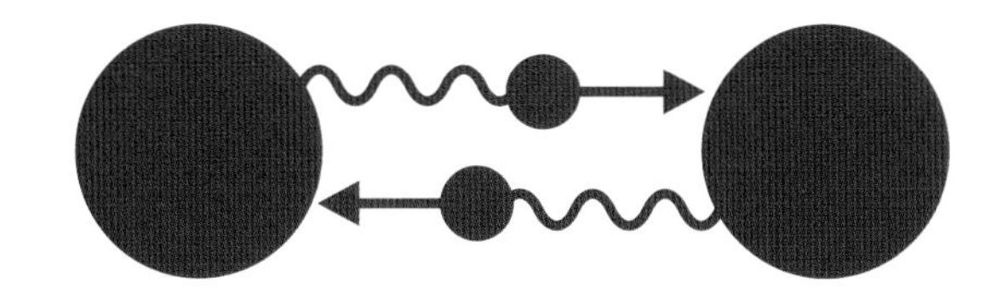

では，**そのボソンはどこから来るのでしょうか**？　重要なのは，**通常の状況で検出可能**である必要はなく，検出される前に**きわめて短い時間で**生まれたり消滅したりする「**仮想粒子**」であってもよいということです。

仮想粒子が可能なのは，**時間エネルギー不確定性原理**（133ページ参照）によります。

$$\Delta E \times \Delta t < \hbar/2$$

これにより，**粒子をつくる**ために**少量のエネルギー**を短時間だけ「**借りて，後で返す**」ことができます。

QED

量子電磁気学（Quantum Electrodynamics: QED）は，**初めて完全に発展した量子力の場の理論**です。**電磁界の相互作用**を**仮想光子の交換**で説明します。

リチャード・ファインマンは，**直線**で**フェルミオン**を，**波線**で**ボソン**を表し，**簡単な図**で**相互作用**を**表現**する方法を考案しました。

電子と陽電子が対消滅してガンマ線を放出している様子を示したファインマンの図

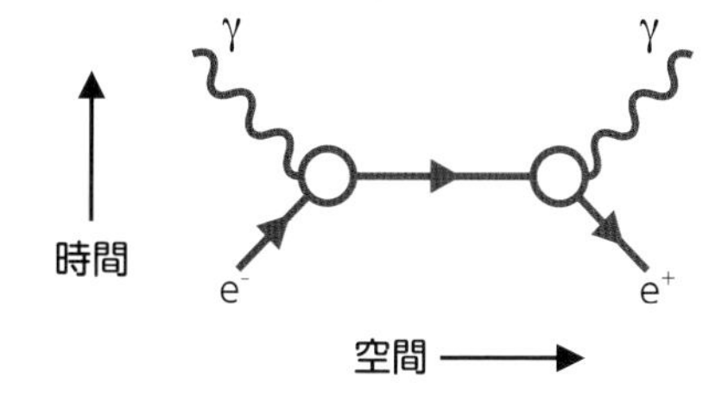

（注：反粒子は通常の粒子とは逆方向の矢印で示されています。つまり，この図では両方の粒子が相互作用点つまり頂点に近づいています）

ファインマンのアプローチでは，系内の**荷電粒子**と**光子**の間で起こりうるさまざまな**相互作用**を**マッピング**し，**それらが起こる確率**を評価します。

場の量子論

力	ゲージボソン	ゲージ理論
電磁気	光子	量子電磁気学
強核力	グルーオン（および複合パイオン）	量子色力学
弱い核力	$W^{\pm}$, Z^0粒子	量子フレーバー力学

強い核力

強い核力とは，その名の通り，基本的な力のなかで最も強い力ですが，
その範囲は非常に限られています。
この力は，量子色力学（QCD）というゲージ理論で説明されます。

一つの力，二つの効果

強い力は，二つの異なるスケールで作用します。

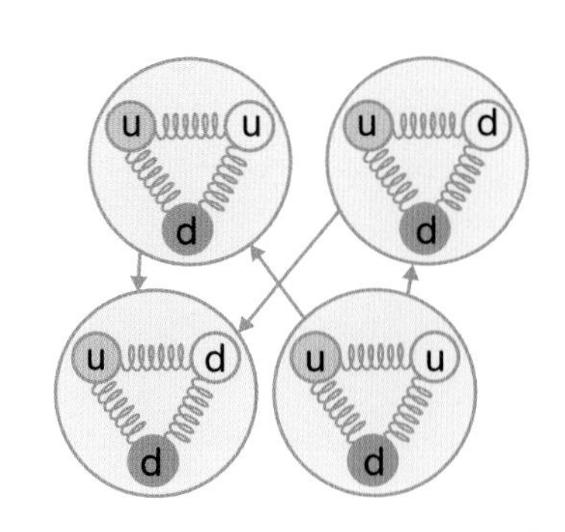

- 個々の**原子核**（**陽子**と**中性子**）の内部で**最も強い力**を発揮し，**グルーオン**と呼ばれる**仮想粒子の交換**によって**クォークを結合**させる。
- 強い力の一部は**核子**から「**漏れ出し**」，**仮想的なパイオン**（**クォークと反クォークのペア**。144ページ参照）の**交換**によって，**より弱く**ではあるが**核子を結合**させる。

クォークの色

クォークが**強い力**の影響を受けやすいのは，「**色荷**」と呼ばれる**独特の性質**があるからです。これは**目に見える色**とも**電荷**とも関係ありませんが，どちらも**クォークの挙動をモデル化**するのに**便利なたとえ**です。

- **クォーク**は**赤**，**緑**，**青**の「色」をもち，**反クォーク**は**反赤**，**反緑**，**反青**の色をもつ。これらの色の**組み合わせ**は，常に**バランス**がとれており，**グルーオンの交換**によって**相互作用**し，外からは「**白**」に見える。

三つのクォークのバリオン

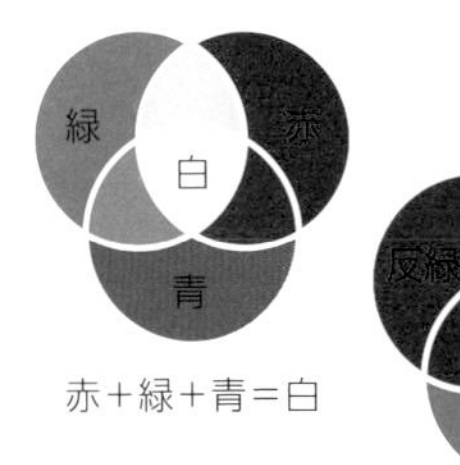

赤＋緑＋青＝白

反緑
反赤
白
反青

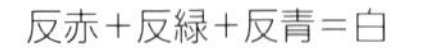

反赤＋反緑＋反青＝白

二つのクォークのメソン

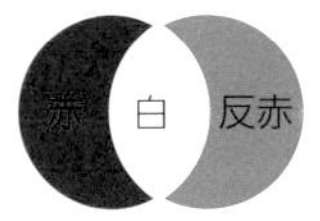

赤＋反赤＝白

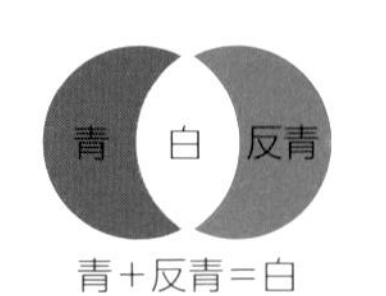

青＋反青＝白

緑
白
反緑

緑＋反緑＝白

- **全体的にはバランス**がとれているものの，**バリオン**の内部には**異なる色**の**クォークが分布**しているため，一部の色が弱まったかたちで「漏れ」，バリオンが**近くのほかのもの**と**相互作用**できるようになっている。
この「**残留する**」**強い力**は，**仮想パイオンの交換**によって伝達される。

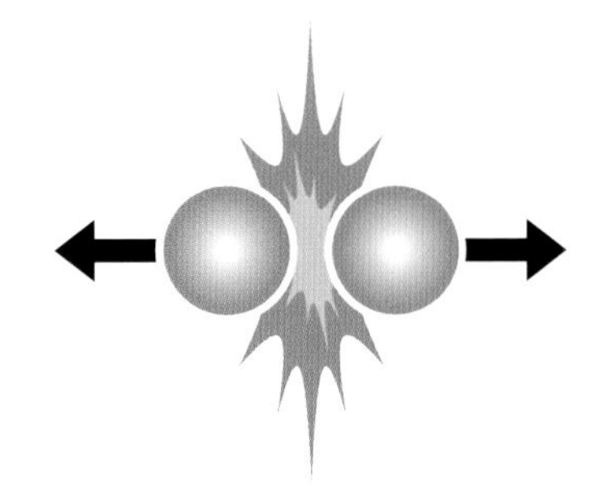

色の閉じ込め

クォークの色は，「**色の閉じ込め**」と呼ばれる効果により，直接観測することができません。**一つのクォークを別のクォークから引き離す**には，**非常に大きなエネルギー**が必要となるため，**新たなクォークとアンチクォークのペア**が**自然に生成**され，**分離した破片と瞬時に結合**します。**ハドロンを壊す**と，**単独のクォーク**ではなく，常に**二つの新しいハドロン**が生成されます。

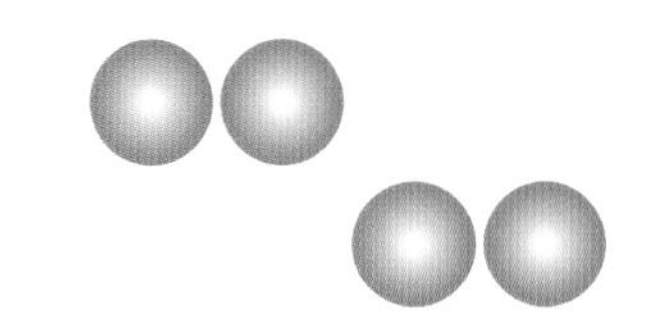

弱い核力

弱い核力は，すべての力のなかで最も届く範囲が狭いです。
また，単に粒子どうしを結びつけるだけでなく，粒子を変化できるため，
最も理解しにくい力でもあります。

フレーバーを変える

弱い力の**ゲージ理論**では，**中性のZ^0，電荷を帯びたW^+とW^-の三つのゲージボソン**が使われているのが特徴的です。

クォークと**レプトン**は**弱い力**にさらされていますが，その**影響の度合い**は，**弱いアイソスピン**（T_3と表記されることが多い）と呼ばれる量子的な性質に支配されています。

弱い相互作用には，「**中性カレント相互作用**」と「**荷電カレント相互作用**」という二つの種類があります。

- **中性カレント相互作用**は，ほかの力と同じように働き，**Z^0ボソンの交換**を伴う。
- **荷電カレント相互作用**は，**W^+またはW^-ボソン**が関与し，**クォーク**や**レプトン**の**フレーバー**や**電荷を変化**させる。

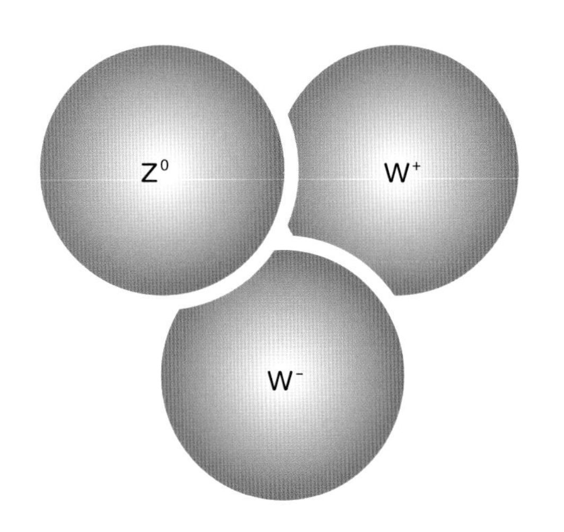

ベータ崩壊

- **放射性ベータ崩壊**（120ページ参照）は，**不安定な原子核**のなかの**中性子1個**が**自発的に陽子に変化**し，**ベータ粒子**（電子）**を放出**するものである。

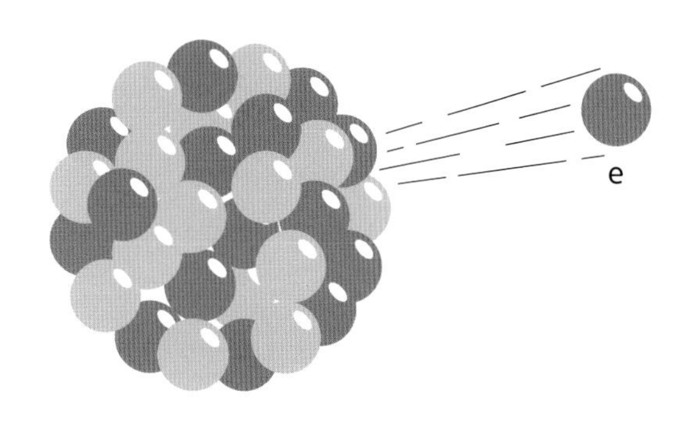

中性子（アップ・ダウン・ダウン）が**陽子**（アップ・アップ・ダウン）になるとき，**クォークレベル**では**ダウンクォーク**一つが**アップクォーク**になります。**W^-粒子**が放出されると，クォークの**フレーバー**が変わり，1単位の**電荷**が「**もち去られる**」ことになります。

$$d(電荷\ -1/3) \rightarrow u(電荷\ 2/3) + W^-$$

W^-粒子はそれ自体が**非常に不安定**であるため，**急速に崩壊**し，**エネルギーを放出**して**二つの安定なレプトン**をつくり出します。

$$W^- \rightarrow e^- + \nu_e(電子反ニュートリノ)$$

ヒッグス粒子

ヒッグス粒子は，現代物理学において最も有名な粒子であり，標準モデルの最後の一つとして確認されました。弱い核力にボソンが関与することや，物質を構成するフェルミオンが質量をもつ理由を説明しています。

ヒッグス場

ゲージ理論では，**力を伝えるゲージボソンは質量をもたない**ことになっています。すると，**弱い力を伝えるW^+，W^-，Z^0粒子にはなぜ質量があるのでしょうか。**

1964年，**ピーター・ヒッグス**らは「**ヒッグス機構**」を提唱しました。これは，宇宙空間に広がる**ヒッグス場との相互作用**によって粒子が**質量を獲得**する方法です。

ヒッグス場は，**ゼロでない値**をとるために必要なエネルギーが，**ゼロの値**をとるために必要な**エネルギーよりも小さい**というユニークな性質をもっているため，**エネルギーが最も低い状態**で**ゼロにならない**傾向があります。

同じ質量で**直径**の異なる二つのボールが，油のような**粘性のある流体**のなかを落下すると，**断面積の小さい**ボールのほうが周囲からの**摩擦が少なく**，**速く落下**します。

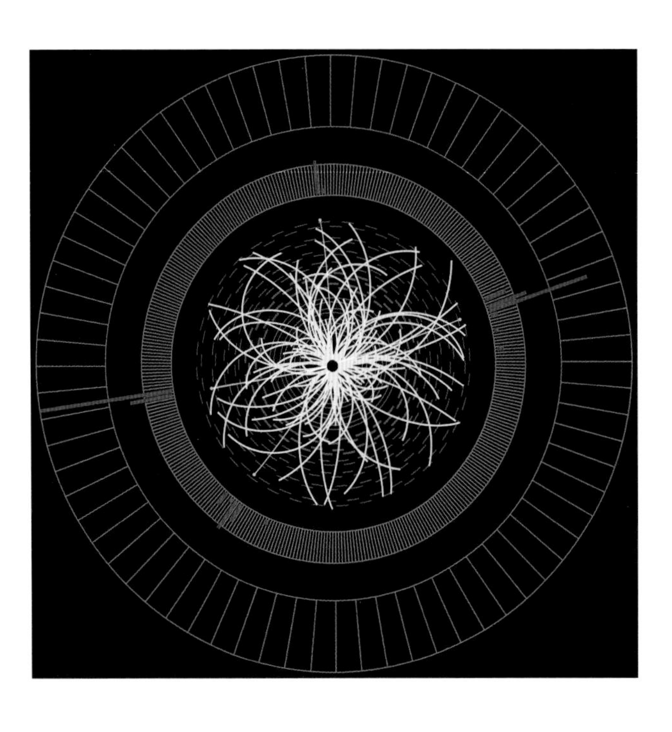

ヒッグス粒子の発見

ヒッグス粒子は，**スピンがゼロ**で，**色荷も電荷もない**ため，**ほかの素粒子**のような「**ゲージボソン**」ではありません。これは，**ヒッグス場**が**励起状態**になったときに**発生**するものです。

ヒッグス粒子の発見は，2009年に稼働した**大型ハドロン衝突型加速器**の最大の目標の一つでした。2012年7月4日に発表された**実験**では，**質量をもつ未発明**の粒子が検出されました。

確認されたヒッグス粒子の質量

$$125.18 \pm 0.16\ GeV/c^2$$

全体像は未完成

ヒッグス粒子のメカニズムだけでは，**さまざまなフェルミオン**の**質量**を説明することはできません。物理学者たちは，**単一のフェルミオンがさらに質量を増す**方法を模索しています。また，**複合物質の粒子**では，**結合エネルギー**（123ページ参照）も重要な役割を果たしています。

対称性

素粒子物理学の謎を解明するために，科学者たちは幾何学的な対称性の概念を，素粒子の性質や基本的な力の相互作用など，さまざまな現象に応用しています。

対称性とは何か？

幾何学では，**ある図形が幾何学的な変換を受けても同じかたちを保って**いれば対称といいます。最もよく知られている対称性は，**特定の軸を中心とした反射**で「**鏡像**」をつくることですが，ほかに**回転**や**空間内での移動**にも対称性があります。

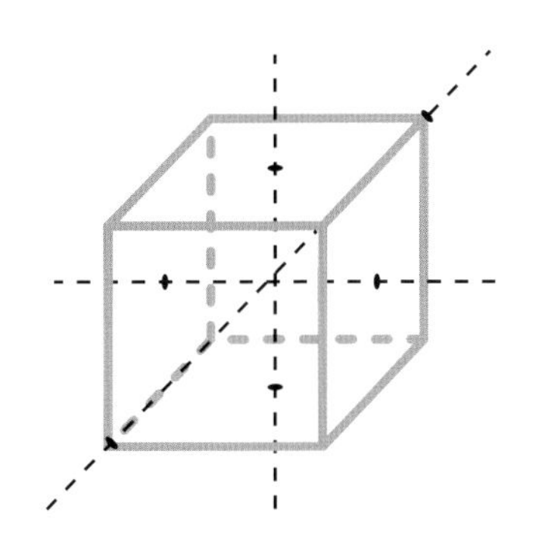

粒子や**力の相互作用**も，**粒子にある変化を与えた後で同じ状態を保つことができる**なら，ある意味で「**対称**」になります。

粒子の重要な対称性

- **電荷**（C対称性）：**関係するすべての粒子の電荷**を**逆**にして（つまり，各粒子を**反粒子**に置き換えて），**相互作用が変わらない**場合。
- **パリティ**（P対称性）：**空間**が**反転**しているが，**相互作用は同じ**まま。
- **時間**（T対称性）：**時間の流れ**が**逆**になるが，**相互作用は変わらない**。

対称性は**組み合わせて**使うこともできます。

- **CP対称性**では，関係するすべての粒子の**電荷**と**パリティ**が**逆転**する。これは**強い力**と**電磁的相互作用**に適用されるが，**弱い力によって破られる**。
- **CPT対称性**は，**電荷**，**パリティ**，**時間**を**反転させる**もので，**標準モデル**では**すべての状況でこの対称性が成り立つ**としている。

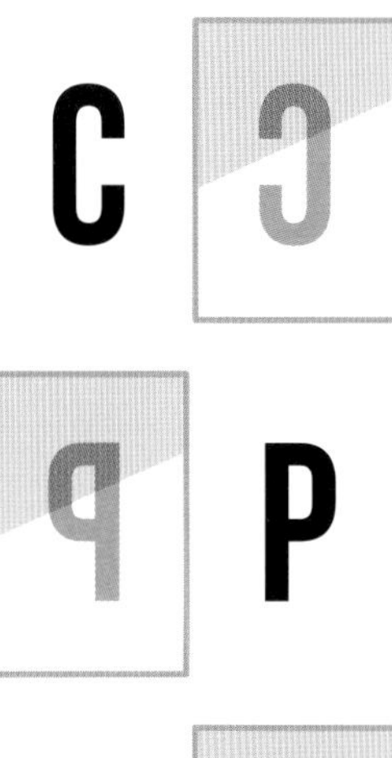

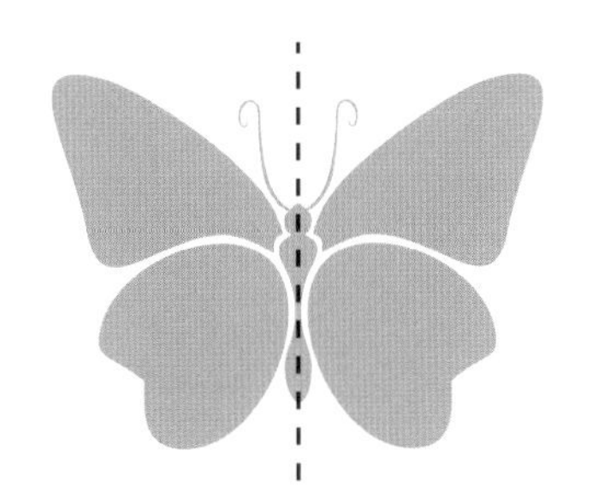

対称的な力

物理学者は，**ビッグバンの瞬間**には**四つの力が対称性をもっていて一つの力**として**働いていた**と考えています。その後，**対称性が破れた**ことで，**膨大なエネルギーが放出され**，**初期宇宙の急激な膨張**を引き起こしたのが**インフレーション**と呼ばれる過程です（168ページ参照）。

万物の理論

標準モデルの四つの基本的な力と複数の素粒子をさらに単純化することは可能でしょうか。理論物理学者の多くは，それが可能であり，大統一理論，さらには「万物の理論」をつくり出せると考えています。

統一理論

粒子加速器のような**超高エネルギー環境**では，**力そのものが対称性**をもち始めます。**弱い力**と**電磁力**が**同じ結果**になるということは，**一つの「電弱」モデル**で**統一できる**ということです。

理論物理学者たちは，さらに**高いエネルギー**で**強い力**が**電弱力**に収束する証拠が見つかることを期待しています。そうなれば，「**電核**」の力は，いわゆる**大統一理論（GUT）**で説明されることになります。さまざまなGUT現象の候補を以下のように予測しています。

- 10^{16}ギガ電子ボルト/c^2程度のエネルギーでの**巨大な新粒子**：**粒子加速器のエネルギーをはるかに超えます**。

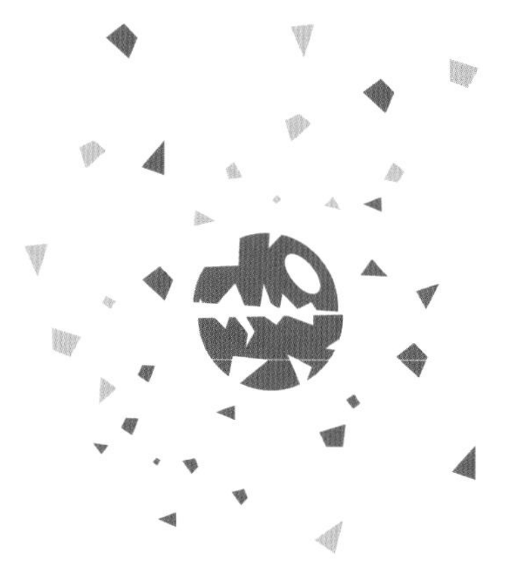

- **陽子崩壊**：**陽子**（**標準モデル**では**安定**）が時折**自然に崩壊**してほかの粒子に変わること。

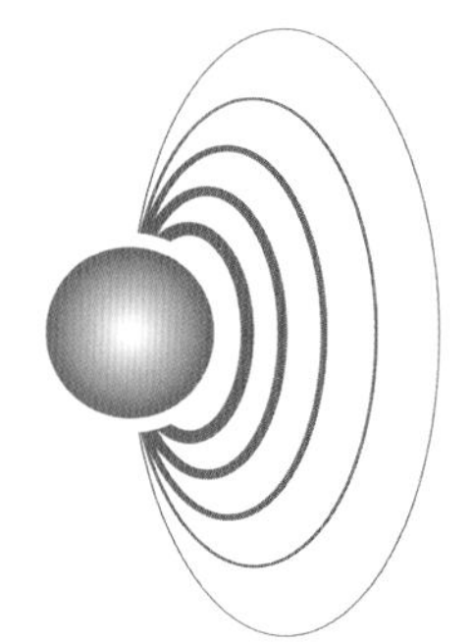

- **磁気単極子**：**磁界**をもちながら**磁極**が一つだけの**仮想的**な粒子。

しかし，**これらはまだ観測されていません**。したがって，GUTはおそらく可能ですが，まだわかりません。

万物の理論

重力と**ほかの三つの力**を一つの「**万物の理論**」に**統合**することは，さらに大きな課題です。**場の量子論**はほかの三つの力を説明することができますが，**重力**は今のところ**一般相対性理論で最もよくモデル化**されています。

ほかの力との**統一が考えられる**「**量子重力**」の理論の多くは，**重力を伝えるゲージボソン**である「**重力子**」の存在を必要としています。重力子に**要求される特性**は次の通りです。

- 質量がない
- 光の速さで動く
- スピン2

重力子が存在するとしても，その**影響**が**明らかになる**のは，10^{-35} m程度の**極小のスケール**です。これよりも**大きなスケール**では，**時空のゆがみ**（160ページ参照）など，**一般相対性理論**でよく知られている効果をもたらすに違いありません。

弦理論と余剰次元

量子化された素粒子のさまざまな特性は，素粒子が小さな弦であり，さまざまな次元で振動しているという根本的なアイデアによって説明できるかもしれません。

粒子の調和？

弦理論は，**自然界のすべての力と粒子を一つのモデルに統合する「万物の理論」**の有力な候補の一つです。

- 粒子は，長さ 10^{-35} m 程度の**エネルギーの弦が振動した**ものと仮定する。
- ほかの振動する弦と同様に，**さまざまな高調波の周波数**と**波長**をもつ**定在波**を形成する。
- これらの**高調波**は，**粒子のさまざまな特性**の**値**を決定する。弦は**それらの中間の状態を占めることができない**ことが，これらの特性の多くが**離散的な単位で量子化される**理由を説明している。
- しかし，粒子が示す**さまざまな特性**を生み出すためには，**弦は慣れ親しんだ三つの空間次元を超えて振動**しなければならない。

高次元

弦理論の種類によって，必要な**次元の数は異なります**。

- 1960 年代に発展した**ボソン弦理論**では，**ボソン**を生成するためだけに**26 次元の時空**を必要とする。
- **超対称性超ひも理論**は，**時空間の次元数を 10** に減らすことができる。**標準モデル**の各**フェルミオン**には，**高エネルギー**の**「超対称パートナー」ボソン**が必要であり，**その逆もまた同じ**である。
- **M 理論**は，**11 次元の時空**を使って，**五つの対立する**超弦理論を統合する。

余剰次元はどこにあるのか？

もし**余剰次元**が存在するとしたら，それはおそらく**圧縮**されているのでしょう。つまり，**検出できない**ほど**小さなスケール**で自分自身の上で**丸められている**のです。ボールやチューブが，**一次元の点**や**二次元の線**と区別がつかないほど小さくなったと想像してみてください。

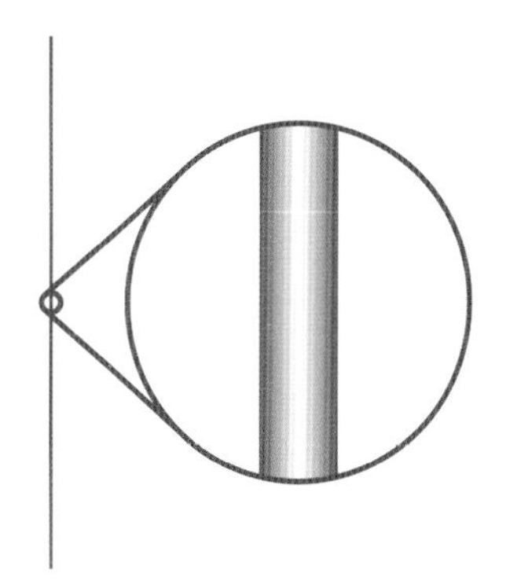

9 素粒子物理学

相対性理論のルーツ

物理学における相対性の概念は，その始まりから存在していましたが，その概念が物理学のあらゆる側面に影響を与えるようになったのは20世紀に入ってからでした。

ガリレオの相対性原理

ガリレオ・ガリレイは，世界で**初めて相対性理論**を提唱した人物です。ガリレオは，「**物理法則**は**誰にとっても同じ**でなければならない」という考え方の重要性を認識していました。**そうでなければ，それらの法則について意味のある議論ができない**からです。

- **実験者のいる場所**は，ほかの人とは**異なる運動状態**にあったり，**ほかから影響**を受けたりしており，**みなと同じではない。**
- そう考えると，**なぜ特定の実験者**が，**物理的な事象**を**ありのまま**に**目撃**できる**唯一の証人**として「**特権**」を与えられるのだろうか。
- むしろ，**すべての実験者**が，最終的には**同じ法則を導く実験を行う**ことができなければならないのである。

マイケルソン・モーリーの実験

相対性理論が問題になったのは，19世紀後半に**エーテル**（**電磁波を伝える媒体**として考えられていた）を通して**地球の動き**を**測定**しようとしたときに，**何も起こらなかった**からです。

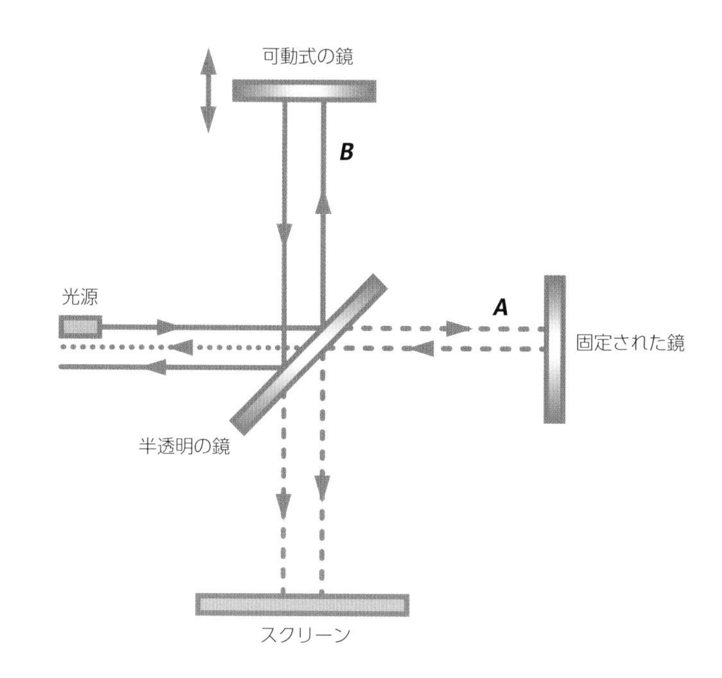

1887年に行われた**マイケルソン・モーリーの実験**では，**エーテル効果**が検出されるはずでした。

- **1本の光**を**分割**して**二つの経路**に送り，それぞれの経路で**何度も直角に反射**させる。1本の光は**地球の動きと平行**に，もう1本は地球と**垂直**に動く。
- そのため，2本の光は**わずかに異なる速度**で**進む**はず。**エーテル**中を**地球が動く**からである。
- そして，**2本の光**が再び**合流**して，**干渉縞**をつくり出す。
- 装置全体を**回転**させる。予測では，分割された光の**相対的な速度**が**変化**し，**干渉縞**に影響を与えるはずだった。
- しかし**変化は見られなかった**。**光は方向に関係なく同じ速度で動いている**ということである。

特殊相対性理論

古典的なニュートン的宇宙観に対する疑問が高まりつつありました。
この疑念を解消するために，物理法則を根本から書き換えたのが1905年に発表された
アルバート・アインシュタインの「特殊相対性理論」です。

特殊相対性理論とは？

アインシュタインの「**特殊**」**相対性理論**は，**限られた状況**（**加速度を受けていない慣性基準系**）に適用されるため，このように呼ばれています。

- **基準系**：**座標系**と，それを**測定**するために必要な**基準点**（**任意**の**原点**や**長さの単位**など）。

アインシュタインは，**従来の前提条件**を**捨て**，たった**二つの命題**で**物理法則**を見つめ直しました。

- 物理法則は，**すべての慣性基準系において同一**であるべき（**ガリレオの相対性原理**の拡張）。
- **真空中の光の速度**は，**光源と観測者の相対的な動き**に関係なく，**すべての観測者にとって同じ**。

この二つの原理をもとに，**さまざまな状況で何が起こるか**を考える「**思考実験**」を重ねていきました。

同時発生の相対性

同時発生事象から考えた，**相対性理論の帰結**の一例を紹介しましょう。**二人の観測者**がいて，**一人は駅のホーム**にいて，**一人は通過する車両の真ん中**にいるとします。

- 観測者どうしが**すれ違う**瞬間に，**車両の真ん中で光が放たれる**。
- **動いている観測者**にとっては，**車両の両端**は**等距離**にあるため，（**等速**で動く）**光**は**両端に同時に当たる**ことになる。

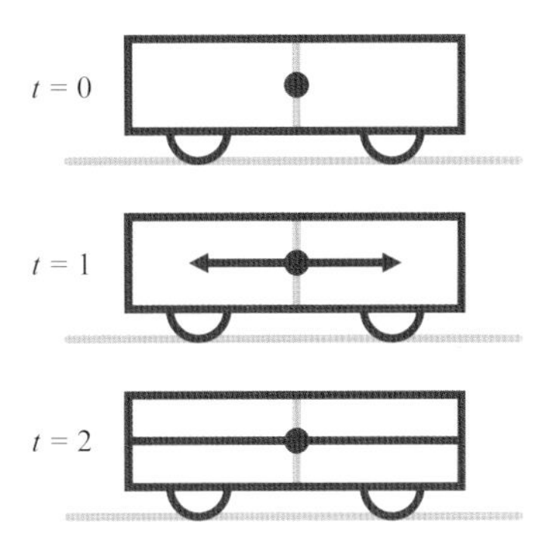

- **静止している観測者**にとっては，**車両の前方に向かって進む光**は，**より遠くまで行かなければ端に到達しない**が，**後方**に向かって進む光は，**車両の端が近づいてきている**ことになるので，**より早く端に到達する**ことになる。

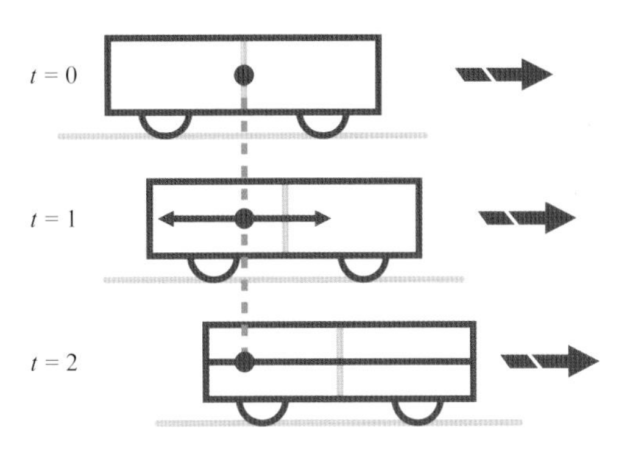

ローレンツ変換

アインシュタインの特殊相対性理論には，ヘンドリック・ローレンツがエーテル中を移動する物体の振る舞いを予測するために導き出した数式が頻繁に登場します。

ローレンツ係数

マイケルソン・モーリーの実験でエーテルが検出されなかったことを説明するために，何人かの物理学者が，**「エーテル中を移動すると，物体は進行方向に向かって収縮する」**というアイデアを考え出しました。これにより，**光の通り道が短く**なり，**「エーテルの風」による光の速度低下の影響を説明する**ことができます。

ローレンツはこの効果を，**ローレンツ係数**（γ）で計算しました。

$$\gamma = 1\sqrt{(1-(v^2/c^2))}$$

アインシュタインは**ローレンツ係数**が，**物体**と**観測者**が**非常に高速**（**光速に近い**）**で相対的に移動している**場合の**空間と時間の振る舞い**の目安になることに**気づきました**。

空間の座標x，y，zと**時間**の座標tで定義される物体がx**方向**に**速度**vで移動するとき，二つの**ローレンツ変換**が起こります。

$$x' = \gamma\ (x-vt)$$

$$t' = \gamma(t-vx/c^2)$$

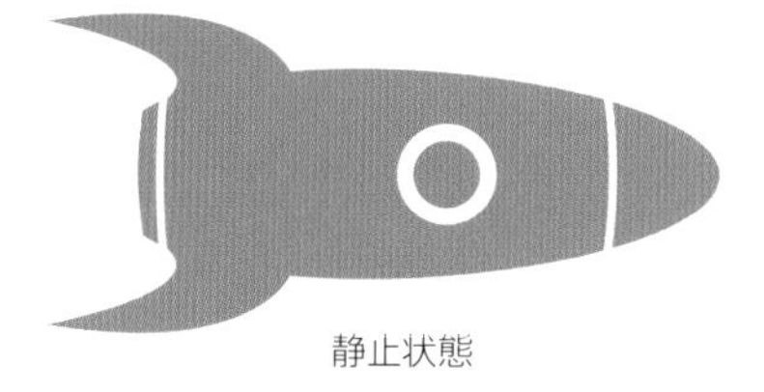

静止状態

cは**日常の速度**に**比べて非常に大きい**ので，**「相対論的」**な**最高速度**を除いて，ローレンツ係数は**1に非常に近い**値になります。したがって，この変換は，**古典物理学で期待される値**と**区別がつきません**。

しかし，**相対速度**が**光速に近づく**と，v^2/c^2が**重要**になり，ローレンツ係数は**増加**します。

速度	v^2/c^2	γ
速度$0.1c$	$v^2/c^2 = 0.01$	$\gamma = 1.005$
速度$0.5c$	$v^2/c^2 = 0.25$	$\gamma = 1.15$
速度$0.9c$	$v^2/c^2 = 0.81$	$\gamma = 2.29$
速度$0.99c$	$v^2/c^2 = 0.98$	$\gamma = 7.08$

この中で二つの重要な結果があります。

ローレンツ収縮：**移動する物体は進行方向に短くなります。**

時間拡張：**外部の観測者と比べて，物体の時間の経過が遅くなります。**

質量・エネルギーの等価性

アインシュタインは，一般相対性理論の最初の概要を発表すると同時に，エネルギーと質量についての一般的な理解に疑問を投げかける論文を発表しました。そのなかで，物理学で最も有名な方程式を導き出しました。

慣性とエネルギー

特殊相対性理論では，宇宙には**光速**という**絶対的**な**速度制限**が存在します。では，**質量をもった物体**が**その速度に近づく**とどうなるのでしょうか。**光の速度が一定であること**と，**エネルギーや運動量の保存をどのように両立させる**ことができるのでしょうか。

アインシュタインは1905年に発表した論文で，特殊相対性理論の結果として，**すでに光の速さで動いている物体にエネルギーを供給すると，速度ではなく質量が増加する**と説明しました。これにより，**物体のエネルギー**と**運動量**は**増加**しますが，それ以上の**加速はしません**。

速度vで動く物体の**エネルギー**E，**質量**m，**運動量**pは次のように定義されます。

$$E = \gamma E_0$$

$$m = \gamma m_0$$

$$p = \gamma mv$$

（γはローレンツ係数）

したがって，E_0は物体の「**静止エネルギー**」であり，m_0は**観測者の基準系に対して静止している**場合の「**静止質量**」です。これらの関係から，アインシュタインは，**エネルギーと質量はどのような状況においても等価**であり，**次の有名な式で結ばれる**ことを示しました。

$$E = mc^2$$

質量，エネルギー，放射能

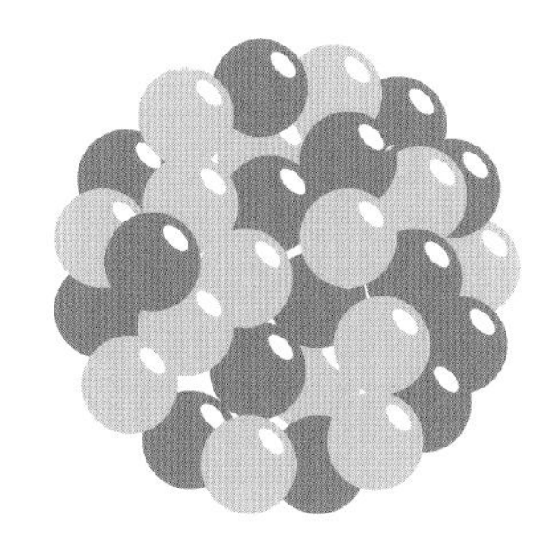

19世紀後半，科学者たちが**さまざまな放射性物質**の研究を始めたとき，**ガンマ線を発生させるエネルギーはどこからくるのか**ということが**大きな疑問**でした。**小さな原子の変化**で，どうしてこのような**エネルギーをもった放射線**が発生するのでしょうか。アインシュタインの**方程式**がこの**疑問を解決**しました。**原子の質量**のごく**一部**が**エネルギーに直接変換**され，**原子核が再編成**され，**中性子が陽子に変わる**のです。

中性子１個の質量・エネルギー：939.57MeV

１個の陽子の質量エネルギー：938.28MeV

１kgの質量エネルギー＝9 × 10^{16}ジュール

時空

特殊相対性理論の最も強力なツールの一つは，アインシュタインを指導したこともあるヘルマン・ミンコフスキーによって開発されました。ミンコフスキーは1908年に，空間と時間は時空として一体で扱われるべきであると示しました。

ミンコフスキーダイヤグラム

ミンコフスキーは，**空間と時間の事象**を**図**で**視覚的に表現**する方法を考案しました。

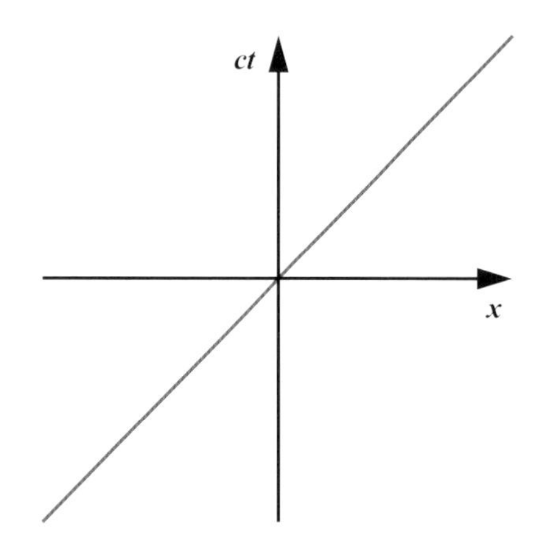

- x **軸**は**空間**の**一次元**の動きを表す。
- y **軸**は**時間のなかでの動き**を表すが，ct（**光の移動時間**に換算した**距離**）と表示しても同じことになる。
- **物体**や**事象**は，ダイヤグラムを横切る**線**として描かれる。
- **時間軸**をctで定義すると，**光速で移動する光子**は，**45°の角度**でダイヤグラムのなかを移動する。

時空と幾何学

移動する列車の例における**二つの基準系**の**違い**を見る一つの方法として，**二つの基準系**を定義する**軸の変換**として見ることができます。このような**変化の影響**は，**単純な幾何学のルール**を使って**モデル化**することができ，**ローレンツ係数と同等の結果**が得られます。

同時性の再検討

移動する電車の思考実験（157ページ参照）で，電車に乗っている観測者のミンコフスキーダイヤグラムは次のようになります。

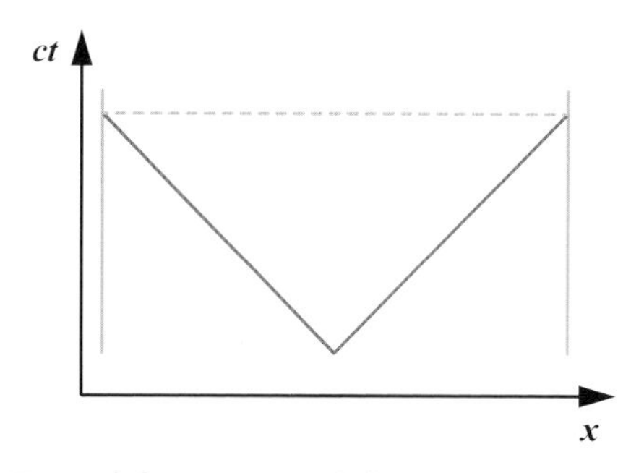

- **光子は，中心から45°の方向に移動する。電車の両端**は**位置が変わらない**ので，「**事象**」として，**光が同時に当たる垂直の線**を形成している。

次に，**駅のホームにいる観測者**のダイヤグラムを考えてみましょう。

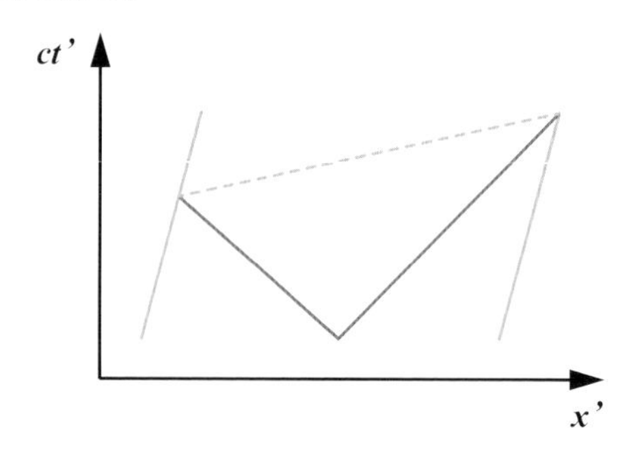

- **光は相変わらず45°で出ている**が，今度は**列車の端が動く事象となり，それ自体が斜めに傾いている。光線**は，**先に一方を遮る**ようになった。
  （注：この例では**わかりやすくするために角度を誇張しています**。実際には，**非相対論的な速度での影響**は**感知できないほど小さい**です。しかし，**相対論的な速度**では，**45°に傾く**のです）

一般相対性理論

特殊相対性理論を発表したのち，アインシュタインは10年かけて，加速している基準系にも，加速していない基準系にも適用できる一般相対性理論を構築しました。

等価原理

1907年，アインシュタインは**一般相対性理論**を構築するための**重要なヒント**を得ました。

- **地表**で**静止している観測者**は，ただの**慣性基準系**のなかにいるのではなく，**下向きに加速する定常的な力**（**重力**の**引力**）が**作用**している。
- したがって，**特定の基準系**に**作用する力**という意味では，**重力場の存在**は系の**一定の一様な加速度**に**相当**する。
- 強い**重力**の**影響**は，**相対論的な系の強い加速**の影響と**同じ**であり，**空間と時間のゆがみ**を生じさせる。

アインシュタインの場の方程式

一般相対性理論では，**時空と重力の関係**を非常に**シンプルな数式**で記述しています。

$$R_{\mu\nu} - \frac{1}{2}Rg_{\mu\nu} + \Lambda g_{\mu\nu} = \frac{8\pi G}{c^4}T_{\mu\nu}$$

各要素の**数学的な意味**はここでは詳述できませんが，$R_{\mu\nu}$は**リッチ曲率テンソル**，Rは**スカラー曲率**，Λ（ラムダ）は**空間の膨張**を表す**宇宙定数**，$g_{\mu\nu}$は**計量テンソル**，$T_{\mu\nu}$は**応力―エネルギーテンソル**です。迷路のように入り組んだ用語の中で，**光速**cと**ニュートンの重力定数**Gが際立っています。

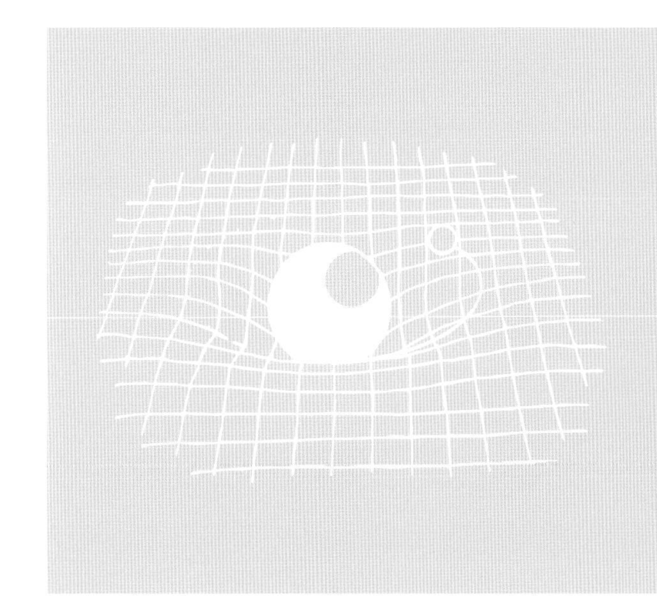

相対性理論のアナロジー

「**ゴムシート**」**モデル**は，**一般相対性理論の効果をより身近な言葉で可視化する**一般的な方法です。これは，三つの**空間次元**のうちの一つを「**捨てて**」，空間を**2次元のシート**として**想像**するものです。**大きな質量**は**領域内の物体**に加えられる**ゆがみ**に対応してシートを「**下向き**」にへこませます。

ゴムシートのたとえは**慎重に使う**べきで，実際に起こっていること**そのものではありません。三つの空間次元のゆがみ**について，**巨大な物体の周りに**砂時計のくびれた部分のように「**細くなっている**」とする考え方も存在します。

重力レンズ

1919年，太陽の近くにある星の観測によって，アインシュタインの宇宙に関する考えを裏付ける驚くべき証拠が得られました。このとき観測された重力レンズ現象は，現在の天文学において重要な手段となっています。

時空レンズ

一般相対性理論では，**大きな質量**は単に**ほかの質量を重力で引きつける**のではなく，**近くの空間と時間をゆがませます**。このため，アインシュタインの理論では，**光線**のような**質量のない物体**も**重力の影響を受ける**と予言していました。これにより，**以下のような影響**があります。

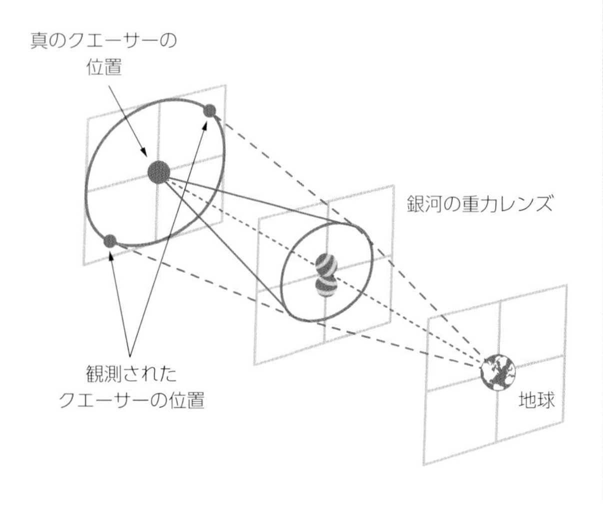

- **遠くの天体**から**地球**に届く**光**は，実際とは**ずれた方向**から来ることがある。
- **大きな天体**の**画像**は，**リング**状や**円弧**状にゆがんでしまうことがある。
- 物体が**一直線に並んでいる**と，**手前の物体**による**ゆがみ**が**レンズ**の役割を果たし，**光線**を**地球**に向け，**奥にある天体**が**異常に明るく映る**ことがある。

相対性理論の証明

1915年に発表された**一般相対性理論**は**興味深い理論的なアイデア**にとどまっていました。その真実性が明らかとなったのは，天文学者の**アーサー・エディントン**が西アフリカの**プリンシペ島**で**皆既日食**を観測した1919年でした。この日食によって**太陽の光が遮られた**ため，**太陽のすぐ近く**を**光**が通過した**星の位置を測定する**ことができました。その結果，星の位置が**予測**からわずかに**ずれている**ことがわかり，**重力レンズ効果**の実在と**アインシュタイン**の**正しさ**が証明されたのです。

重力レンズの利用

天文学者は，**重力レンズ**の**独創的な応用**例を数多く発見しています。それは以下のようなものです。

レンズ効果により，**遠くの小さな銀河**が**はるかに明るく**見え，地球や人工衛星の望遠鏡で見ることができるようになります。

レンズ効果は，**より近くにある天体の全質量**（目に見えない**暗黒物質**や**ブラックホール**も含む）によって生じます。重力レンズのゆがみ効果を計算することで，天体に**どれだけの物質が含まれていて**，それが**どのように分布しているか**を知ることができます。

地球のような小さな惑星が**親星**の前を通過すると，**マイクロレンズ効果**により，**親星の光が徐々に明るくなったり弱くなったりする**ことがあります。これにより，新しい惑星を**検出**し，**質量を測定**することができます。

重力波

一般相対性理論の予言で最後まで証明されなかったのが重力波です。検出には1世紀以上がかかりました。ついに重力波が発見されたことで，宇宙を調べる新しい方法が生まれると期待されています。

宇宙の波紋

アインシュタインの**一般相対性理論**の**場の方程式**では，**大きく動く質量**が**時空のゆがみ**をつくり，それが**宇宙**全体に**広がる**ことが予測されています。質量の動きが**周期的**である場合（たとえば，**二つの質量の大きな星が非常に速くお互いを周回する**場合），ゆがみは宇宙を伝わる**周期的な波**のかたちをとることがあります。

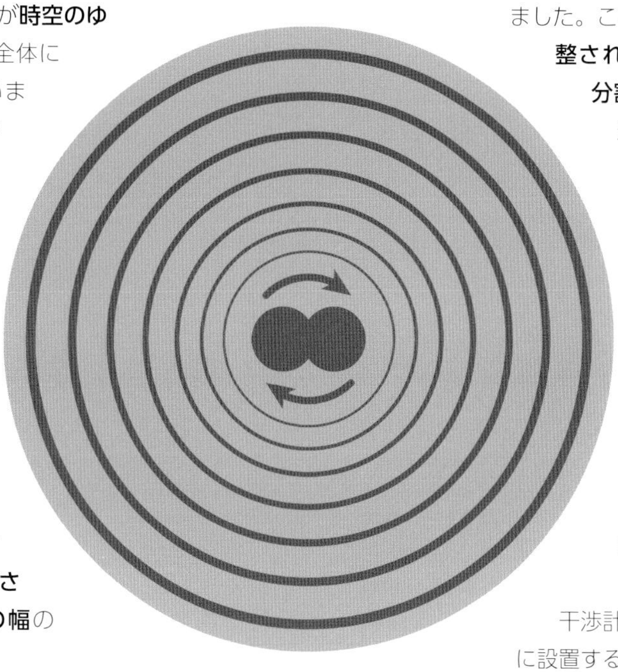

地球を通過する**重力波**は，**空間**に**微細な周期的変化**をもたらします。このゆがみは，**一般的な検出器**の**長さ4km**のなかで**陽子1個分の幅**の変化に相当します。このゆがみは，**アメリカ**の**LIGO**や**イタリア**の**VIRGO**などの**レーザー干渉計**で測定されました。これらの装置では，**精密に調整されたレーザー光**の**ビーム**を**分割**して**二つの垂直な経路**に送り，それぞれの経路で**合計約1,120kmの距離**に相当する**複数回反射**をさせます。そして**二つのビーム**は**再結合**されます。それぞれの**経路**の**正確な長さ**によって，ビームが**どのように干渉するか**が決まり，**重力波の通過**によって**特有の信号**が生成されるのです。

干渉計を**異なる場所**，**異なる方向**に設置することで，重力波が**地球を通過する方向**を検出することができます。

重力波天文学

- これまでに検出された重力波は，巨大な**死の星**が**激しくぶつかり合う**ことで生まれます。これは，**超高密度の中性子星**や，**軌道**上に閉じ込められた**ブラックホール**が，**お互いに渦を巻き**，**衝突し**，**合体する**最後の瞬間です。
- 最終的には，重力波を利用して，**目に見える宇宙**を取り囲む**はっきり見えない壁**（167ページ参照）を突き破り，**ビッグバン**の時代そのものを研究することが期待されています。

ブラックホール

ブラックホールは宇宙で最も奇妙な物体です。
一般相対性理論で認められた，大きな質量をもつ領域です。
バリアゾーンで囲まれており，驚くべき特性をもっています。

特異点

一般相対性理論の方程式では，時空の一点に質量が集中し，物理法則が破綻する「特異点」という考え方があります。

1916年，カール・シュヴァルツシルトは，特異点の周囲には，重力があまりに強く，時空がゆがんでいるため，光さえも逃れられない領域があるはずだと示しました。この領域は「事象の地平面」と呼ばれています。

しかし，天文学者たちは現実の宇宙にブラックホールが存在するとは1950年代まで考えませんでした。1960年代に縮退中性子星（139ページ参照）の発見によって，大質量の星の死が引き起こす強力な崩壊によって特異点ができることが確認されました。

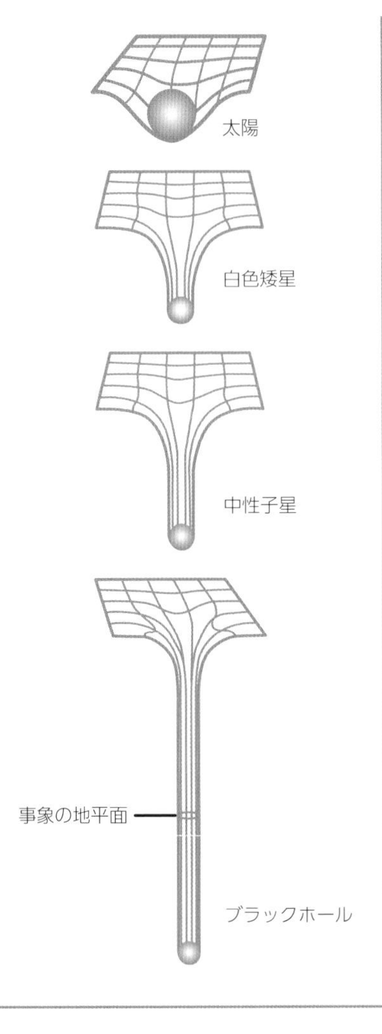

事象の地平面で

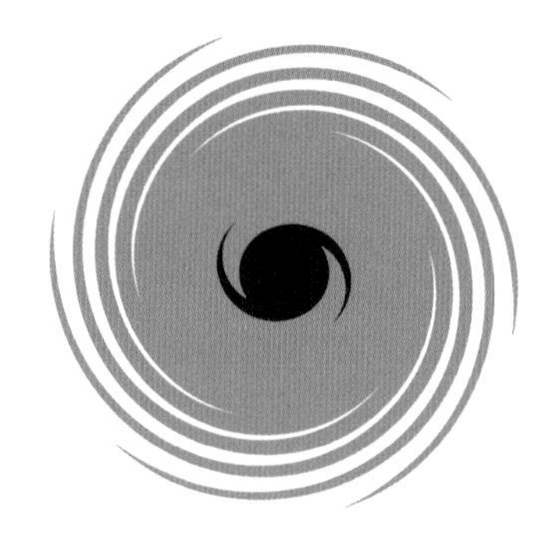

事象の地平面に近づいた光は，より長い波長に引き伸ばされ，最終的には見えなくなります。内側に落ちた物質は強い潮汐力を受け，スパゲッティ化現象と呼ばれる過程でバラバラの原子になり，極端な温度に加熱されます。そのため，ブラックホールの表面から放射線が逃れることはできませんが，ブラックホールの周囲には過熱した物質が円盤状になっており，さまざまな放射線を発していることが多いのです。

宇宙のブラックホール

恒星質量	中位質量	超大質量ブラックホール
数十個の太陽質量まで	数百個の太陽質量	数百から数十億個の太陽質量
最も重い星のコアが崩壊してできたもの	星団の密集した中心部にある小さなブラックホールが合体してできる	銀河形成時に小さいブラックホールが暴走して成長・合体することでできる

ホーキング放射

**ブラックホールに落ちた物質は，永遠に閉じ込められているのでしょうか？
スティーブン・ホーキングが発見し，彼の名前がつけられた不思議な放射により，
閉じ込められたままではないことが証明されました。**

境界上の粒子

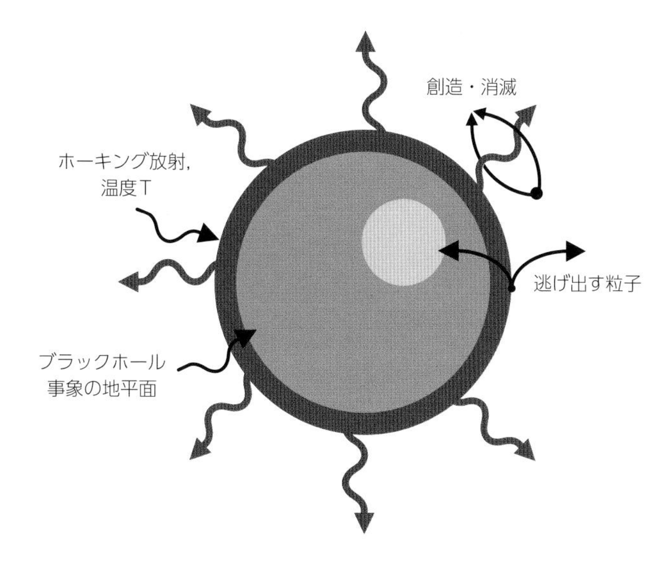

- **時間とエネルギーの不確定性原理**（133ページ参照）により，宇宙のあちこちで**常に仮想的な粒子ペア**が**形成**され，**消滅**している。
- **ブラックホール**の**端**で粒子ペアが形成されると，**片方の粒子**は**事象の地平面**にのみ込まれ，**もう片方の粒子は宇宙に逃げていく。**
- **残った粒子**は仮想のものから「**現実**」になることを余儀なくされる。**真空**から**借りたエネルギー**は消滅によっては**返せない**ので，代わりに**ブラックホール**自身からエネルギーを**奪う**のである。
- 事象の地平面から**遠く離れた場所で見る**と，結果的に**完全なかたち**の**黒体放射**（62ページ参照）となり，その**温度**は**ブラックホールの質量**に**反比例**する。$T \alpha 1/m$
- **ホーキング放射**は，時間の経過とともに，ブラックホールから**エネルギー**と**質量**を徐々に**奪って**いく（**蒸発**という）。周囲から**質量の追加**を受けない限り，ブラックホールの**重力**は**どんどん弱まり**，最終的には**放射**とともに**崩壊**してしまう。
- **恒星質量のブラックホール**は，**宇宙のマイクロ波背景放射**（167ページ参照）を含む**周囲**から十分な**エネルギー**を吸収しているので，**蒸発による消滅は起こらない。**
- しかし，**ビッグバン**で形成されたと思われる質量の**小さなブラックホール**は，数十億年で**完全に蒸発**してしまうので，その死が現在の宇宙で**観測できる可能性**がある。

ブラックホールと情報

量子物理学の**基本的な考え方**では，**粒子の量子状態**に関する**情報量**は**消滅**できないとされています。しかし，**ホーキング放射**が発見された当初は，反対であると考えられました。**黒体放射**は，**理論的にはブラックホールの質量**によって特性が**完全**に決まるはずです。しかし，1990年代に**ホーキング**は，**自らの理論**を修正して**事象の地平面自体**に**微小な量子揺らぎ**が存在することを許容できるようにしました。これによって**失われた粒子**の情報が「**符号化**」され，**理論的に成り立つ**ようにしたのです。

ワームホールとタイムマシン

アインシュタインの場の方程式では，ブラックホールのほかに，
ワームホールという奇妙な時空構造が存在します。ワームホールが存在すれば，
宇宙を横断する近道となり，タイムマシンをつくることさえできるかもしれません。

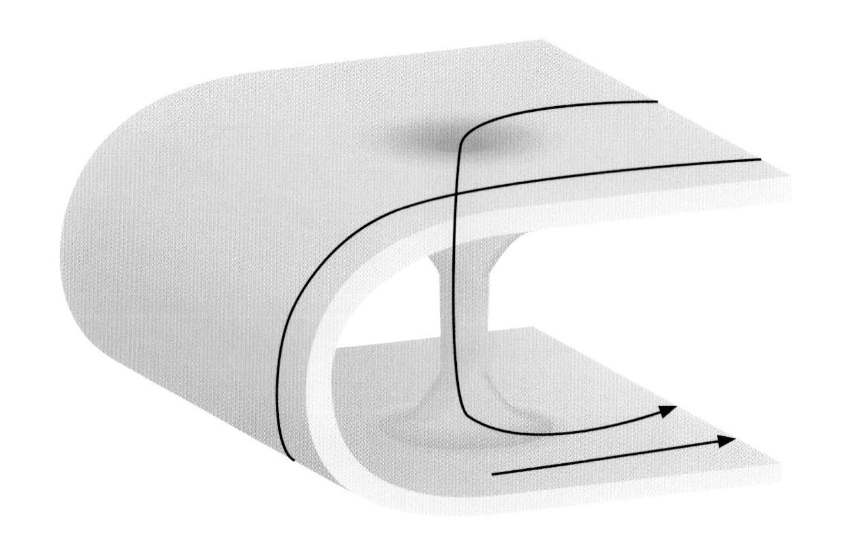

ワームホールの形状

ワームホールは，「**アインシュタイン・ローゼン・ブリッジ**」とも呼ばれ，**遠く離れた二つの時空**を結ぶ**開かれたトンネル**です。その構造は**ブラックホール**に似ていますが，ワームホール内の**ゆがんだ時空**は，**特異点になる**のではなく，そのなかに入ると**時空**の**遠く**にある**第2のワームホール**を通って現れます。

ワームホールは**理論的な宇宙の近道**となり，**宇宙船**が**光速の限界を超えず**に**数千光年**の距離を**比較的短時間**で越えることができるようになるかもしれません。

これまでのところ，天文学者たちは，**長期的に安定した自然のワームホール**を**見つけていません**。**人工的なワームホール**をつくることは可能かもしれませんが，**ワームホールが崩壊して特異点**になるのを**防ぐ**には，**負の質量**などの**仮想的な性質**をもつ**エキゾチックな物質**が必要になります。

タイムマシンをつくる

ワームホールが**見つかったり，つくられたり**すれば，**タイムマシン**の基礎としても利用できます。その原理は，**ワームホールの両端**に**時間差**をつくり，**空間的に近づける**ことにあります。

- ある高度な文明のエンジニアがワームホールを**通過する**と仮定する。
- 彼らは，移動できるように，ワームホールの**遠い端**を**固定**（たとえば，**惑星に重力で引きつける**）する。
- ワームホールの遠端は，**相対論的な速度**で**元の場所**に**引き戻される**。**時間拡張**（158ページ参照）により，移動中の**時間の進み方が遅く**なる。
- **元の場所**に**戻った**ときには，**遠端**は**過去に戻って**いる。
- これで，**ワームホールでの移動**は，**過去**や未来への旅となる。この「**タイム・ジャンプ**」により，**どちらにも無制限に**行くことができる。ただし，**タイムマシンがつくられる前に戻ることは不可能**である。

大規模宇宙

宇宙論とは，宇宙の大規模な構造，起源，運命などを研究する天文学の一分野です。その基礎となるのは，20世紀に発見された驚くべき発見の数々です。

宇宙の大きさ

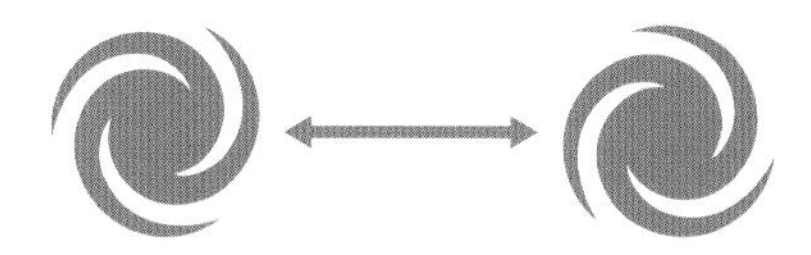

1925年，**エドウィン・ハッブル**
外部の銀河の存在と**宇宙のスケール**の**大きさ**が明らかになったのは，神秘的な「**渦巻星雲**」のなかに，**実際の明るさ**を予測できる**星**が見つかってからです。その結果，**ほとんどの銀河**が地球から**何百万光年も離れたところにある**ことがわかったのです。

宇宙のタイムマシン

宇宙のスケールは**非常に大きく**，**遠方の天体**から**地球**に届くまでには，**光でさえも数百万年**かかります。**望遠鏡**の性能が上がり，**より遠くの天体**が**見える**ようになったことで，**数十億年前の宇宙の姿**が観測されるようになりました。

宇宙の膨張

1929年，**エドウィン・ハッブル**
ほかの銀河の**光**は，**ドップラー効果**により一貫して**赤方偏移**しており，**我々から遠ざかっている**ことを示しています。銀河が**遠ければ遠いほど**，その**後退速度は速くなります（ハッブルの法則）**。これは，**宇宙全体**が**初期**の**高密度**で**高温**の**状態から膨張・拡散**していることを示しています。

マイクロ波背景放射

アーノ・ペンジアスとロバート・ウィルソン，1964年
宇宙からの**微弱なマイクロ波放射**が**四方八方**から天空に届いており，**絶対零度**より2.7℃高い**背景温度**に相当する，この**宇宙マイクロ波背景放射**（CMBR）は，**宇宙が透明になった**時代の**光**が，**宇宙空間を横切って地球に向かう**途中で**マイクロ波領域**に波長が伸びてできたものです。

光年

地球の1年の間に光が進む距離を1光年といいます。
1光年 $=9.5\times10^{12}$ km（9兆5,000億km）

ハッブルの法則

局地的な宇宙では，**銀河の後退速度**はその**距離**に対して**ハッブル定数**で表されます。
H_0 = c. 21.5 km/秒/100万光年の距離

ビッグバン理論

ビッグバン理論は，宇宙がどこから来て，138億年の間にどのように進化してきたかを説明するうえで，最も成功した宇宙進化のモデルです。

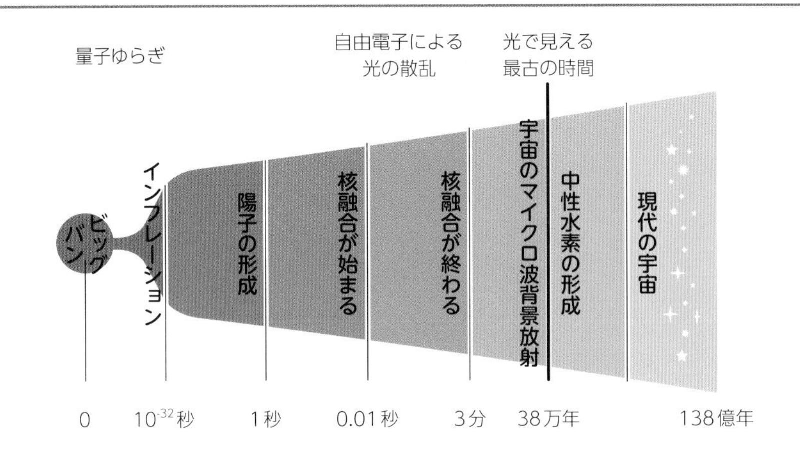

ビッグバンの発見

宇宙の膨張が発見されるまで，天文学者は一般的に宇宙が**永遠**であると考えていました。しかし，1931年に**ジョルジュ・ルメートル**が，宇宙はもっと**高温で小さく，高密度**な**状態**（**原始原子**）から始まったという説を発表しました。

核物理学や**素粒子物理学**の進歩により，**膨張**を**十分に巻き戻せ**ば，**物質**は**純粋なエネルギーになる**ことがわかりました。

「**ビッグバン**」という言葉は，もともと**フレッド・ホイル**がやや**侮蔑**的に使った言葉でした。ホイルは**膨張**によって生じた**隙間を埋める**ために**物質**が**継続的に生成される**という「**定常説**」を支持していました。

1948年，**ラルフ・アルファー**と**ジョージ・ガモフ**は「**ビッグバン核合成**」という理論を生み，ビッグバンの**純粋なエネルギー**が，宇宙を支配する**軽量元素**の**原子**を生み出したことを説明しました。

1964年に**宇宙マイクロ波背景放射**が発見され，ビッグバンの決定的証拠となりました。

ビッグバンの年表

～10^{-43}秒　宇宙は非常に小さく，現在の量子物理学の法則さえも適用できません。

10^{-36}秒　基本的な力の対称性の一部が崩れ，インフレーションと呼ばれる急激な膨張が始まります。

10^{-6}秒　エネルギーはクォークと反クォークのペアに変換され，ほとんどが対消滅して再びエネルギーを放出します。しかし，少量の過剰な物質クォークが生き残ります。

～1秒　クォークはもはや形成されず，バリオンを形成します。

10秒　レプトンと反レプトンの生成と消滅が停止し，レプトンがわずかに残ります。光子が宇宙のエネルギーのほとんどを担っています。

2～20分　バリオンが結合して軽量の原子核になります。

～38万年　宇宙は不透明なまま。物質が密集して霧が発生し，光が閉じ込められて粒子間で跳ね返ります。

38万年　気温が約3,000℃まで下がり，電子と原子核が結合して最初の原子が誕生します。物質の密度が下がり，宇宙が透明になります。

～1億5,000万年　最初の星が形成されるまでの宇宙暗黒時代。

暗黒物質

私たちの銀河系やほかの銀河系の測定によると，私たちが目にすることができる通常の物質は，宇宙の全物質のうちわずか15％にすぎません。残りの部分は未知の神秘的な暗黒物質です。

暗黒物質の発見

暗黒物質は単に**暗い**だけでなく，**完全に透明**で，**電磁放射線**との**相互作用**を一切しません。暗黒物質は，**二つの異なるスケール**の**観測**によって発見されました。

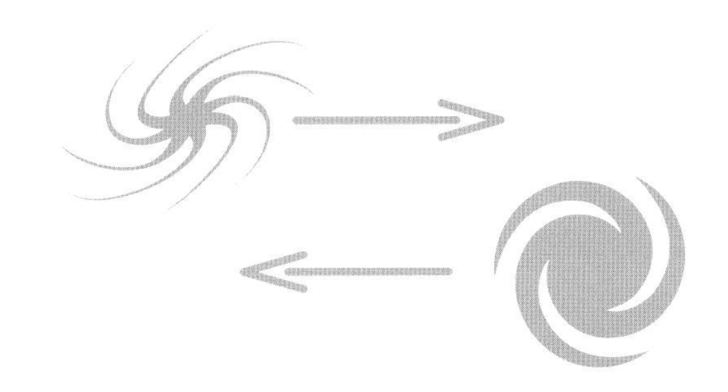

1. **銀河団**
1933年，**フリッツ・ツヴィッキー**
ツヴィッキーは，**かみのけ座銀河団**の銀河を測定し，**目に見える銀河の数**よりもはるかに**強い重力**の**影響**を受けていることを発見しました。彼は，**目に見える物質**1に対して**目に見えない暗黒物質**400が存在すると推定しました。

2. **天の川の回転**
1978年，**ベラ・ルービン**
ルービンは**天の川**のさまざまな場所にある**星の軌道**を測定し，**銀河の可視質量**だけでは**説明できない変動**を発見しました。その結果，天の川銀河には，**星の多い渦巻き円盤部分**の上下の**銀河ハロー**を中心に，目に**見える物質**の5～10倍の**暗黒物質**が存在すると結論づけました。

・ここ数十年の間に，**光らない通常の物質**（**赤外線**を発する**冷たい塵**の雲など）の**観測技術が改善**され，暗黒物質全体の重量が可視物質の約6倍であることが確認されている。

では，暗黒物質とは？

天文学者たちは，暗黒物質について**大まかに二つの説明**をしてきました。

・**質量をもつコンパクトなハロー天体**（MACHO）：**ブラックホール**や**見えない惑星**など，**銀河**の周りの**ハロー領域**を**周回**しているが，**小さく**て**暗い**ためにその**存在がわからない**天体である。**新しい観測技術**により，いくつかの**MACHO**が発見されているが，**暗黒物質を説明**できるほど**大量には存在しない**ことが確認されている。

・**相互作用をほとんど起こさない，重い質量をもつ素粒子**（WIMP）：**電磁力の影響を受けない**新しい**素粒子**のこと。1998年まで**質量をもたない**とされていた**ニュートリノ**が**暗黒物質**の**ごく一部**を占めているが，すべてを説明するには**標準モデル以外の粒子**が必要となる。

暗黒エネルギー

1990年代後半の画期的な発見により，宇宙の膨張は重力の影響で減速しているのではなく，「暗黒エネルギー」と呼ばれる謎の力によって加速していることがわかりました。

暗黒エネルギーの発見

1990年代，**二つの天文学者チーム**が，**遠方の銀河**の**超新星爆発**を利用する**独創的な方法**で，宇宙の**膨張率**を測定しました。

- **1a型超新星**は，**白色矮星が中性子星になった**ときに起こる特殊な**星の爆発**。常に**同じエネルギー**を放出し，**同じ明るさ**をもっている。
- そのため，超新星は「**標準ロウソク**」として利用することができる。標準ロウソクとは，**地球から見た**ときの**明るさ**が**既知**で，その**距離**を確認できる天体のこと。
- しかし，**超新星の明るさ**を，**ハッブルの法則**に基づいて**銀河**の**赤方偏移**から**推定**した明るさと**比較**したところ，超新星は**一貫して予想よりも暗い**ことがわかった。
- この**矛盾**は，宇宙の**膨張率**が**宇宙の歴史**のなかで**増加**していると説明できる。この効果は，**宇宙の全エネルギー量**の**68.3％**を占めることがわかっている「**暗黒エネルギー**」と呼ばれる謎の現象によるものである。

宇宙の運命

- **通常の物質**，**暗黒物質**，**暗黒エネルギー**の**バランス**は，宇宙の**運命**のカギを握る。
- 宇宙に**十分な質量**と**重力**があれば，宇宙の**膨張**は徐々に**緩やか**になり，最終的には**逆転**して「**ビッグクランチ**」が起こることになる。現在のところ，この**可能性はきわめて低い**と考えられている。
- **適度な質量**をもつ宇宙では，**膨張**はどんどん**遅く**なるが，**完全に止まる**ことはない。
- **重力が小さすぎる**（あるいは**暗黒エネルギー**が大きい）宇宙では，**膨張**は**永遠に続き**，**銀河**の間隔は**広くなり**，**宇宙**は永遠に「**ビッグチル**」で**冷え続ける**ことになる。
- 暗黒エネルギーが**大幅に増加した**場合，その**成長**は**指数関数的**になり，だんだん**小さなスケール**にまで影響を与え，**銀河**，**太陽系**，**惑星**，**原子**が「**ビッグリップ**」で引き裂かれるまで止まらないかもしれない。

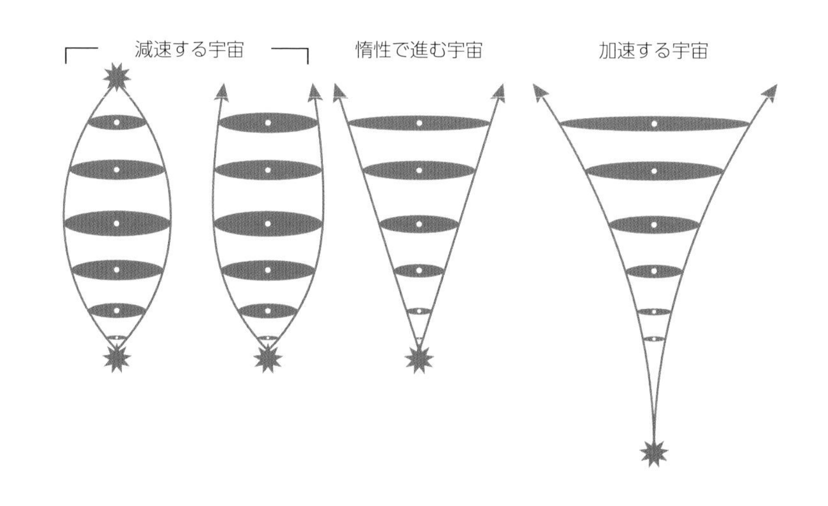

人間原理

宇宙に知的生命体が存在することは，宇宙の偶然なのか，それとも何か深い意味があるのでしょうか。論争の的となっている「人間（中心）原理」と呼ばれる考え方について，物理学者の間ではさまざまな結論が出されています。

うまく調整された宇宙

マーティン・リース（**『宇宙を支配する6つの数』2001年，草思社**）は，宇宙に**生命が存在できる**かどうかは，いくつかの**物理定数**に**かかっている**と定義しています。これらの定数はすべて，**不思議に思えるほどうまく調整されている**ように見えます。

- N：陽子間の**電磁力と重力の比**
- ε（イプシロン）：**水素・ヘリウムの核融合反応**の**効率**
- Ω（オメガ）：**宇宙の膨張**に対する**重力のバランス**を定義する**密度パラメータ**
- λ（ラムダ）：**宇宙に存在する暗黒エネルギーの量**を定義する**宇宙定数**
- Q：**銀河**がどれだけ容易に**形成**され，**安定**しているかを示す**指標**
- D：**時空**の**空間次元**の数

アイデアの進化

1973年，**ブランドン・カーター**は，宇宙が**生命の誕生に適している**ことを発見しても，我々はそれを**観察するために存在している**のだから，**驚くべきことではない**と主張しました。言い換えれば，**うまく調整されたさまざまな特性**が，**現在私たちが測定している**ものとはまったく**異なる値**をもっていたとしたら，私たちは**存在せずそれらを測定することはできない**ということです。

1986年，**ジョン・バロウ**と**フランク・ティプラー**は，カーターの考えを「**弱い意味での人間原理**」と呼びました。また，彼らは**強い人間原理**も定義しています。それは，**宇宙には生命を生み出す必要性がある**という考え方です。**以下の理由**のいずれかにより，**宇宙は実際にうまく調整されている**というのです。

- **神**や**異星人**などの**外部の存在**によって，**生命を生み出す**ように宇宙が**意図的に設計**された。
- **観測者の存在**が**宇宙の存在**に何らかのかたちで**必要**である（量子物理学の**コペンハーゲン解釈**に関連した理由かもしれない）。
- 私たちの宇宙は，**すべての可能なパラメータ**をとる**組み合わせ**の**一つ**であり，私たちが見ているのは**多元宇宙全体**のなかの**弱い人間原理**が適用された一つにすぎない。

10 相対性理論と宇宙論

用語集

アルファ粒子：放射性アルファ崩壊の際に原子核から放出される粒子。陽子２個と中性子２個からなり，ヘリウム原子核に相当。

イオン：原子核に含まれる陽子の数と外殻に含まれる電子の数の不均衡により電荷をもつ原子のような粒子。電子が多ければマイナスイオン，少なければプラスイオンとなる。

位置エネルギー：力場内の位置によって粒子や物体がもつエネルギー。

運動量：物体の速度を変化させるのに必要な力を反映した性質で，物体の質量に一定方向の速度を乗じて求められる。系内の粒子が衝突しても，それらの運動量の総量は変わらない。

エントロピー：系の無秩序さを示す尺度で，理想的な熱機関でも利用できないエネルギーの量を示す。

角運動量：回転している物体が回転を続ける傾向を表す性質。線形運動量に類似しており，物体の慣性と回転速度に関連する。

核子：原子核の陽子と中性子の総称。原子の質量は核子の数を表している。

核分裂：重い原子の原子核を分割して軽い原子を生成し，副産物としてエネルギーを放出するプロセス。

核融合：星の中心部の高温高圧下で起きる自然現象で，水素などの軽元素の原子核を結合してより重い元素をつくり，エネルギーを放出する。

仮想粒子：時間とエネルギーの不確定性原理により，一瞬で生成消滅する粒子。基本的な力が働くためには，仮想ボソンのやりとりがカギとなる。

慣性：質量のある物体が，その運動を変えようとする力に抵抗する性質。

ガンマ線：放射性崩壊の際に原子核から放出される，最もエネルギーが高く，波長の短い放射線のこと。

基準系：物体の特性や挙動を測定するための座標系。相対性原理によると加速していない基準系での測定は常に同じ結果になるが，相対的に運動している基準系間での観測は大きく異なることがある。

軌道：重力などの影響により，ある物体がほかの物体の周りをまわる楕円形の道筋のこと。

基本的な力：物質粒子間の相互作用を生み出す四つの力（電磁力，強い・弱い核力，重力）。

逆二乗則：ある性質や力の影響が，その源からの距離の二乗に反比例して減少すること。逆二乗の関係は物理学でよく見られ，力が空間に分散していく様子を反映している。

吸熱：周囲からエネルギーを吸収する化学的または物理的プロセス。

クォーク：強い力と弱い力の両方の影響を受けるフェルミオン（物質粒子）。クォークはかなりの質量をもち，２個または３個で結合している。陽子と中性子は，最も一般的な二つのクォーク三つからできている。

原子：化学元素の性質をもつ物質の最小単位（かつて原子は不可分であると考えられていたが，現在では素粒子で構成されていることが知られている）。

原子質量：原子の質量を「原子質量単位」で表したもので，陽子と中性子の総数に相当する。元素の原子質量は，各同位体の質量を加重平均したもの。

原子番号：特定の原子内の陽子の数で，中性原子内に存在する電子の数とその原子が形成する元素を定義する。

光子：波動と粒子の両方の性質をもつ，小さな電磁放射。

磁気モーメント：粒子のスピンまたは角運動量に関連する特性で，磁気の強さを決定する。

質量：物体の慣性と含まれる物質の量を反映する性質。質量の一部は，物質粒子がヒッグス場と相互作用することで生じるとされる。

重力：質量をもつすべての物体の間に作用する引力で，物体間に加速する力（重力）が生じる。一般相対性理論では，質量のある物体の周りの時空がゆがむことで重力の影響が生じるとされる。

磁力：電気を帯びた粒子が運動したり回転したりすることで生じる電磁力の一種。

真空管：真空中で大きな電位差をもつ2枚の板の間に，電子を伝送させることで電気的効果を得る装置。

スピン：素粒子に見られる性質で，大きな物体の角運動量と似ており，素粒子の振る舞いの基本的な部分を支配している。

力：物体の運動を変化させる（または変化させようとする）作用のこと。自然界には四つの基本的な力があり，それぞれがさまざまなスケールや異なる種類の粒子間で異なる強さで作用する。

中性子：電荷をもたず，質量が陽子に近い（同じではない）素核子で，最も単純なかたちの水素を除くすべての原子核に存在する。

強い力：自然界の基本的な力で，非常に強力だが非常に狭い範囲で作用する。核子のなかではクォークを結合させ，原子核のなかでは核子を結合させる。

電位差：二点間の電気的な位置エネルギー差を示す指標で，単位はボルト。

電子：負の電荷をもつ軽量の素粒子。電子は原子核の周りを周回しており，化学的に重要な役割を果たしているが，原子から抜け出して電流の電荷輸送体として働くこともある。

電磁気力：電荷をもつ粒子に作用する自然界の基本的な力で，たとえば，同じ電荷どうしでは反発力が，反対の電荷どうしでは吸引力が生じる。

電磁波：電磁場が変化する物体から発生する波で，電気と磁気の波が互いに再生しながら空間を移動することで構成される。光，電波，X線，ガンマ線などが電磁波。

電離放射線：不安定な放射性同位元素が放射性崩壊して安定したかたちに変化する際に放出される粒子やガンマ線の総称。粒子のエネルギーが周囲のほかの物質をイオン化することが多い。

電流：導体を通る電荷の流れ。通常，電流は負の電荷を帯びた電子の流れだが，慣例的に正の電荷の動き（電子とは逆方向に流れる）として扱われる。

同位体：同じ数の陽子をもつ（つまり同じ化学元素を形成する）が，中性子の数が異なるために質量が異なる原子。

波：ある場所から別の場所へエネルギーを伝搬させる移動性の状態変化で，通常は伝達媒体の振動によって起こる。

熱機関：加熱された分子に含まれるエネルギーを利用して，ピストンを駆動するなどの機械的な働きをする装置。

パウリの排他原理：原子などの系のなかで，まったく同じ「状態」をとるフェルミオン粒子がないようにすることで，物質の構造の多くを決定する法則。

発熱：過剰なエネルギーを周囲に放出する化学的または物理的プロセス。

速さ：特定の方向への物体の速度（運動率）を示す指標。

光：400～700ナノメートル（1/10億m）の波長をもつ電磁放射の一種で，人間の目はこれを見ることができるように進化してきた。

ビッグバン：約138億年前に，空間，時間，すべての物質とエネルギーを含む全宇宙が誕生したときに起きたとされる爆発現象。

フェルミオン：半整数の「スピン」をもつ粒子で，パウリの排他原理の影響を受け，そのためにある種の振る舞いをする。物質をつくる素粒子はすべてフェルミオン。

不確定性原理：位置と運動量，時間とエネルギーなど，特定の組み合わせを絶対的な精度で同時に決定することができないという法則。最小の量子スケールで作用する。

ベータ粒子：放射性ベータ崩壊の際に原子核から放出される粒子。ベータ粒子は通常は電子だが，場合によっては陽電子で，中性子が陽子に，またはその逆に変化する際に放出される。

放射性同位体：不安定な原子の同位体。多くの場合，原子核内に陽子よりも中性子のほうが圧倒的に多く，そのため放射性崩壊を起こしやすい。

ボソン：ゼロまたは整数の「スピン」をもつ粒子で，パウリの排他原理の影響を受けず，特異な挙動を示す。ゲージボソンは，基本的な力の相互作用のモデルにおいて，力の担い手として働くボソン。

陽子：クォークで構成され，原子核内に存在する正電荷を帯びた質量の大きい核子。

弱い力：自然界の基本的な力の一つで，原子核のような微小なスケールで作用する。弱い力は，すべての物質粒子に影響を与え，放射性ベータ崩壊を引き起こす。

量子：物理的な相互作用に関与することができる，ある物理的特性の最小量。光波や電子が伝えるエネルギーなど，多くの物理的特性は非常に小さなスケールで量子化されていることがわかっている。

レプトン：電子やニュートリノなどの物質粒子で，弱い力の影響を受けるが強い力の影響は受けない。

参考文献

アルバート・アインシュタイン(Arbert Einstein)『特殊および一般相対性理論について』(2004年，白揚社)

ジム・アル=カリーリ(Jim Al-Khalili)『*Quantum:A Guide for the Perplexed*(量子物理学：迷える人のためのガイド)』

ジェイムズ・グリック(James Gleick)『ニュートンの海：万物の真理を求めて』(2005年，NHK出版)

ジョン・グリビン(John Gribbin)『シュレーディンガーの子猫たち —— 実在の探究』(1998年，シュプリンガー・フェアラーク東京)

マーカス・チャウン(Marcus Chown)『*Infinity in the Palm of Your Hand*(てのひらの中の永遠)』

ジョン・L・ハイルブロン(John L. Heilbron)『*Galileo*(ガリレオ)』

リチャード・ファインマン(Richard Feynman)『*Six Easy Pieces:Fundamental of Physics Explained*(「ファインマン物理学」からの易しい6章)』邦訳：『ファインマン物理学』(1986年, 岩波書店)に収載(I-1, I-2, I-3, I-4, I-7, I-37章)

ロジャー・ペンローズ(Roger Penrose)『*The Road to Reality: A Complete Guide to the Laws of the Universe*(現実への道：宇宙の法則への完全ガイド)』

スティーブン・ホーキング(Stephen Hawking)『ホーキング，宇宙を語る』(1995年，早川書房)

ベイジル・メイホン，ナンシー・フォーブス(Basil Mahon and Nancy Forbes)『物理学を変えた二人の男 —— ファラデー，マクスウェル，場の発見』(2016年，岩波書店)

マーティン・リース(Martin Rees)『宇宙を支配する6つの数』(2001年，草思社)

カルロ・ロヴェッリ(Carlo Rovelli)『世の中ががらりと変わって見える物理の本』(2015年，河出書房新社)

著者

Giles Sparrow／ジャイルズ・スパロウ

ロンドン大学にて天文学を専攻。カレッジ・ロンドンで天文学を，インペリアル・カレッジで科学コミュニケーションを学ぶ。大人向け，子供向けの科学に関する本を20冊以上執筆。既刊邦訳に『火星：最新画像で見る「赤い惑星」のすべて』（河出書房新社），『ビジュアル大宇宙　宇宙の見方を変えた53の発見』（日経ナショナルジオグラフィック社）などがある。ロンドン在住。

監訳者

齊藤英治／さいとう・えいじ

東京大学物理工学科教授，東京大学大学院工学系研究科物理工学専攻博士課程修了。博士（工学）。東北大学金属材料研究所教授等を経て2018年より現職。専門は物性物理学。日本学士院賞，日本学術振興会賞，日本IBM科学賞等受賞。2014年より科学技術振興機構ERATO「齊藤量子整流」総括。共著に『スピン流とトポロジカル絶縁体』（共立出版）がある。

訳者

田村 豪／たむら・ごう

早稲田大学大学院卒。辞典などの校正者として働くほか，翻訳にも従事している。筒井康隆，ボルヘス，フィリップ・K・ディックを愛読。英検1級，通訳案内士（英語），行政書士（未登録），応用情報技術者，ファイナンシャルプランナー2級，第1種衛生管理者，第2種電気工事士。

図解　教養事典
物理学

INSTANT **PHYSICS**
インスタント・フィジックス

2022年9月15日発行

著者　ジャイルズ・スパロウ
監訳者　齊藤英治
訳者　田村 豪
編集，翻訳協力　株式会社 オフィスバンズ
編集　道地恵介，川島有希
表紙デザイン　岩本陽一，田久保純子
発行者　高森康雄
発行所　株式会社 ニュートンプレス
〒112-0012 東京都文京区大塚 3-11-6
https://www.newtonpress.co.jp

ISBN 978-4-315-52600-4